国外经典前沿科学理论研究译丛

XINGTAI JIEXI
GUANGYI NIJUZHEN JIQI YINGYONG

形态解析

——广义逆矩阵及其应用

■半谷裕彦　川口健一　著
■关富玲　　吴明儿　　译

知识产权出版社
全国百佳图书出版单位

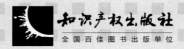

内容提要

本书是《计算力学与CAE系列丛书：形态解析——广义逆矩阵及其应用》的中文版。用广义逆矩阵的方法解系数矩阵奇异的线性方程组可以得到含有任意常数的解，通过约束条件可得真解，由此方便地解决工程实际问题。本书可供工程力学、航空航天空间结构领域科研人员参考，也可作为土木类高校和航天部门的结构计算方面的教材。

责任编辑：祝元志　　**责任校对**：董志英
封面设计：刘　伟　　**责任出版**：卢运霞

图书在版编目（CIP）数据

形态解析：广义逆矩阵及其应用／（日）半谷裕彦，（日）川口健一著．关富玲，吴明儿译．—北京：知识产权出版社，2014.3

ISBN 978－7－5130－2310－8

Ⅰ．①形…　Ⅱ．①半…②川…③关…④吴…　Ⅲ．①广义逆矩阵—应用　Ⅳ．①O151.21

中国版本图书馆CIP数据核字（2013）第230245号

国外经典前沿科学理论研究译丛

形态解析——广义逆矩阵及其应用

半谷裕彦　川口健一　著

关富玲　吴明儿　译

出版发行：知识产权出版社有限责任公司

社　址：北京市海淀区马甸南村1号　　邮　编：100088

网　址：http://www.ipph.cn　　邮　箱：bjb@cnipr.com

发行电话：010－82000860转8101/8102　　传　真：010－82005070/82000893

责编电话：010－82000860转8513　　责编邮箱：13381270293@163.com

印　刷：北京中献拓方科技发展有限公司　　经　销：新华书店及相关销售网点

开　本：720mm×960mm　1/16　　印　张：15

版　次：2014年3月第1版　　印　次：2014年3月第1次印刷

字　数：203千字　　定　价：68.00元

京权图字：01－2013－8141

ISBN 978－7－5130－2310－8

中 文 版 寄 语

此次，承蒙浙江大学建筑工程学院关富玲教授不遗余力的帮助，顺利地将日文版的《形态解析——广义逆矩阵及其应用》一书翻译成中文并得以出版，笔者由衷地感到高兴。

已故的半谷裕彦教授最早在1982年就广义逆矩阵在结构力学中的应用开展了一些先驱性的研究。1985年后我也有幸参与到这个领域的学习，并在1991年和半谷教授一起完成了本书日文版的出版工作。当时，我在半谷研究室攻读博士学位，主要担任本书第五章、第六章和第八章撰写工作，其中第六章的内容则是以我在半谷老师的指导下完成的博士论文为基础撰写的。

将广义逆矩阵应用在通常的结构分析中能够极大地扩展结构分析的范围。但半谷教授并不局限于此，而后又开创了“基于计算机的结构形态创生”这一新的研究领域，并将广义逆矩阵应用于此，这是一项了不起的伟业。但是令人悲痛的是1998年56岁的半谷教授突然辞世，在此之后，他开创的“形态解析·形态创生”以“Computational Morphogenesis”的形式广受世界关注，现在作为“Computational Design”的重要手法在实际设计中也有较为广泛的应用。

关富玲教授曾作为半谷研究室的研究员，在此期间与半谷教授一起活跃地开展了诸多研究活动。其部分研究成果在本书的第七章中得到了大量的应用。半谷教授对于中国文化也有颇深的造诣，与关教授不仅在学术研究上，而且在文化交流上也乐此不疲。以关教授为主要译者的本书中文版得以顺利完成，不仅让曾与关老师在相同研究室学习的我，想必在天国的半谷教授，也会感到十分欣慰。

笔者谨希望，此书可以为中国的学者、技术人员，特别是半谷教授一直支持的年轻研究者们带来一些研究上的启发和帮助。

东京大学 教授 川口健一
2013 年 5 月

译者的话

1986年我以中国政府派遣研究员的身份到东京大学半谷研究室留学，虽然已是讲师，硕士毕业，但知识结构与国外一流学者还是有差距。天线结构是一个对形面精度要求很高的结构，地面上的大天线设计制造尚且不易，何况空间的可展结构。在留学期间，半谷先生传授给我许多新知识，如Bott-Duffin逆矩阵、广义逆矩阵、有位移或应力约束的结构形态解析等，我们把这些理论和方法应用到工程实例中有很大的收获。1990年回国后，我在这些方面做了很多努力，也取得了一些成果。

利用数值方法进行形态分析是近年来结构工程领域的研究热点，寻求满足结构性能和使用要求的合理形态成为包括航天、土木建筑等工程结构的重要设计内容。本书以通俗易懂的编写方法，介绍了广义逆矩阵的一般理论及其在结构稳定性判断、具有约束条件的结构形态解析和结构屈曲分析中的应用，书中除了有较多例题以外，各章还给出了习题和解答。

翻译这本书时回想了在半谷研究室的愉快生活和那么多日本知名教授的关怀和帮助。在这本书出版之际向坪井善胜先生、半谷裕彦先生、川口衞先生、中田捷夫先生、真柄荣毅先生、田波徹行先生和川口健一先生表示深深的感谢。

翻译时打字、作图都由浙江大学研究生黄河、夏美梦、戴璐等完成，这里也要向他们表示感谢。

关富玲

1995年留学半谷研究室，1998年先生去世，我在半谷研究室的时间并不长，留下的记忆却异常丰富、难忘。感谢半谷先生引领我跨入充满魅力的空间结构殿堂，感谢川口先生如兄长般无微不至的关怀，感谢半谷研究室曾经的各位成员带给我无限快乐的时光。

希望本书能为国内学者及工程技术人员在进行相关领域研究及设计时提供帮助，同时为大专院校学生学习相关理论提供参考。

吴明儿

前言

本书在线性代数范畴中深入浅出地介绍了广义逆矩阵，尝试研究其在结构工程领域中以结构形态分析为中心的非线性分析应用。

广义逆矩阵是在正方矩阵的基础上，给出长方矩阵和行列式值为零的奇异矩阵的逆矩阵，以统计学和经济学中多变量分析领域为中心而发展起来的。本书前半部分系统地、深入浅出地给出了广义逆矩阵的定义及由定义导出的性质、线性方程组解的存在条件、解的个数、解的形式、最小二乘法相关的最优近似解、广义逆矩阵微分的数值计算法等。后半部分主要讲述广义逆矩阵在结构工程学领域中的应用。结构工程学中的基本方程大多通过差分法、有限元法等构成线性方程组进行求解，但是在非线性问题中，特别是结构形态稳定性问题、机构变形问题、最优化问题中经常出现奇异矩阵和长方矩阵，理论构成复杂，数值解析亦困难。对于这样的问题，广义逆矩阵是强有力的工具。本书以具体例子介绍了不稳定结构趋向稳定化移行过程的解析、具有位移模态和应力模态为约束条件的形态解析、结构稳定时奇异点附近的解析等。

广义逆矩阵的研究具有深远的意义，期待今后在结构工程学和控制工程学领域中能有更广泛的应用。本书若能够起到助力作用将是欣慰之至。

作者在壳和空间结构研究中，得到了以东京大学名誉教授坪井善胜先生(已故)和田中尚先生为首的各位先生的赐教，在此表示深深的感谢。本书的后半部分是由作者最近的论文整理所构成，在此向各位共著者及负责本系列丛书的东京大学教授矢川元基先生表示最诚挚的谢意。最后，本书得以出版，还要向制作图表的东京大学研究生院学生林晓光和宫崎贤一以及培风馆编辑部的儿玉晴男和原田郁子表示由衷的感谢。

著者

1991 年 1 月

目 录

CONTENTS

1　矢量和矩阵

1.1　矢量和矩阵

$m \times n$ 个数或函数 $a_{ij}(i=1, 2, \cdots, m; j=1, 2, \cdots, n)$ 按纵向 m 个数、横向 n 个数排列成长方形即为矩阵，由式 (1.001) 表述

$$\boldsymbol{A}=[a_{ij}]=\begin{bmatrix} a_{11} & a_{12} & \cdots & a_{1n} \\ a_{21} & a_{22} & \cdots & a_{2n} \\ \vdots & \vdots & & \vdots \\ a_{m1} & a_{m2} & \cdots & a_{mn} \end{bmatrix} \tag{1.001}$$

a_{ij} 就是矩阵中的元素，矩阵的横向元素称为行，纵向元素称为列。矩阵中，从上面数下来第 i 行称为 i 行，从左边数过去第 j 列称为 j 列。

式 (1.001) 中行数 m，列数 n 的矩阵称为 (m, n) 型矩阵。特别地，行数与列数相等的矩阵即 (n, n) 型矩阵称为正方阵，n 为阶数。$m \neq n$ 时，与正方矩阵相对应的称为长方阵。

行或列的数为 1 的矩阵称为矢量。即仅 1 行构成的 $(1, n)$ 型矩阵称为行矢量，仅有 1 列构成的 $(m, 1)$ 型矩阵称为列矢量。

本书中没有特别说明，矩阵用大写粗体字母 $\boldsymbol{A}$，$\boldsymbol{B}\cdots$表示，列矢量用小写粗体字母 $\boldsymbol{a}$，$\boldsymbol{b}\cdots$表示。强调 (m, n) 型矩阵时，用上标字母 m、n 记为 ${}^{m}\overset{n}{\boldsymbol{A}}$。

(m, n) 型矩阵 $\boldsymbol{A}$ 的行与列对调转变成的 (n, m) 型矩阵称为 $\boldsymbol{A}$ 的转

置矩阵，用 $\boldsymbol{A}^{\mathrm{T}}$ 表示。矩阵乘积的转置有以下关系式

$$(\boldsymbol{AB})^{\mathrm{T}}=\boldsymbol{B}^{\mathrm{T}}\boldsymbol{A}^{\mathrm{T}} \tag{1.002}$$

将矩阵 $\boldsymbol{A}$ 用若干个纵线及横线切割开来的矩阵称为分块矩阵，分割出的各部分称为 $\boldsymbol{A}$ 的小行列。$\boldsymbol{A}=[a_{ij}]$ 的各列的小行列为

$$\boldsymbol{a}_1=\begin{bmatrix}a_{11}\\a_{12}\\\vdots\\a_{m1}\end{bmatrix},\quad \boldsymbol{a}_2=\begin{bmatrix}a_{12}\\a_{22}\\\vdots\\a_{m2}\end{bmatrix},\quad \dots,\quad \boldsymbol{a}_n=\begin{bmatrix}a_{1n}\\a_{2n}\\\vdots\\a_{mn}\end{bmatrix} \tag{1.003}$$

表示成

$$\boldsymbol{A}=\begin{bmatrix}\boldsymbol{a}_1 & \boldsymbol{a}_2 & \cdots & \boldsymbol{a}_n\end{bmatrix} \tag{1.004}$$

$\boldsymbol{a}_1$，$\boldsymbol{a}_2$，$\cdots$，$\boldsymbol{a}_n$ 称为 $\boldsymbol{A}$ 的列矢量。

元素 a_{ij} 构成了 n 阶正方阵 $\boldsymbol{A}$，元素 a_{ii} 是对角元素，$a_{ij}\,(i\neq j)$ 是非对角元素。非对角元素均为 0 的矩阵称为对角阵，用 $\mathrm{diag}(\boldsymbol{A})$ 表示，即

$$\mathrm{diag}(\boldsymbol{A})=\begin{bmatrix}\boldsymbol{a}_{11} & & & \boldsymbol{O}\\ & \boldsymbol{a}_{22} & & \\ & & \ddots & \\ \boldsymbol{O} & & & \boldsymbol{a}_{nn}\end{bmatrix} \tag{1.005}$$

对角元素都是 1 的对角阵称为单位阵，用 $\boldsymbol{I}$ 表示，即

$$\boldsymbol{I}=\begin{bmatrix}1 & & & \boldsymbol{O}\\ & 1 & & \\ & & \ddots & \\ \boldsymbol{O} & & & 1\end{bmatrix} \tag{1.006}$$

强调单位阵的阶数为 n 时，用下标 n 表示 $\boldsymbol{I}_n$。元素 a_{ij} 全部为零的矩阵称为零矩阵，用 $\boldsymbol{O}$ 表示。当 $\boldsymbol{A}^{\mathrm{T}}=\boldsymbol{A}$ 成立时的矩阵称为对称矩阵，当 $\boldsymbol{A}^{\mathrm{T}}=-\boldsymbol{A}$ 成立时的矩阵称为反对称矩阵。反对称阵的对角线元素均为零。标量 a 与单位矩阵相乘时 $\boldsymbol{A}=a\boldsymbol{I}$，$\boldsymbol{A}$ 称为数量矩阵，数量矩阵是对角阵。$\boldsymbol{A}=[a_{ij}]$ 中当 $i>j$ 时 $\boldsymbol{a}_{ij}=0$，或 $i<j$ 时 $\boldsymbol{a}_{ij}=0$，$\boldsymbol{A}$ 称为三角矩阵，前者称为上三角矩阵，后者称为下三角矩阵。

1.2　标量积和标准正交系

两个有 m 元素的列矢量 $\boldsymbol{x}$、$\boldsymbol{y}$，将 $\boldsymbol{x}$ 与 $\boldsymbol{y}$ 的第 i 个元素 x_i、y_i 相乘得到标量积，即

$$\boldsymbol{x}\cdot\boldsymbol{y}=\sum_{i=1}^{m}x_i y_i \tag{1.007}$$

约定用下标（简记为 $\sum_{i=1}^{m}x_i y_i = x_i y_i$）表示，即

$$\boldsymbol{x}\cdot\boldsymbol{y}=x_i\, y_i \tag{1.008}$$

当两个矢量满足式 (1.009) 时，$\boldsymbol{x}$ 与 $\boldsymbol{y}$ 正交。

$$\boldsymbol{x}\cdot\boldsymbol{y}=0 \tag{1.009}$$

矢量 $\boldsymbol{x}$ 的模用 $|\boldsymbol{x}|$ 表示，即

$$|\boldsymbol{x}|=\sqrt{\boldsymbol{x}\cdot\boldsymbol{x}} \tag{1.010}$$

模是 1 的矢量称为单位矢量，用 $\boldsymbol{g}$ 表示。矢量 $\boldsymbol{x}$ 变成单位矢量 $\boldsymbol{g}$ 的变化称为正交变化或标准变化。

$$\boldsymbol{g}=\frac{\boldsymbol{x}}{|\boldsymbol{x}|} \tag{1.011}$$

互相正交的单位矢量组称为标准正交系。即 n 个矢量 $\boldsymbol{g}_1$，$\boldsymbol{g}_2$，…，$\boldsymbol{g}_n$ 相乘 $\boldsymbol{g}_i\cdot\boldsymbol{g}_j=\delta_{ij}$（$\delta_{ij}$ 是克罗内尔符号 (Kronecker delta)，$i=j$ 时 $\delta=1$，$i\neq j$ 时 $\delta=0$）满足时这 n 个矢量就构成了标准正交系。

1.3　行列式和逆矩阵

矩阵 $\boldsymbol{A}=[a_{ij}]$ 的行列式为 $|\boldsymbol{A}|$，用 $|a_{ij}|$ 或 $\det(\boldsymbol{A})$ 表示。去除矩阵 $\boldsymbol{A}$ 的第 i 行和第 j 列，生成 $(n-1)$ 阶的小行列式写成 Δ_{ij}，元素 a_{ij} 相对应的余子式 $\boldsymbol{A}_{ij}$ 为式 (1.012)

$$\ddot{\boldsymbol{A}}_{ij}=(-1)^{i+j}\,\Delta_{ij} \tag{1.012}$$

用余子式将行列式展开可得到如下关系

$$\sum_{k=1}^{n} \boldsymbol{a}_{jk}\boldsymbol{A}_{ik} = \delta_{ij}\left|\boldsymbol{A}\right|,\ \sum_{k=1}^{n} \boldsymbol{a}_{ki}\boldsymbol{A}_{kj} = \delta_{ij}\left|\boldsymbol{A}\right| \tag{1.013}$$

上式用矩阵表示，即

$$\begin{bmatrix} \boldsymbol{a}_{11} & \boldsymbol{a}_{12} & \cdots & \boldsymbol{a}_{1n} \\ \boldsymbol{a}_{21} & \boldsymbol{a}_{22} & \cdots & \boldsymbol{a}_{2n} \\ \vdots & \vdots & & \vdots \\ \boldsymbol{a}_{n1} & \boldsymbol{a}_{n2} & \cdots & \boldsymbol{a}_{nn} \end{bmatrix} \begin{bmatrix} \boldsymbol{A}_{11} & \boldsymbol{A}_{21} & \cdots & \boldsymbol{A}_{n1} \\ \boldsymbol{A}_{12} & \boldsymbol{A}_{22} & \cdots & \boldsymbol{A}_{n2} \\ \vdots & \vdots & & \vdots \\ \boldsymbol{A}_{1n} & \boldsymbol{A}_{2n} & \cdots & \boldsymbol{A}_{nn} \end{bmatrix} = \left|\boldsymbol{A}\right| \begin{bmatrix} 1 & & & \boldsymbol{O} \\ & 1 & & \\ & & \ddots & \\ \boldsymbol{O} & & & 1 \end{bmatrix} \tag{1.014}$$

$$\begin{bmatrix} \boldsymbol{A}_{11} & \boldsymbol{A}_{21} & \cdots & \boldsymbol{A}_{n1} \\ \boldsymbol{A}_{12} & \boldsymbol{A}_{22} & \cdots & \boldsymbol{A}_{n2} \\ \vdots & \vdots & & \vdots \\ \boldsymbol{A}_{1n} & \boldsymbol{A}_{2n} & \cdots & \boldsymbol{A}_{nn} \end{bmatrix} \begin{bmatrix} \boldsymbol{a}_{11} & \boldsymbol{a}_{12} & \cdots & \boldsymbol{a}_{1n} \\ \boldsymbol{a}_{21} & \boldsymbol{a}_{22} & \cdots & \boldsymbol{a}_{2n} \\ \vdots & \vdots & & \vdots \\ \boldsymbol{a}_{n1} & \boldsymbol{a}_{n2} & \cdots & \boldsymbol{a}_{nn} \end{bmatrix} = \left|\boldsymbol{A}\right| \begin{bmatrix} 1 & & & \boldsymbol{O} \\ & 1 & & \\ & & \ddots & \\ \boldsymbol{O} & & & 1 \end{bmatrix} \tag{1.015}$$

余子式 $\boldsymbol{A}_{ik}$ 构成的矩阵称为代数余子式矩阵，写成 adj($\boldsymbol{A}$)。式 (1.013) 与式 (1.015) 对应部分记为$\sum_{k=1}^{n} \boldsymbol{A}_{kj}\boldsymbol{a}_{ki} = \delta_{ij}\left|\boldsymbol{A}\right|$更好（译者注）。用余子式矩阵表示式 (1.014) 和式 (1.015)，即

$$\boldsymbol{A}\mathrm{adj}(\boldsymbol{A})^{\mathrm{T}} = \left|\boldsymbol{A}\right|\boldsymbol{I},\ \ \mathrm{adj}(\boldsymbol{A})^{\mathrm{T}}\boldsymbol{A} = \left|\boldsymbol{A}\right|\boldsymbol{I} \tag{1.016}$$

行列式值为 0，即 $|\boldsymbol{A}| = 0$ 时 $\boldsymbol{A}$ 是奇异阵。相反地，$|\boldsymbol{A}| \neq 0$ 时是非奇异矩阵。非奇异矩阵又称为正则阵。由式 (1.016) 表示的 $\boldsymbol{A}$ 的逆矩阵 $\boldsymbol{A}^{-1}$ 如下

$$\boldsymbol{A}^{-1} = \frac{\mathrm{adj}(\boldsymbol{A})^{\mathrm{T}}}{\left|\boldsymbol{A}\right|} \tag{1.017}$$

$\boldsymbol{A}$、$\boldsymbol{B}$ 均为 n 阶正方阵时有下列关系，即

$$\left|\boldsymbol{A}\boldsymbol{B}\right| = \left|\boldsymbol{A}\right|\left|\boldsymbol{B}\right| \tag{1.018}$$

$$\left|\mathrm{diag}\boldsymbol{A}\right| = \boldsymbol{a}_{11}\boldsymbol{a}_{22}\cdots\boldsymbol{a}_{nn} \tag{1.019}$$

$\boldsymbol{A}$、$\boldsymbol{B}$ 均为正则矩阵（非奇异阵）时，有式 (1.020~1.022) 成立

$$(\boldsymbol{A}^{-1})^{\mathrm{T}} = (\boldsymbol{A}^{\mathrm{T}})^{-1} \tag{1.020}$$

$$(\boldsymbol{AB})^{-1} = \boldsymbol{B}^{-1}\boldsymbol{A}^{-1} \tag{1.021}$$

$$(\mathrm{adj}(\boldsymbol{A}))^{-1} = \frac{\boldsymbol{A}}{|\boldsymbol{A}|} \tag{1.022}$$

且满足 $\boldsymbol{A}^{\mathrm{T}} = \boldsymbol{A}^{-1}$ 的矩阵称为正交阵。

1.4 线性相关和线性无关

给定 m 个元素的矢量 $a_i(i = 1, 2, \cdots, n)$，即

$$\boldsymbol{a}_i = \begin{bmatrix} a_{1i} \\ a_{2i} \\ \vdots \\ a_{mi} \end{bmatrix} \tag{1.023}$$

对 n 个矢量进行线性组合，即

$$c_1\boldsymbol{a}_1 + c_2\boldsymbol{a}_2 + \cdots + c_n\boldsymbol{a}_n = \boldsymbol{0} \tag{1.024}$$

若存在 n 个系数 c_1，c_2，$\cdots$，c_n 不全为 0 使得上式成立 $(n \neq 0)$，则矢量 $\boldsymbol{a}_1$，$\boldsymbol{a}_2$，$\cdots$，$\boldsymbol{a}_n$ 称为线性相关。不是线性相关时为线性无关，即矢量 $\boldsymbol{a}_1$，$\boldsymbol{a}_2$，$\cdots$，$\boldsymbol{a}_n$ 线性无关，使得式 (1.024) 成立时有 $c_1 = c_2 = \cdots = c_n = 0$。

式 (1.024) 中 $c_1 = c_2 = \cdots = c_n = 0$ 的情况下称为显而易见的关系式，即

线性无关 $\Leftrightarrow$ 只有显而易见的关系式成立时

线性相关 $\Leftrightarrow$ 不是显而易见的关系式成立时

式 (1.024) 用矩阵表示有

$$\begin{bmatrix} a_{11} & a_{12} & \cdots & a_{1n} \\ a_{21} & a_{22} & \cdots & a_{2n} \\ \vdots & \vdots & & \vdots \\ a_{m1} & a_{m2} & \cdots & a_{mn} \end{bmatrix} \begin{bmatrix} c_1 \\ c_2 \\ \vdots \\ c_n \end{bmatrix} = \begin{bmatrix} 0 \\ 0 \\ \vdots \\ 0 \end{bmatrix} \tag{1.025}$$

整理后有

$$\boldsymbol{Ac} = \boldsymbol{0} \tag{1.026}$$

式 (1.026) 是矢量 $\boldsymbol{c}$ 为未知数的齐次线性方程组，该方程式的解不唯一，即当所有的解有一个不是零时，式 (1.024) 的 $\boldsymbol{a}_1$，$\boldsymbol{a}_2$，…，$\boldsymbol{a}_n$ 是线性相关的。

线性相关时，系数 c_1，c_2，…，c_n 中至少有一个不为零，假定 c_k 不为零时有

$$\boldsymbol{a}_k = -\frac{c_1}{c_k}\boldsymbol{a}_1 - \cdots - \frac{c_{k-1}}{c_k}\boldsymbol{a}_{k-1} - \frac{c_{k+1}}{c_k}\boldsymbol{a}_{k+1} - \cdots - \frac{c_n}{c_k}\boldsymbol{a}_n \tag{1.027}$$

即 $\boldsymbol{a}_k$ 是 $\boldsymbol{a}_1$，…，$\boldsymbol{a}_{k-1}$，$\boldsymbol{a}_{k+1}$，…，$\boldsymbol{a}_n$ 的线性组合。

考虑式 (1.026) 的 $\boldsymbol{A}$ 为正方阵时，即 $m = n$。$|\boldsymbol{A}| \neq 0$ 时，可以得到 $\boldsymbol{c} = \boldsymbol{0}$ 的解及图式

$$\text{线性无关} \Leftrightarrow |\boldsymbol{A}| \neq 0$$
$$\text{线性相关} \Leftrightarrow |\boldsymbol{A}| = 0$$

对于线性无关和线性相关的判定，有必要进行 1.6 节中所述的基本变形使其成为特殊矩阵。但是也有不用变形直接判断的特别的矢量系，本节给出几个例子。

[例 1.1] 式 (1.024) 中的矢量有一个为零矢量，即 $\boldsymbol{a}_k = \boldsymbol{0}$ 时，式 (1.024) 中任意 $c_k(\neq 0)$ 都成立，所以线性相关。

[例 1.2] 式 (1.024) 的两个矢量之间有 $\boldsymbol{a}_i = \alpha\boldsymbol{a}_k$ 这样的比例关系，就是线性相关。为了满足式 (1.024)，$c_i = 1, c_k = -\alpha$，其他系数都为零也成立。

[例 1.3] 单位矩阵 $\boldsymbol{I}_n$ 的列矢量，即 n 个元素构成的 n 个单元矢量

$$\boldsymbol{e}_1 = \begin{bmatrix} 1 \\ 0 \\ \vdots \\ 0 \end{bmatrix}, \quad \boldsymbol{e}_2 = \begin{bmatrix} 0 \\ 1 \\ \vdots \\ 0 \end{bmatrix}, \quad \ldots, \quad \boldsymbol{e}_n = \begin{bmatrix} 0 \\ 0 \\ \vdots \\ 1 \end{bmatrix} \tag{1.028}$$

令 $c_1\boldsymbol{e}_1 + c_2\boldsymbol{e}_2 + \cdots + c_n\boldsymbol{e}_n$ 为矢量 $\boldsymbol{c}$，让其线性组合变为 $\boldsymbol{0}$，即 $\boldsymbol{c} = \boldsymbol{0}$，式 (1.028) 单位矢量是线性无关的。式 (1.026) 相应的矩阵可表示为

$$\begin{bmatrix} 1 & 0 & \cdots & 0 \\ 0 & 1 & \cdots & 0 \\ \vdots & \vdots & & \vdots \\ 0 & 0 & \cdots & 1 \end{bmatrix} \begin{bmatrix} c_1 \\ c_2 \\ \vdots \\ c_n \end{bmatrix} = \begin{bmatrix} 0 \\ 0 \\ \vdots \\ 0 \end{bmatrix}, \quad \boldsymbol{I}_n \boldsymbol{c} = \boldsymbol{O} \tag{1.029}$$

此时，因为 $\boldsymbol{A} = \boldsymbol{I}_n$，即 $|\boldsymbol{A}| \neq 0$。

$c_1\boldsymbol{e}_1 + c_2\boldsymbol{e}_2 + \cdots + c_m\boldsymbol{e}_m = \boldsymbol{O}$ 当 $m < n$ 时

$$\begin{bmatrix} \boldsymbol{I}_m \\ \hline \boldsymbol{O} \end{bmatrix} \begin{bmatrix} c_1 \\ c_2 \\ \vdots \\ c_m \end{bmatrix} = \begin{bmatrix} \boldsymbol{c}_1 \\ \boldsymbol{O} \\ \boldsymbol{c}_2 \\ \boldsymbol{O} \\ \vdots \\ \boldsymbol{c}_m \\ \boldsymbol{O} \end{bmatrix} = \boldsymbol{O} \tag{1.030}$$

即线性无关。当 $m > n$ 时

$$[\boldsymbol{I}_n \mid \boldsymbol{e}_{n+1} \cdots \boldsymbol{e}_m]\boldsymbol{c} = \boldsymbol{O} \tag{1.031}$$

因为 $\boldsymbol{e}_{n+1}$，…，$\boldsymbol{e}_m$ 没有定义，故无意义。

[例 1.4] 考虑如下矢量系

$$\boldsymbol{a}_1 = \begin{bmatrix} a_{11} \\ a_{21} \\ \vdots \\ a_{n1} \end{bmatrix}, \quad \boldsymbol{a}_2 = \begin{bmatrix} 0 \\ a_{22} \\ \vdots \\ a_{n2} \end{bmatrix}, \quad \cdots, \quad \boldsymbol{a}_n = \begin{bmatrix} 0 \\ 0 \\ \vdots \\ a_{nn} \end{bmatrix} \tag{1.032}$$

用这些矢量进行线性组合，表示成矩阵形式，即

$$\begin{bmatrix} a_{11} & 0 & \cdots & 0 \\ a_{21} & a_{22} & \cdots & 0 \\ \vdots & \vdots & & \vdots \\ a_{n1} & a_{n2} & \cdots & a_{nn} \end{bmatrix} \begin{bmatrix} c_1 \\ c_2 \\ \vdots \\ c_n \end{bmatrix} = \begin{bmatrix} 0 \\ 0 \\ \vdots \\ 0 \end{bmatrix} \tag{1.033}$$

该系数矩阵是下三角阵。若对角元素 a_{11}，a_{22}，…，a_{nn} 都不是零，即 $a_{ii} \neq 0$ ($i = 1$，2，…，n)，式 (1.032) 的矢量系是线性无关的。系数矩阵是上三角阵的情况相同。

1.5 矢量和矩阵的秩

在 n 个矢量系 $\boldsymbol{a}_i$ 中线性无关的矢量的最大个数记为 r，该个数 r 就称为矢量系的秩。此时

$$0 \leqslant r \leqslant n \tag{1.034}$$

当且仅当所有矢量都为零时 $r = 0$。

$(m，n)$ 型矩阵 $\boldsymbol{A} = [a_{ij}]$ 作为 m 个元素的列矢量共有 n 列，或 n 个元素构成的行矢量共有 m 行，即

$$\boldsymbol{A} = \begin{bmatrix} a_{11} & a_{12} & \cdots & a_{1n} \\ a_{21} & a_{22} & \cdots & a_{2n} \\ \vdots & \vdots & & \vdots \\ a_{m1} & a_{m2} & \cdots & a_{mn} \end{bmatrix} = \begin{bmatrix} \boldsymbol{a}_1 & \boldsymbol{a}_2 & \cdots & \boldsymbol{a}_n \end{bmatrix} = \begin{bmatrix} \boldsymbol{a}^1 \\ \boldsymbol{a}^2 \\ \vdots \\ \boldsymbol{a}^m \end{bmatrix} \tag{1.035}$$

列矢量的秩为矩阵 $\boldsymbol{A}$ 的列的秩，行矢量的秩为其行的秩。为了与下节所述的秩一致，其中用 r 表示，r 是矩阵 $\boldsymbol{A}$ 的秩，记为 $r = \mathrm{rank}(\boldsymbol{A})$。显然 r 的值不会大于 m、n 中的较小值

$$r \leqslant \min(m, n) \tag{1.036}$$

$(n，n)$ 为正方阵，列矢量（相应地，行矢量也如此）线性相关时，称为奇异阵；线性无关时，称为非奇异阵或正则阵。n 与 r 的差称为 n 阶矩阵的退化次数 d，由下式定义

$$d = n - r \tag{1.037}$$

[例 1.5]

$$\boldsymbol{A} = \begin{bmatrix} 2 & -1 & 0 \\ 1 & 0 & 1 \\ -2 & 2 & 2 \end{bmatrix} \text{ 的列矢量 } \boldsymbol{a}_1 = \begin{bmatrix} 2 \\ 1 \\ -2 \end{bmatrix}，\boldsymbol{a}_2 = \begin{bmatrix} -1 \\ 0 \\ 2 \end{bmatrix}，\boldsymbol{a}_3 = \begin{bmatrix} 0 \\ 1 \\ 2 \end{bmatrix}，$$

有 $\boldsymbol{a}_3 = \boldsymbol{a}_1 + 2\boldsymbol{a}_2$，即 $\boldsymbol{a}_1$ 和 $\boldsymbol{a}_2$ 两个矢量线性无关，则 $r = 2$，$d = 1$。

下面阐述关于矩阵的秩的一些重要性质。

[1] 矩阵的秩在做如下变换后，值不变。

(1) 两列互换。

(2) 一列乘以非零的常数 k。

(3) 一列乘以非零常数 k 加到其他列上。

这些性质对于行也同样成立。

$\boldsymbol{A} = [\boldsymbol{a}_1\ \ \boldsymbol{a}_2 \cdots\ \boldsymbol{a}_n]$ 的秩 $r = \text{rank}(\boldsymbol{A})$，有线性无关的矢量 $\boldsymbol{a}_1$，$\boldsymbol{a}_2$，…，$\boldsymbol{a}_r$。

$c_1\boldsymbol{a}_1 + c_2\boldsymbol{a}_2 + \cdots + c_r\boldsymbol{a}_r = \boldsymbol{0}$ 的系数全部为零，即 $c_1 = c_2 = \cdots = c_r = 0$。两个列的互换与选定的 $\boldsymbol{a}_1$，$\boldsymbol{a}_2$，…，$\boldsymbol{a}_r$ 无关，也不影响系数的值，因此秩不变。一列乘上非零常数 k 只是影响了系数的大小，对是否变成零没有影响，因此秩不变。现在考虑一列乘上常数 k 加到其他列上，此时有四种情况，即 $k\boldsymbol{a}_i$ 加到 $\boldsymbol{a}_j$ 上。

(Ⅰ) $i \leqslant r$，$j \leqslant r$　　(Ⅱ) $i \leqslant r$，$j > r$

(Ⅲ) $i > r$，$j \leqslant r$　　(Ⅳ) $i > r$，$j > r$

(Ⅰ)的情况，线性组合成为

$$c_1\boldsymbol{a}_1 + \cdots + c_j(\boldsymbol{a}_j + k\boldsymbol{a}_i) + \cdots + c_r\boldsymbol{a}_r = c_1\boldsymbol{a}_1 + \cdots + (c_i + kc_j)\boldsymbol{a}_i + \cdots + c_j\boldsymbol{a}_j + \cdots + c_r\boldsymbol{a}_r$$

只是 $\boldsymbol{a}_i$ 的系数变为 $c_i + kc_j$，秩没有影响。(Ⅱ)的情况也一样。(Ⅲ)、(Ⅳ)的情况 $\boldsymbol{a}_i$ 是线性相关的矢量，对线性无关的矢量系无影响。

[2] 矩阵的和 $\boldsymbol{A}+\boldsymbol{B}$ 的秩不大于 $\boldsymbol{A}$ 的秩和 $\boldsymbol{B}$ 的秩的和，即

$$\text{rank}\,(\boldsymbol{A}+\boldsymbol{B}) \leqslant \text{rank}\,(\boldsymbol{A}) + \text{rank}\,(\boldsymbol{B}) \tag{1.038}$$

$\boldsymbol{A}$ 和 $\boldsymbol{B}$ 的线性无关列矢量为 $\boldsymbol{a}_1$，$\boldsymbol{a}_2$，…，$\boldsymbol{a}_r$ 和 $\boldsymbol{b}_1$，$\boldsymbol{b}_2$，…，$\boldsymbol{b}_s$，则 $\text{rank}(\boldsymbol{A}) + \text{rank}(\boldsymbol{B}) = r + s$。$\boldsymbol{A}$ 和 $\boldsymbol{B}$ 是任意的矩阵则 $\boldsymbol{a}_1$，$\boldsymbol{a}_2$，…，$\boldsymbol{a}_r$ 和 $\boldsymbol{b}_1$，$\boldsymbol{b}_2$，…，$\boldsymbol{b}_s$ 可能是线性相关也可能是线性无关。

[3] 矩阵的积 $\boldsymbol{AB}$ 的秩不大于 $\boldsymbol{A}$ 的秩或 $\boldsymbol{B}$ 的秩，即

$$\text{rank}\,(\boldsymbol{AB}) \leqslant \text{rank}\,(\boldsymbol{A}) \tag{1.039}$$

$$\text{rank}\,(\boldsymbol{AB}) \leqslant \text{rank}\,(\boldsymbol{B}) \tag{1.040}$$

$\boldsymbol{A}$ 和 $\boldsymbol{B}$ 各自为 $(l,\ m)$ 型和 $(m,\ n)$ 型矩阵，其元素 $\boldsymbol{A} = [a_{ik}]$，$\boldsymbol{B} = [b_{kj}]$。

$\boldsymbol{C}=\boldsymbol{AB}$ 的元素是 c_{ij}，$c_{ij}=\sum_{k=1}^{m}a_{ik}b_{kj}$，$\boldsymbol{B}$ 是列矢量 $\boldsymbol{B}=[\boldsymbol{b}_1\ \ \boldsymbol{b}_2\cdots\ \boldsymbol{b}_n]$。

$$\boldsymbol{AB}=\boldsymbol{A}[\boldsymbol{b}_1\quad \boldsymbol{b}_2\quad \cdots\quad \boldsymbol{b}_n]=[\boldsymbol{Ab}_1\quad \boldsymbol{Ab}_2\quad \cdots\quad \boldsymbol{Ab}_n] \tag{1.041}$$

在此以 $\boldsymbol{Ab}_1$ 为例

$$\boldsymbol{Ab}_1=\begin{bmatrix} a_{11} & a_{12} & \cdots & a_{1m} \\ a_{21} & a_{22} & \cdots & a_{2m} \\ \vdots & \vdots & & \vdots \\ a_{l1} & a_{l2} & \cdots & a_{lm} \end{bmatrix}\begin{bmatrix} b_{11} \\ b_{21} \\ \vdots \\ b_{m1} \end{bmatrix}=\begin{bmatrix} a_{11}b_{11}+a_{12}b_{21}+\cdots+a_{1m}b_{m1} \\ a_{21}b_{11}+a_{22}b_{21}+\cdots+a_{2m}b_{m1} \\ \vdots \\ a_{l1}b_{11}+a_{l2}b_{21}+\cdots+a_{lm}b_{m1} \end{bmatrix}=\begin{bmatrix} c_{11} \\ c_{21} \\ \vdots \\ c_{l1} \end{bmatrix} \tag{1.042}$$

当 $\mathrm{rank}(\boldsymbol{B})=s$ 时，$\boldsymbol{b}_1$，$\boldsymbol{b}_2$，$\cdots$，$\boldsymbol{b}_s$ 中的线性无关的矢量数是 s。式 (1.040) 表示的是在式 (1.041) 的 n 个列矢量中的线性无关矢量的最大个数在 s 以下就行了。那么式 (1.041) 的 n 个列矢量中任意地取出 $(s+1)$ 个矢量肯定是线性相关的。如考虑 $\boldsymbol{Ab}_1$，$\boldsymbol{Ab}_2$，$\cdots$，$\boldsymbol{Ab}_s$。由 $\mathrm{rank}(\boldsymbol{B})=s$，$\boldsymbol{b}_1$，$\boldsymbol{b}_2$，$\cdots$，$\boldsymbol{b}_{s+1}$ 线性相关，$c_1\boldsymbol{b}_1+c_2\boldsymbol{b}_2+\cdots+c_{s+1}\boldsymbol{b}_{s+1}=\boldsymbol{0}$ 中至少有一个 c_i 是非零的。此时

$\boldsymbol{A}(c_1\boldsymbol{b}_1+c_2\boldsymbol{b}_2+\cdots+c_{s+1}\boldsymbol{b}_{s+1})=\boldsymbol{0}$，即

$c_1\boldsymbol{Ab}_1+c_2\boldsymbol{Ab}_2+\cdots+c_{s+1}\boldsymbol{Ab}_{s+1}=c_1\boldsymbol{c}_1+c_2\boldsymbol{c}_2+\cdots+c_{s+1}\boldsymbol{c}_{s+1}=\boldsymbol{0}$，又因为有一个 $\boldsymbol{c}_i$ 是非零的，所以 $\boldsymbol{c}_1$，$\boldsymbol{c}_2$，$\cdots$，$\boldsymbol{c}_{s+1}$ 是线性相关的，故式 (1.040) 成立。

因为转置也不改变秩，故

$$\mathrm{rank}(\boldsymbol{AB})=\mathrm{rank}((\boldsymbol{AB})^{\mathrm{T}})=\mathrm{rank}(\boldsymbol{B}^{\mathrm{T}}\boldsymbol{A}^{\mathrm{T}}) \tag{1.043}$$

将式 (1.043) 用于式 (1.040)，得到，$\mathrm{rank}(\boldsymbol{B}^{\mathrm{T}}\boldsymbol{A}^{\mathrm{T}})\leqslant\mathrm{rank}(\boldsymbol{A}^{\mathrm{T}})$，$\mathrm{rank}(\boldsymbol{A})=\mathrm{rank}(\boldsymbol{A}^{\mathrm{T}})$ 所以 $\mathrm{rank}(\boldsymbol{AB})\leqslant\mathrm{rank}(\boldsymbol{A})$，由此，式 (1.039) 成立。

[4] 若 $\boldsymbol{A}$ 为 $(m,\ n)$ 型矩阵，$\boldsymbol{B}$ 是正则的 n 次正方阵，$\boldsymbol{A}$ 和 $\boldsymbol{B}$ 的积的秩等于 $\boldsymbol{A}$ 的秩，即

$$\mathrm{rank}(\boldsymbol{AB})=\mathrm{rank}(\boldsymbol{A}) \tag{1.044}$$

设 $\boldsymbol{C}=\boldsymbol{AB}$，因为 $\boldsymbol{B}$ 是正则阵，$|\boldsymbol{B}|\neq 0$，逆矩阵存在。$\boldsymbol{CB}^{-1}=\boldsymbol{A}$，由式 (1.039)，有

$\mathrm{rank}(\boldsymbol{AB})\leqslant\mathrm{rank}(\boldsymbol{A})$

$\mathrm{rank}(\boldsymbol{A})=\mathrm{rank}(\boldsymbol{CB}^{-1})\leqslant\mathrm{rank}(\boldsymbol{C})=\mathrm{rank}(\boldsymbol{AB})$

由此 rank($\boldsymbol{AB}$) = rank($\boldsymbol{A}$)。

[5] (m, r) 型矩阵 $\boldsymbol{A}$ 和 (r, n) 型矩阵 $\boldsymbol{B}$ 的秩都为 r 时，积 $\boldsymbol{C} = \boldsymbol{AB}$ 的秩为 r。

$$\boldsymbol{C} = \boldsymbol{AB} = \begin{bmatrix} \boldsymbol{a}_1 & \boldsymbol{a}_2 & \cdots & \boldsymbol{a}_r \end{bmatrix} \begin{bmatrix} b_{11} & b_{12} & \cdots & b_{1n} \\ b_{21} & b_{22} & \cdots & b_{2n} \\ \vdots & \vdots & & \vdots \\ b_{r1} & b_{r2} & \cdots & b_{rn} \end{bmatrix} = \begin{bmatrix} \boldsymbol{c}_1 & \boldsymbol{c}_2 & \cdots & \boldsymbol{c}_r \end{bmatrix} \tag{1.045}$$

由式 (1.045)，$\boldsymbol{c}_k = b_{1k}\boldsymbol{a}_1 + \cdots + b_{rk}\boldsymbol{a}_r\ (k = 1, \cdots, m)$，即 $\boldsymbol{C}$ 的列矢量有 r 个线性无关的矢量 $\boldsymbol{a}_1$，$\boldsymbol{a}_2$，…，$\boldsymbol{a}_r$ 的线性组合。

$$\boldsymbol{C} = \boldsymbol{AB} = \begin{bmatrix} a_{11} & a_{12} & \cdots & a_{1r} \\ a_{21} & a_{22} & \cdots & a_{2r} \\ \vdots & \vdots & & \vdots \\ a_{m1} & a_{m2} & \cdots & a_{mr} \end{bmatrix} \begin{bmatrix} \boldsymbol{b}^1 \\ \boldsymbol{b}^2 \\ \vdots \\ \boldsymbol{b}^r \end{bmatrix} = \begin{bmatrix} \boldsymbol{c}^1 \\ \boldsymbol{c}^2 \\ \vdots \\ \boldsymbol{c}^m \end{bmatrix} \tag{1.046}$$

由式 (1.046)，$\boldsymbol{c}^i = a_{i1}\boldsymbol{b}^1 + \cdots + a_{ir}\boldsymbol{b}^r\ (i = 1, \cdots, m)$，$\boldsymbol{C}$ 的行矢量是 r 个线性无关的矢量 $\boldsymbol{b}^1$，$\boldsymbol{b}^2$，…，$\boldsymbol{b}^r$ 的线性组合。

假定 $\boldsymbol{B}$ 的线性无关的列矢量是前 r 个，即 $\boldsymbol{b}_1$，$\boldsymbol{b}_2$，…，$\boldsymbol{b}_r$。为使 $\boldsymbol{C}$ 的秩是 r，对任意的 $s\ (> r)$ 的线性组合的所有系数中必定存在非零系数 c_k。

$$c_1\boldsymbol{c}_1 + c_2\boldsymbol{c}_2 + \cdots + c_{s+1}\boldsymbol{c}_{s+1} = \boldsymbol{0} \tag{1.047}$$

将式 (1.045) 的 c_k 代入后

$$\begin{aligned} &(b_{11}c_1 + \cdots + b_{1r}c_r + b_{1s}c_s)\boldsymbol{a}_1 + (b_{21}c_1 + \cdots + b_{2r}c_r + b_{2s}c_s)\boldsymbol{a}_2 \\ &+ \cdots + (b_{r1}c_1 + \cdots + b_{rr}c_r + b_{rs}c_s)\boldsymbol{a}_r = \boldsymbol{0} \end{aligned} \tag{1.048}$$

由于矢量 $\boldsymbol{a}_1$，$\boldsymbol{a}_2$，…，$\boldsymbol{a}_r$ 是线性无关的，故

$$\begin{aligned} b_{11}c_1 + \cdots + b_{1r}c_r + b_{1s}c_s &= 0 \\ &\cdots \\ b_{r1}c_1 + \cdots + b_{rr}c_r + b_{rs}c_s &= 0 \end{aligned} \tag{1.049}$$

用矢量形式表示，即

$$\boldsymbol{c}_1\boldsymbol{b}_1+\cdots+\boldsymbol{c}_r\boldsymbol{b}_r+\boldsymbol{c}_s\boldsymbol{b}_s=\boldsymbol{0} \tag{1.050}$$

因为 $\boldsymbol{b}_1$，$\boldsymbol{b}_2$，…，$\boldsymbol{b}_r$ 是线性无关的，若令 $c_s=0$，则 $c_1=c_2=\cdots=c_r=0$，若 $c_s\neq 0$ 则可以解出 c_1，c_2，…，c_r。因此，式 (1.047) 中 $\boldsymbol{C}$ 的前 r 个矢量 $\boldsymbol{c}_1$，$\boldsymbol{c}_2$，…，$\boldsymbol{c}_r$ 就线性无关了，秩是 r 就可以理解了。

相反地，具有秩是 r 的矩阵 ${}^{m}\overset{n}{\boldsymbol{C}}$ 可分解为两个矩阵 ${}^{m}\overset{r}{\boldsymbol{A}}$、${}^{r}\overset{n}{\boldsymbol{B}}$，其积 $\boldsymbol{AB}$ 可表示成 $\boldsymbol{C}$，即

$${}^{m}\overset{n}{\boldsymbol{C}}={}^{m}\overset{r}{\boldsymbol{A}}\,{}^{r}\overset{n}{\boldsymbol{B}},\quad \mathrm{rank}\,(\boldsymbol{A})=\mathrm{rank}\,(\boldsymbol{B})=r \tag{1.051}$$

式 (1.051) 的具体例子在 1.6 节中说明。

1.6 初等变换

有关列的初等变换有三种。

(1) 两列互换。

(2) 一列乘以非零的常数 k。

(3) 一列乘以非零常数 k 加到其他列上。

同样对行的初等变换也有三种。

(1) 两行互换。

(2) 一行乘以非零的常数 k。

(3) 一行乘以非零常数 k 加到其他行上。

与 (1)、(2)、(3) 相对应的变换阵用 $\boldsymbol{E}_1$、$\boldsymbol{E}_2$、$\boldsymbol{E}_3$ 表示，这些矩阵称为初等变换阵。用初等变换阵进行初等变换时：

与列有关的初等变换右乘；

与行有关的初等变换左乘。

这里 (1)、(2)、(3) 相对应的初等变换阵是单位阵 $\boldsymbol{I}$ 变化后得到的，即

$$
\boldsymbol{I}=\begin{bmatrix} 1 & & \overset{i}{} & & \overset{j}{} & & \boldsymbol{O} \\ & \ddots & & & & & \\ & & \textcircled{1} & & & & \\ & & & \ddots & & & \\ & & & & \textcircled{1} & & \\ & & & & & \ddots & \\ \boldsymbol{O} & & & & & & 1 \end{bmatrix} \xrightarrow{i \leftrightarrow j} \boldsymbol{E}_1=\begin{bmatrix} 1 & & & & & \\ & \ddots & & & & \\ & & 0 & & 1 & & \\ & & & \ddots & & & \\ & & 1 & & 0 & & \\ & & & & & \ddots & \\ & & & & & & 1 \end{bmatrix} \tag{1.052}
$$

$$
\boldsymbol{I}=\begin{bmatrix} 1 & & \overset{i}{} & & \boldsymbol{O} \\ & \ddots & & & \\ & & \textcircled{1} & & \\ & & & \ddots & \\ \boldsymbol{O} & & & & 1 \end{bmatrix} \xrightarrow{\times k} \boldsymbol{E}_2=\begin{bmatrix} 1 & & & & \\ & \ddots & & & \\ & & k & & \\ & & & \ddots & \\ & & & & 1 \end{bmatrix} \tag{1.053}
$$

$\boldsymbol{E}_3$ 对行变换和列变换不同。

对于列变换 (i 列乘 k 加到 j 列上)

$$
\boldsymbol{I}=\begin{bmatrix} 1 & & \overset{i}{} & & \overset{j}{} & & \boldsymbol{O} \\ & \ddots & & & & & \\ & & \textcircled{1} & & & & \\ & & & \ddots & & & \\ & & & & \textcircled{1} & & \\ & & & & & \ddots & \\ \boldsymbol{O} & & & & & & 1 \end{bmatrix} \to \boldsymbol{E}_3=\begin{bmatrix} 1 & & & & & & \\ & \ddots & & & & & \\ & & \textcircled{1} & \cdots & k & & \\ & & & \ddots & \vdots & & \\ & & & & \textcircled{1} & & \\ & & & & & \ddots & \\ & & & & & & 1 \end{bmatrix} \tag{1.054}
$$

对于行变换 (i 行乘 k 加到 j 行上)

$$
\boldsymbol{I}=\begin{bmatrix} 1 & & \overset{i}{} & & \overset{j}{} & & \boldsymbol{O} \\ & \ddots & & & & & \\ & & \textcircled{1} & & & & \\ & & & \ddots & & & \\ & & & & \textcircled{1} & & \\ & & & & & \ddots & \\ \boldsymbol{O} & & & & & & 1 \end{bmatrix} \to \boldsymbol{E}_3=\begin{bmatrix} 1 & & & & & & \\ & \ddots & & & & & \\ & & \textcircled{1} & & & & \\ & & \vdots & \ddots & & & \\ & & k & \cdots & \textcircled{1} & & \\ & & & & & \ddots & \\ & & & & & & 1 \end{bmatrix} \tag{1.055}
$$

[例 1.6] 矩阵 $\boldsymbol{A}=\begin{bmatrix}2 & 1 & 1\\ 1 & 1 & 0\end{bmatrix}$ 试按下列次序进行初等变换。

(1) 从第一列减去第二列：$\boldsymbol{E}^{(1)}$

$$\begin{bmatrix}2 & 1 & 1\\ 1 & 1 & 0\end{bmatrix}\begin{bmatrix}1 & 0 & 0\\ -1 & 1 & 0\\ 0 & 0 & 1\end{bmatrix}=\begin{bmatrix}1 & 1 & 1\\ 0 & 1 & 0\end{bmatrix}$$

(2) 从第二列减去第三列：$\boldsymbol{E}^{(2)}$

$$\begin{bmatrix}1 & 1 & 1\\ 0 & 1 & 0\end{bmatrix}\begin{bmatrix}1 & 0 & 0\\ 0 & 1 & 0\\ 0 & -1 & 1\end{bmatrix}=\begin{bmatrix}1 & 0 & 1\\ 0 & 1 & 0\end{bmatrix}$$

(3) 从第三列减去第一列：$\boldsymbol{E}^{(3)}$

$$\begin{bmatrix}1 & 0 & 1\\ 0 & 1 & 0\end{bmatrix}\begin{bmatrix}1 & 0 & -1\\ 0 & 1 & 0\\ 0 & 0 & 1\end{bmatrix}=\begin{bmatrix}1 & 0 & 0\\ 0 & 1 & 0\end{bmatrix}$$

$\boldsymbol{E}^{(1)}\boldsymbol{E}^{(2)}\boldsymbol{E}^{(3)}=\boldsymbol{Q}$ 计算得

$$\boldsymbol{Q}=\begin{bmatrix}1 & 0 & -1\\ -1 & 1 & 0\\ 0 & -1 & 1\end{bmatrix} \tag{1.056}$$

初等变换有如下性质。

[1] 初等变换不改变矩阵的秩。

矩阵的初等变换如前节所述 (1) ~ (3)。因此很容易证明初等变换不改变矩阵的秩。

[2] 初等变换阵是非奇异矩阵，即

$$|\boldsymbol{E}_1|\neq 0,\quad |\boldsymbol{E}_2|\neq 0,\quad |\boldsymbol{E}_3|\neq 0 \tag{1.057}$$

[3] 秩为 r 的 (m, n) 型矩阵 $\boldsymbol{A}$ 经初等变换后可成为上三角阵 $\boldsymbol{B}$，取如下形式

$$\boldsymbol{B}=\left[\begin{array}{cccc|ccc} \multicolumn{4}{c|}{\overbrace{\hphantom{b_{11}\quad b_{12}\quad \cdots \quad b_{1r}}}^{r}} & \multicolumn{3}{c}{\overbrace{\hphantom{b_{1,r+1}\quad \cdots \quad b_{1n}}}^{n-r}} \\ \boldsymbol{b}_{11} & \boldsymbol{b}_{12} & \cdots & \boldsymbol{b}_{1r} & \boldsymbol{b}_{1,r+1} & \cdots & \boldsymbol{b}_{1n} \\ & \boldsymbol{b}_{22} & \cdots & \boldsymbol{b}_{2r} & \boldsymbol{b}_{2,r+1} & \cdots & \boldsymbol{b}_{2n} \\ & & \ddots & \vdots & \vdots & & \vdots \\ \boldsymbol{O} & & & \boldsymbol{b}_{rr} & \boldsymbol{b}_{r,r+1} & \cdots & \boldsymbol{b}_{rn} \\ \hline \multicolumn{4}{c|}{\boldsymbol{O}} & \multicolumn{3}{c}{\boldsymbol{O}} \end{array}\right] \begin{array}{l} \left.\vphantom{\begin{array}{c}1\\1\\1\\1\\1\end{array}}\right\}r \\ \}m-r \end{array} \tag{1.058}$$

式 (1.058) 给出了上三角阵 $\boldsymbol{B}$ 的秩仍为 r。$\boldsymbol{B}$ 的形式是 r 个非零的对角元素 $b_{ii}\neq 0\ (i=1, \cdots, r)$ ，由例 1.4 的结果可知有 r 个线性无关的行存在。因此行的秩为 r。下面考虑列，最前面的 r 列阵成的三角形线性无关。但是不属于 r 列之内的列 s $(>r)$ 则线性相关。即 $c_1\boldsymbol{b}_1+c_2\boldsymbol{b}_2+\cdots+c_s\boldsymbol{b}_s=\boldsymbol{0}$ 表示时

$$\begin{aligned} b_{11}\boldsymbol{c}_1+b_{12}\boldsymbol{c}_2+\cdots+b_{1r}\boldsymbol{c}_r+b_{1s}\boldsymbol{c}_s&=0 \\ b_{22}\boldsymbol{c}_2+\cdots+b_{2r}\boldsymbol{c}_r+b_{2s}\boldsymbol{c}_s&=0 \\ \cdots\qquad\qquad& \\ b_{rr}\boldsymbol{c}_r+b_{rs}\boldsymbol{c}_s&=0 \end{aligned} \tag{1.059}$$

式 (1.059) 中 $b_{ii}\neq 0$，因此 $c_1, c_2, \cdots, c_r$ 可以从最后的式子开始按顺序解出。$c_s=0$ 时 $c_i=0\ (i=1, \cdots, r)$ 线性无关，$c_s\neq 0$ 时通常 c_i 也不为 0。因而，列的秩也为 r，则矩阵 $\boldsymbol{B}$ 的秩为 r。

式 (1.058) 的特别形式 $r=m$，$r=n$ 时，有以下形式

$$m=r:\quad \left[\begin{array}{cccc|ccc} \overset{r}{{}^{r}b_{11}} & b_{12} & \cdots & b_{1r} & \overset{n-r}{b_{1,r+1}} & \cdots & b_{1n} \\ & b_{22} & \cdots & b_{2r} & b_{2,r+1} & \cdots & b_{2n} \\ & & \ddots & \vdots & \vdots & & \vdots \\ \boldsymbol{O} & & & b_{rr} & b_{r,r+1} & \cdots & b_{rn} \end{array}\right] \tag{1.060}$$

$$n = r:\quad \begin{array}{c} \\ r \\ \\ \\ \\ m-r \end{array}\left[\begin{array}{cccc} b_{11} & b_{12} & \cdots & b_{1r} \\ & b_{22} & \cdots & b_{2r} \\ & & \ddots & \vdots \\ \boldsymbol{O} & & & b_{rr} \\ \hline & \boldsymbol{O} & & \end{array}\right] \tag{1.061}$$

[4] 秩为 r 的 (m, n) 型矩阵 $\boldsymbol{A}$ 通过适当的初等矩阵 $\boldsymbol{P}$、$\boldsymbol{Q}$ 相乘后变形如下

$$m = n = r:\quad \boldsymbol{PAQ} = {}^{r}\overset{r}{[\boldsymbol{I}]} \tag{1.062}$$

$$m = r < n:\quad \boldsymbol{PAQ} = {}^{r}\left[\begin{array}{c|c} \overset{r}{\boldsymbol{I}} & \overset{n-r}{\boldsymbol{O}} \end{array}\right] \tag{1.063}$$

$$m > r = n:\quad \boldsymbol{PAQ} = \begin{array}{c} r \\ m-r \end{array}\left[\begin{array}{c} \overset{r}{\boldsymbol{I}} \\ \hline \boldsymbol{O} \end{array}\right] \tag{1.064}$$

$$m > r,\ n > r:\quad \boldsymbol{PAQ} = \begin{array}{c} r \\ m-r \end{array}\left[\begin{array}{c|c} \overset{r}{\boldsymbol{I}} & \overset{n-r}{\boldsymbol{O}} \\ \hline \boldsymbol{O} & \boldsymbol{O} \end{array}\right] \tag{1.065}$$

式 (1.062) ~ (1.065) 给出的形式称为 $\boldsymbol{A}$ 的标准型。

[例 1.7] 求矩阵 $\boldsymbol{A} = \begin{bmatrix} 2 & 1 & 1 \\ 1 & 1 & 0 \end{bmatrix}$ 变成标准型的 $\boldsymbol{P}$ 和 $\boldsymbol{Q}$。

利用例 1.6 的结果，有

$$\boldsymbol{P} = \begin{bmatrix} 1 & 0 \\ 0 & 1 \end{bmatrix},\quad \boldsymbol{Q} = \begin{bmatrix} 1 & 0 & -1 \\ -1 & 1 & 1 \\ 0 & -1 & 1 \end{bmatrix},\quad \boldsymbol{B} = \boldsymbol{PAQ} = \left[\begin{array}{cc|c} 1 & 0 & 0 \\ 0 & 1 & 0 \end{array}\right] \tag{1.066}$$

[5] 两个 (m, n) 型矩阵 $\boldsymbol{A}$ 和 $\boldsymbol{B}$ 通过有限次数的初等变换可以相互变形时

$$\boldsymbol{B}=\boldsymbol{PAQ} \text{ 或 } \boldsymbol{A}=\boldsymbol{P}^{-1}\boldsymbol{BQ}^{-1} \tag{1.067}$$

$\boldsymbol{A}$ 和 $\boldsymbol{B}$ 同值的。因为 $\boldsymbol{P}$、$\boldsymbol{Q}$ 是由初等变换阵的积得到的正则矩阵。$\boldsymbol{Q}=\boldsymbol{P}^{-1}$ 时称为相似阵，$\boldsymbol{Q}=\boldsymbol{P}^{\mathrm{T}}$ 时称为合同阵。$\boldsymbol{B}=\boldsymbol{PAP}^{-1}$ 称作相似变换，$\boldsymbol{P}^{-1}=\boldsymbol{P}^{\mathrm{T}}$ 时称作正交变换。

[6] n 次正方阵 $\boldsymbol{A}$、$\boldsymbol{B}$ 的秩 r_A、r_B 退化次数 $d_A=n-r_A$，$d_B=n-r_B$。令 $\boldsymbol{C}=\boldsymbol{AB}$，$\boldsymbol{C}$ 的秩 r_C 最大值等于两个秩中较小的那一个，最小值等于较小秩与退化次数的差，即

$$r_{\min}-d_{\min}\leqslant r_C\leqslant r_{\min} \tag{1.068}$$

其中

$$r_{\min}=\min(r_A, r_B),\quad d_{\min}=\min(d_A, d_B) \tag{1.069}$$

式 (1.068) 是有关退化次数的西尔维斯特 (Sylvester) 法则。长方阵时补上 0 变成 n 阶正方阵就可以了。

以上假设的 $r_A\leqslant r_B$，若 $r_A\geqslant r_B$ 时 $\boldsymbol{C}^{\mathrm{T}}=\boldsymbol{B}^{\mathrm{T}}\boldsymbol{A}^{\mathrm{T}}$ 就可以同样考虑。由式 (1.065) 将 $\boldsymbol{A}$ 乘以正则阵 $\boldsymbol{P}$、$\boldsymbol{Q}$ 变成标准型，即

$$\boldsymbol{PAQ}=\boldsymbol{N}_A=\begin{bmatrix}\boldsymbol{I}_{TA} & \boldsymbol{O}\\ \boldsymbol{O} & \boldsymbol{O}\end{bmatrix} \tag{1.070}$$

$\bar{\boldsymbol{C}}=\boldsymbol{PC}=\boldsymbol{PAB}=\boldsymbol{PAQQ}^{-1}\boldsymbol{B}=\boldsymbol{N}_A\bar{\boldsymbol{B}}$ 由式 (1.044)，$\bar{\boldsymbol{C}}=\boldsymbol{PC}$ 和 $\bar{\boldsymbol{B}}=\boldsymbol{Q}^{-1}\boldsymbol{B}$，$\boldsymbol{C}$ 和 $\boldsymbol{B}$ 有相同的秩。$\bar{\boldsymbol{B}}$ 是由 r_A 个行组成的上半部分 $\bar{\boldsymbol{B}}_1$ 和余下的下半部分 $\bar{\boldsymbol{B}}_2$ 构成的。

$$\bar{\boldsymbol{C}}=\boldsymbol{N}_A\bar{\boldsymbol{B}}=\begin{bmatrix}\boldsymbol{I}_{TA} & \boldsymbol{O}\\ \boldsymbol{O} & \boldsymbol{O}\end{bmatrix}\begin{bmatrix}\bar{\boldsymbol{B}}_1\\ \bar{\boldsymbol{B}}_2\end{bmatrix}=\begin{bmatrix}\bar{\boldsymbol{B}}_1\\ \boldsymbol{O}\end{bmatrix} \tag{1.071}$$

因而，矩阵 $\bar{\boldsymbol{C}}$ 的上半部分是 $\bar{\boldsymbol{B}}$ 的上半部分 r_A 个行组成的，下半部分是由 $d_A=n-r_A$ 个零行组成的。$\bar{\boldsymbol{B}}$ 的秩是 r_B，有 r_B 个线性无关的行，因为 $r_A\leqslant r_B$，$\bar{\boldsymbol{C}}$ 就有最大 r_A 个线性无关的行（见图 1. 1）。

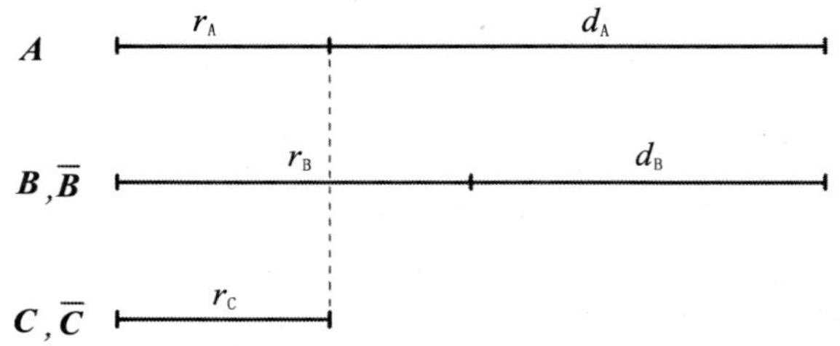

图 1.1　线性无关

下面求最小值。$\bar{\boldsymbol{B}}$ 的下半部分的 r_B 个行线性无关，上半部分各行线性相关时，秩 r_C 就变成两个秩 r_A、r_B 的重叠部分（见图 1.2），即 $r_C = r_A + r_B - n = r_A - d_B$。

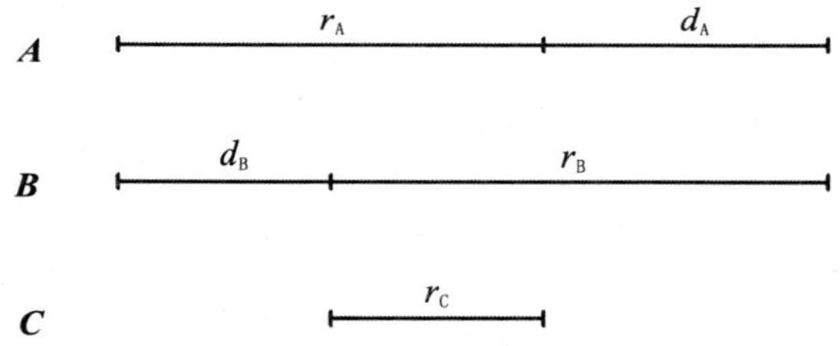

图 1.2 线性相关

$r_A - r_B < 0$ 时为零。

[7] $\,{}^{m}\overset{n}{\boldsymbol{A}} = {}^{m}\overset{r}{\boldsymbol{B}}\,{}^{r}\overset{n}{\boldsymbol{C}}$ 的分割方法：

在这儿给出 $\boldsymbol{A} = \boldsymbol{BC}$ 的分割方法，该分割方法是涉及广义逆矩阵时的基础。

$m > r$，$n > r$ 时由式 (1.065)

$$ {}^{m}\overset{m}{\boldsymbol{P}}\,{}^{m}\overset{n}{\boldsymbol{A}}\,{}^{n}\overset{n}{\boldsymbol{Q}} = {}^{r}\left[\begin{array}{c|c} \overset{r}{\boldsymbol{I}} & \boldsymbol{O} \\ \hline \boldsymbol{O} & \boldsymbol{O} \end{array}\right], \quad \operatorname{rank}(\boldsymbol{A}) = r \qquad (1.072) $$

由式 (1.072) 有

$$
{}^{m}\overset{n}{\boldsymbol{A}}=\boldsymbol{P}^{-1}\begin{bmatrix}\boldsymbol{I} & \boldsymbol{O}\\ \boldsymbol{O} & \boldsymbol{O}\end{bmatrix}\boldsymbol{Q}^{-1}=\begin{bmatrix}\boldsymbol{p}_1 & \cdots & \boldsymbol{p}_r & \cdots & \boldsymbol{p}_m\end{bmatrix}\begin{bmatrix}\boldsymbol{I} & \boldsymbol{O}\\ \boldsymbol{O} & \boldsymbol{O}\end{bmatrix}\begin{bmatrix}\boldsymbol{q}^1\\ \vdots\\ \boldsymbol{q}^r\\ \vdots\\ \boldsymbol{q}^m\end{bmatrix} \tag{1.073}
$$

$$
=\begin{bmatrix}\boldsymbol{p}_1 & \cdots & \boldsymbol{p}_r & \boldsymbol{O}\end{bmatrix}\begin{bmatrix}\boldsymbol{q}^1\\ \vdots\\ \boldsymbol{q}^r\\ \boldsymbol{O}\end{bmatrix}={}^{m}\overset{r}{\boldsymbol{B}}\,{}^{r}\overset{n}{\boldsymbol{C}}
$$

其中

$$
{}^{m}\overset{r}{\boldsymbol{B}}=\begin{bmatrix}\boldsymbol{p}_1 & \cdots & \boldsymbol{p}_r\end{bmatrix},\quad {}^{r}\overset{n}{\boldsymbol{C}}=\begin{bmatrix}\boldsymbol{q}^1\\ \vdots\\ \boldsymbol{q}^r\end{bmatrix} \tag{1.074}
$$

[例 1.8] $\boldsymbol{A}=\begin{bmatrix}2 & 1 & 1\\ 1 & 1 & 0\end{bmatrix}$ 分割成 $\boldsymbol{A}=\boldsymbol{BC}$，$(\mathrm{rank}(\boldsymbol{A})=2)$。

由例 1.6 的结果

$$
\boldsymbol{P}=\begin{bmatrix}1 & 0\\ 0 & 1\end{bmatrix},\quad \boldsymbol{Q}=\begin{bmatrix}1 & 0 & -1\\ -1 & 1 & 1\\ 0 & -1 & 1\end{bmatrix} \tag{1.075}
$$

求式 (1.075) 的逆矩阵

$$
\boldsymbol{P}^{-1}=\begin{bmatrix}1 & 0\\ 0 & 1\end{bmatrix},\quad \boldsymbol{Q}^{-1}=\begin{bmatrix}2 & 1 & 1\\ 1 & 1 & 0\\ 1 & 1 & 1\end{bmatrix} \tag{1.076}
$$

由此

$$
\boldsymbol{B}=\begin{bmatrix}1 & 0\\ 0 & 1\end{bmatrix},\quad \boldsymbol{C}=\begin{bmatrix}2 & 1 & 1\\ 1 & 1 & 0\end{bmatrix} \tag{1.077}
$$

1.7 二次型

n 个实变量 x_1，x_2，…，x_n 对应其实系数 a_{ij} 按如下的排列成为二次型。

$$\begin{aligned} a_{11}x_1^2 + 2a_{12}x_1x_2 + \cdots + 2a_{1n}x_1x_n + \\ a_{22}x_2^2 + \cdots + 2a_{2n}x_2x_n \\ \cdots \\ + a_{nn}x_n^2 \end{aligned} \tag{1.078}$$

式 (1.078) 中 $a_{ij} = a_{ji} (i \neq j)$ 可转换为

$$\begin{aligned} f(x) = a_{11}x_1^2 + a_{12}x_1x_2 + \cdots + a_{1n}x_1x_n + \\ a_{21}x_2x_1 + a_{22}x_2^2 + \cdots + a_{2n}x_2x_n \\ \cdots \\ + a_{n1}x_nx_1 + a_{n2}x_nx_2 + \cdots + a_{nn}x_n^2 \\ = \boldsymbol{x}^{\mathrm{T}}\boldsymbol{A}\boldsymbol{x} \end{aligned} \tag{1.079}$$

其中

$$\boldsymbol{x} = \begin{bmatrix} x_1 \\ x_2 \\ \vdots \\ x_n \end{bmatrix}, \quad \boldsymbol{A} = \begin{bmatrix} a_{11} & a_{12} & \cdots & a_{1n} \\ a_{21} & a_{22} & \cdots & a_{2n} \\ \vdots & \vdots & & \vdots \\ a_{n1} & a_{n2} & \cdots & a_{nn} \end{bmatrix} \tag{1.080}$$

$\boldsymbol{A}$ 是对称矩阵。式 (1.079) 称为关于 x 的二次型，对称矩阵 $\boldsymbol{A}$ 称为二次型 $f(x)$ 的矩阵。

二次型根据其值的正负做如下分类。

(1) 正定或正值定符号。

除了 $x = 0$ 以外的任意的 x 都有 $\boldsymbol{x}^{\mathrm{T}}\boldsymbol{A}\boldsymbol{x} > 0$ 成立。

(2) 半正定或正值半定符号。

对于一切 x 都有 $\boldsymbol{x}^{\mathrm{T}}\boldsymbol{A}\boldsymbol{x} \geqslant 0$，至少有一个 $x \neq 0$，$\boldsymbol{x}^{\mathrm{T}}\boldsymbol{A}\boldsymbol{x} = 0$ 成立。

(3) 半负定或负值半定符号。

对于一切 x 都有 $\boldsymbol{x}^{\mathrm{T}}\boldsymbol{A}\boldsymbol{x} \leqslant 0$，至少有一个 $x \neq 0$，$\boldsymbol{x}^{\mathrm{T}}\boldsymbol{A}\boldsymbol{x} = 0$ 成立。

(4) 负定或负值定符号。

除了 $x=0$ 以外的任意 x 都有 $\boldsymbol{x}^{\mathrm{T}}\boldsymbol{A}\boldsymbol{x}<0$ 成立。

(5) 不定。

由 $\boldsymbol{x}$ 的选择方式不同变成正、零、负。

$\boldsymbol{x}^{\mathrm{T}}\boldsymbol{A}\boldsymbol{x}>0$ 时称为二次型的正定形式。正定形式时有如下性质，即正定形式 $f(x)=\boldsymbol{x}^{\mathrm{T}}\boldsymbol{A}\boldsymbol{x}$ 的系数矩阵 $\boldsymbol{A}$ 奇异时是半正定。换言之，$f(x)$ 正定时系数矩阵 $\boldsymbol{A}$ 非奇异。反之亦成立。

$\boldsymbol{A}$ 奇异时同阶方程式

$$\boldsymbol{A}\boldsymbol{x}=\begin{bmatrix}\boldsymbol{a}_1 & \boldsymbol{a}_2 & \cdots & \boldsymbol{a}_n\end{bmatrix}\boldsymbol{x}=\boldsymbol{a}_1x_1+\boldsymbol{a}_2x_2+\cdots+\boldsymbol{a}_nx_n=\boldsymbol{0} \tag{1.081}$$

因为 $\boldsymbol{A}$ 的列矢量线性相关具有不唯一解，该 $\boldsymbol{x}_i$ 元素构成矢量 $\boldsymbol{x}$ 且 $\boldsymbol{x}^{\mathrm{T}}\boldsymbol{A}\boldsymbol{x}=0$。即 $\boldsymbol{x}^{\mathrm{T}}\boldsymbol{A}\boldsymbol{x}=0$ 值中存在 $\boldsymbol{x}\neq 0$。

$\boldsymbol{A}$ 是 $(m,\ n)$ 型实矩阵。其中用下式给出 $(m,\ n)$ 型矩阵 $\boldsymbol{B}$

$$\boldsymbol{B}=\boldsymbol{A}^{\mathrm{T}}\boldsymbol{A} \tag{1.082}$$

$\boldsymbol{B}$ 有下述性质。

[1] $\boldsymbol{B}$ 是对称阵。

$\boldsymbol{B}^{\mathrm{T}}=(\boldsymbol{A}^{\mathrm{T}}\boldsymbol{A})^{\mathrm{T}}=\boldsymbol{A}^{\mathrm{T}}\boldsymbol{A}=\boldsymbol{B}$，由此可知 $\boldsymbol{B}$ 是对称矩阵。

[2] $\boldsymbol{x}^{\mathrm{T}}\boldsymbol{B}\boldsymbol{x}$ 是正值半正定。

用 $\boldsymbol{y}=\boldsymbol{A}\boldsymbol{x}$ 的变量置换，

$$f(x)=\boldsymbol{x}^{\mathrm{T}}\boldsymbol{B}\boldsymbol{x}=\boldsymbol{x}^{\mathrm{T}}\boldsymbol{A}^{\mathrm{T}}\boldsymbol{A}\boldsymbol{x}=\boldsymbol{y}^{\mathrm{T}}\boldsymbol{y}=y_1^2+y_2^2+\cdots+y_m^2 \tag{1.083}$$

由式 (1.83) $f(x)\geqslant 0$ 得 $\boldsymbol{x}^{\mathrm{T}}\boldsymbol{B}\boldsymbol{x}$ 是正值半正定。

[3] 对称阵 $\boldsymbol{B}=\boldsymbol{A}^{\mathrm{T}}\boldsymbol{A}$ 中根据 $\boldsymbol{A}$ 的列 $\boldsymbol{a}_k$ 的线性相关还是线性无关确定是半正定还是正定。$\boldsymbol{A}$ 的列非奇异时，$\boldsymbol{B}$ 非奇异。

式 (1.083) 中 $f(x)=0$ 成立时下式才成立。

$$\boldsymbol{y}=\boldsymbol{A}\boldsymbol{x}=\boldsymbol{a}_1x_1+\boldsymbol{a}_2x_2+\cdots+\boldsymbol{a}_nx_n=\boldsymbol{0} \tag{1.084}$$

此时只在 $\boldsymbol{A}$ 的列 $\boldsymbol{a}_k$ 线性相关时 $x\neq 0$ 才有可能。

[4] (m，n) 型矩阵 $\boldsymbol{A}$ 的秩为 r，$\boldsymbol{A}^{\mathrm{T}}\boldsymbol{A}$ 及 $\boldsymbol{A}\boldsymbol{A}^{\mathrm{T}}$ 的秩仍为 r，即

$$\operatorname{rank}(\boldsymbol{A})=r\,,\quad \operatorname{rank}(\boldsymbol{A}^{\mathrm{T}}\boldsymbol{A})=r\,,\quad \operatorname{rank}(\boldsymbol{A}\boldsymbol{A}^{\mathrm{T}})=r \tag{1.085}$$

因为 $\boldsymbol{A}$ 的秩是 r，有 r 个线性无关的列矢量 $\boldsymbol{a}_k$ ($k=1$，2，…，r)，$r+1$ 个及之后的列矢量线性相关。r 个线性无关列构成部分矩阵 $\boldsymbol{A}_1$，余下的列矢量构成矩阵 $\boldsymbol{A}_2$，$\boldsymbol{B}=\boldsymbol{A}^{\mathrm{T}}\boldsymbol{A}$ 变成式 (1.086)，即

$$\boldsymbol{B}=\begin{matrix} r \\ n-r \end{matrix}\left[\begin{array}{c|c} \overset{r}{\boldsymbol{B}_{11}} & \overset{n-r}{\boldsymbol{B}_{12}} \\ \hline \boldsymbol{B}_{21} & \boldsymbol{B}_{22} \end{array}\right]=\,^{n}\left[\begin{array}{c} \overset{m}{\boldsymbol{A}_1^{\mathrm{T}}} \\ \boldsymbol{A}_2^{\mathrm{T}} \end{array}\right]\,^{m}\left[\begin{array}{cc} \overset{n}{\boldsymbol{A}_1} & \boldsymbol{A}_2 \end{array}\right]=\begin{matrix} r \\ n-r \end{matrix}\left[\begin{array}{c|c} \overset{r}{\boldsymbol{A}_1^{\mathrm{T}}\boldsymbol{A}_1} & \overset{n-r}{\boldsymbol{A}_1^{\mathrm{T}}\boldsymbol{A}_2} \\ \hline \boldsymbol{A}_2^{\mathrm{T}}\boldsymbol{A}_1 & \boldsymbol{A}_2^{\mathrm{T}}\boldsymbol{A}_2 \end{array}\right] \tag{1.086}$$

(r，r) 型矩阵 $\boldsymbol{B}_{11}=\boldsymbol{A}_1^{\mathrm{T}}\boldsymbol{A}_1$，由第 [3] 项可知是非奇异矩阵，秩为 r。因而 $\boldsymbol{A}^{\mathrm{T}}\boldsymbol{A}$ 的秩不小于 r。另外 $\boldsymbol{A}^{\mathrm{T}}\boldsymbol{A}$ 是 $\boldsymbol{A}$ 的行 $\boldsymbol{a}^i$（有 r 个线性无关矢量）的线性组合，$\boldsymbol{B}$ 中有 r 个线性无关的行存在。但是这样的线性组合，线性无关的行个数没有增加，故秩数也不大于 r。因此，$\operatorname{rank}(\boldsymbol{A}\boldsymbol{A}^{\mathrm{T}})=r$。对于 $\boldsymbol{A}\boldsymbol{A}^{\mathrm{T}}$ 同理可证。

习题

1.1　将矩阵 $\boldsymbol{A}=[a_{ij}]$ 写成对称阵和反对称阵的和。

1.2　$\boldsymbol{A}$ 为任意矩阵，证明 $\boldsymbol{A}\boldsymbol{A}^{\mathrm{T}}$ 及 $\boldsymbol{A}^{\mathrm{T}}\boldsymbol{A}$ 是对称阵。试讨论 $\boldsymbol{A}\boldsymbol{A}^{\mathrm{T}}=\boldsymbol{A}^{\mathrm{T}}\boldsymbol{A}$ 是否成立。

1.3　作为标准正交系的构造方法有 Gram-Schmidt 法作为独立的矢量 $\boldsymbol{a}_1$，$\boldsymbol{a}_2$ … $\boldsymbol{a}_n$，进行下述计算。

$$\boldsymbol{y}_1=\boldsymbol{a}_1\,,\quad \boldsymbol{g}_1=\frac{\boldsymbol{y}_1}{|\boldsymbol{y}_1|}\,;$$

$$\boldsymbol{y}_2=\boldsymbol{a}_2-\frac{\boldsymbol{y}_1^{\mathrm{T}}\boldsymbol{a}_2}{\boldsymbol{y}_1^{\mathrm{T}}\boldsymbol{y}_1}\boldsymbol{y}_1\,,\quad \boldsymbol{g}_2=\frac{\boldsymbol{y}_2}{|\boldsymbol{y}_2|}\,;$$

$$\cdots$$

$$\boldsymbol{y}_n=\boldsymbol{a}_n-\frac{\boldsymbol{y}_1^{\mathrm{T}}\boldsymbol{a}_n}{\boldsymbol{y}_1^{\mathrm{T}}\boldsymbol{y}_1}\boldsymbol{y}_1-\cdots-\frac{\boldsymbol{y}_{n-1}^{\mathrm{T}}\boldsymbol{a}_n}{\boldsymbol{y}_{n-1}^{\mathrm{T}}\boldsymbol{y}_{n-1}}\boldsymbol{y}_{n-1}\,,\quad \boldsymbol{g}_n=\frac{\boldsymbol{y}_n}{|\boldsymbol{y}_n|}$$

此时 $\boldsymbol{g}_1$，$\boldsymbol{g}_2$ … $\boldsymbol{g}_n$ 是标准正交系。

用 Gram-Schmidt 法求下面三个矢量的标准正交系。

(1) $\boldsymbol{a}_1=\begin{bmatrix}1\\-1\\0\end{bmatrix}$， $\boldsymbol{a}_2=\begin{bmatrix}0\\1\\-1\end{bmatrix}$， $\boldsymbol{a}_3=\begin{bmatrix}-1\\1\\1\end{bmatrix}$

(2) $\boldsymbol{a}_1=\begin{bmatrix}1\\-1\\0\end{bmatrix}$， $\boldsymbol{a}_2=\begin{bmatrix}0\\1\\-1\end{bmatrix}$， $\boldsymbol{a}_3=\begin{bmatrix}1\\1\\2\end{bmatrix}$

1.4 求下面矩阵的余子式，然后求逆。

(1) $\begin{bmatrix}1 & -1\\-1 & 2\end{bmatrix}$， (2) $\begin{bmatrix}1 & 0 & 0\\1 & \frac{1}{2} & \frac{1}{4}\\1 & 1 & 1\end{bmatrix}$

1.5 $\boldsymbol{T}$ 是从坐标系 $\boldsymbol{x}$ 到坐标系 $\boldsymbol{x}'$ 的变换阵。即 $\boldsymbol{x}'=\boldsymbol{T}\boldsymbol{x}$。在平面上证明旋转坐标轴的变换阵是正交矩阵。

1.6 求下列矩阵的秩。

(1) $\begin{bmatrix}1 & 1 & -1\\1 & -1 & 1\end{bmatrix}$， (2) $\begin{bmatrix}1 & 0 & -1 & 2\\0 & 1 & 1 & -1\\-2 & -1 & 1 & 2\end{bmatrix}$

1.7 求上题的矩阵作为初等变换积的正交矩阵 $\boldsymbol{P}$、$\boldsymbol{Q}$，并将原矩阵化成标准型。

1.8 将 1.6 题的矩阵 $\boldsymbol{A}$ 分解成 $\boldsymbol{A}=\boldsymbol{BC}$。

1.9 对下面的二次型进行变换 $\boldsymbol{x}=\boldsymbol{T}\boldsymbol{y}$，使得矩阵 $\boldsymbol{B}=\boldsymbol{T}^{\mathrm{T}}\boldsymbol{A}\boldsymbol{T}$ 成为对角矩阵。

$$f(x)=\boldsymbol{x}^{\mathrm{T}}\boldsymbol{A}\boldsymbol{x}, \quad \boldsymbol{A}=\begin{bmatrix}2 & 1\\1 & 2\end{bmatrix}。$$

2 广义逆矩阵

2.1 广义逆的定义

设 $\boldsymbol{A}$ 为 $m \times n$ 的长方矩阵，若满足下面四个条件的矩阵称为 Moore-Penrose 广义逆矩阵，记为 $\boldsymbol{A}^{-}$。

$$(\boldsymbol{A}\boldsymbol{A}^{-})^{\mathrm{T}}=\boldsymbol{A}\boldsymbol{A}^{-} \tag{2.001}$$

$$(\boldsymbol{A}^{-}\boldsymbol{A})^{\mathrm{T}}=\boldsymbol{A}^{-}\boldsymbol{A} \tag{2.002}$$

$$\boldsymbol{A}\boldsymbol{A}^{-}\boldsymbol{A}=\boldsymbol{A} \tag{2.003}$$

$$\boldsymbol{A}^{-}\boldsymbol{A}\boldsymbol{A}^{-}=\boldsymbol{A}^{-} \tag{2.004}$$

式 (2.001) 和 (2.002) 显示了 $\boldsymbol{A}\boldsymbol{A}^{-}$ 和 $\boldsymbol{A}^{-}\boldsymbol{A}$ 是对称阵。$\boldsymbol{A}$ 为正方阵 $(m = n)$ 时，$|\boldsymbol{A}| \neq 0$，$\boldsymbol{A}^{-}$ 和 $\boldsymbol{A}^{-1}$ 相同。

$\boldsymbol{A}$ 的秩为 r，可由式 (1.051) 将 $\boldsymbol{A}$ 做如下分解，即

$$ {}_{m}\overset{n}{\boldsymbol{A}} = {}_{m}\overset{r}{\boldsymbol{B}}\,{}_{r}\overset{n}{\boldsymbol{C}} \tag{2.005}$$

这里

$$\mathrm{rank}(\boldsymbol{B}) = r\,,\quad \mathrm{rank}(\boldsymbol{C}) = r \tag{2.006}$$

其中，$\boldsymbol{B}^{\mathrm{T}}\boldsymbol{B}$、$\boldsymbol{C}\boldsymbol{C}^{\mathrm{T}}$ 的大小是 $r \times r$，且由式 (1.85) 得

$$\mathrm{rank}(\boldsymbol{B}^{\mathrm{T}}\boldsymbol{B}) = r\,,\quad \mathrm{rank}(\boldsymbol{C}^{\mathrm{T}}\boldsymbol{C}) = r \tag{2.007}$$

因此，$|\boldsymbol{B}^{\mathrm{T}}\boldsymbol{B}| \neq 0$，$|\boldsymbol{C}^{\mathrm{T}}\boldsymbol{C}| \neq 0$，成立。$(\boldsymbol{B}^{\mathrm{T}}\boldsymbol{B})^{-1}$ 和 $(\boldsymbol{C}^{\mathrm{T}}\boldsymbol{C})^{-1}$ 存在。$\boldsymbol{A}$ 可写成

$$ {}_{m}\overset{n}{\boldsymbol{A}}{}^{-} = \boldsymbol{C}^{\mathrm{T}}(\boldsymbol{C}\boldsymbol{C}^{\mathrm{T}})^{-1}(\boldsymbol{B}^{\mathrm{T}}\boldsymbol{B})^{-1}\boldsymbol{B}^{\mathrm{T}} \tag{2.008}$$

该$\boldsymbol{A}^-$满足式(2.001)～(2.004)的所有条件。即任意的矩阵都有广义逆矩阵。在此将证明式(2.008)满足条件式(2.001)～(2.004)。

(1) $(\boldsymbol{AA}^-)^{\mathrm{T}}=\boldsymbol{AA}^-$

由于，$\boldsymbol{AA}^-=\boldsymbol{BBC}^{\mathrm{T}}(\boldsymbol{CC}^{\mathrm{T}})^{-1}(\boldsymbol{B}^{\mathrm{T}}\boldsymbol{B})^{-1}\boldsymbol{B}^{\mathrm{T}}=\boldsymbol{B}(\boldsymbol{B}^{\mathrm{T}}\boldsymbol{B})^{-1}\boldsymbol{B}^{\mathrm{T}}$ 则
$(\boldsymbol{AA}^-)^{\mathrm{T}}=[\boldsymbol{B}(\boldsymbol{B}^{\mathrm{T}}\boldsymbol{B})^{-1}\boldsymbol{B}^{\mathrm{T}}]^{\mathrm{T}}=\boldsymbol{B}(\boldsymbol{B}^{\mathrm{T}}\boldsymbol{B})^{-1}\boldsymbol{B}^{\mathrm{T}}=\boldsymbol{AA}^-$ 推导过程中用了$\boldsymbol{B}^{\mathrm{T}}\boldsymbol{B}$是对称阵的性质。

(2) $(\boldsymbol{A}^-\boldsymbol{A})^{\mathrm{T}}=\boldsymbol{A}^-\boldsymbol{A}$

因为$\boldsymbol{A}^-\boldsymbol{A}=\boldsymbol{C}^{\mathrm{T}}(\boldsymbol{CC}^{\mathrm{T}})^{-1}(\boldsymbol{B}^{\mathrm{T}}\boldsymbol{B})^{-1}\boldsymbol{B}^{\mathrm{T}}\boldsymbol{BC}=\boldsymbol{C}^{\mathrm{T}}(\boldsymbol{CC}^{\mathrm{T}})^{-1}\boldsymbol{C}$，则
$(\boldsymbol{A}^-\boldsymbol{A})^{\mathrm{T}}=[\boldsymbol{C}^{\mathrm{T}}(\boldsymbol{CC}^{\mathrm{T}})^{-1}\boldsymbol{C}]^{\mathrm{T}}=\boldsymbol{C}^{\mathrm{T}}(\boldsymbol{CC}^{\mathrm{T}})^{-1}\boldsymbol{C}=\boldsymbol{A}^-\boldsymbol{A}$ 推导过程中用了$\boldsymbol{C}^{\mathrm{T}}\boldsymbol{C}$是对称阵的性质。

(3) $\boldsymbol{AA}^-\boldsymbol{A}=\boldsymbol{A}$

$\boldsymbol{AA}^-\boldsymbol{A}=\boldsymbol{BCC}^{\mathrm{T}}(\boldsymbol{CC}^{\mathrm{T}})^{-1}(\boldsymbol{B}^{\mathrm{T}}\boldsymbol{B})^{-1}\boldsymbol{B}^{\mathrm{T}}\boldsymbol{BC}=\boldsymbol{BC}=\boldsymbol{A}$

(4) $\boldsymbol{A}^-\boldsymbol{AA}^-=\boldsymbol{A}^-$

$\boldsymbol{A}^-\boldsymbol{AA}^-=\boldsymbol{C}^{\mathrm{T}}(\boldsymbol{CC}^{\mathrm{T}})^{-1}(\boldsymbol{B}^{\mathrm{T}}\boldsymbol{B})^{-1}\boldsymbol{B}^{\mathrm{T}}\boldsymbol{BCC}^{\mathrm{T}}(\boldsymbol{CC}^{\mathrm{T}})^{-1}(\boldsymbol{B}^{\mathrm{T}}\boldsymbol{B})^{-1}\boldsymbol{B}^{\mathrm{T}}=\boldsymbol{C}^{\mathrm{T}}(\boldsymbol{CC}^{\mathrm{T}})^{-1}(\boldsymbol{B}^{\mathrm{T}}\boldsymbol{B})^{-1}\boldsymbol{B}^{\mathrm{T}}=\boldsymbol{A}^-$

[例2.1] 若$\boldsymbol{A}$阵为 $\boldsymbol{A}=\begin{bmatrix}2&1&1\\1&1&0\end{bmatrix}$，求广义逆矩阵。

由例1.8的结果，有

$$\boldsymbol{B}=\begin{bmatrix}1&0\\0&1\end{bmatrix},\quad \boldsymbol{C}=\begin{bmatrix}2&1&1\\1&1&0\end{bmatrix}$$

代入式(2.008)，可得

$$\boldsymbol{A}^-=\frac{1}{3}\begin{bmatrix}1&0\\-1&3\\2&-3\end{bmatrix}$$

$\boldsymbol{A}$的分解不唯一，但$\boldsymbol{A}^-$唯一。下面证明之。

设有两个满足广义逆四个条件的逆$\boldsymbol{A}_1^-$、$\boldsymbol{A}_2^-$存在，若能证明$\boldsymbol{A}_1^-=\boldsymbol{A}_2^-$，就说明了其唯一性。由于$\boldsymbol{A}_1^-$满足式(2.003)，

$$\boldsymbol{A}\overset{(3)}{=}\boldsymbol{AA}_1^-\boldsymbol{A}$$

该式两边乘以 A_2^-，则 $AA_2^-=AA_1^-AA_2^-$，因为 AA_2^- 为对称矩阵；

$$AA_1^-AA_2^- \overset{(1)}{=} (AA_1^-AA_2^-)^{\mathrm{T}}$$

利用式 (2.001)、(2.003)，则

$$AA_2^- = AA_1^-AA_2^- = \left[(AA_1^-)(AA_2^-)\right]^{\mathrm{T}} = (AA_2^-)^{\mathrm{T}}(AA_1^-)^{\mathrm{T}} \overset{(1)}{=} AA_2^-AA_1^- \overset{(3)}{=} AA_1^-$$

同样，利用式 (2.001) 和 (2.003)，有

$$A_2^-A = A_2^-AA_1^-A \overset{(2)}{=} (A_2^-AA_1^-A)^{\mathrm{T}} = (A_1^-A)^{\mathrm{T}}(A_2^-A)^{\mathrm{T}} = A_1^-AA_2^-A = A_1^-A\text{。}$$

由以上两个结论和式 (2.004) 可以得到

$$A_1^- \overset{(4)}{=} A_1^-AA_1^- = (A_1^-A)A_1^- = (A_2^-A)A_1^- = A_2^-(AA_1^-) = A_2^-AA_2^- \overset{(4)}{=} A_2^-\text{。}$$

由此证毕 $A_1^-=A_2^-$，即广义逆的唯一性。证明过程中使用了广义逆的四个条件（等号上的序号所示，译者注）。

广义逆矩阵是在研究线性方程组 $Ax = g$ 的过程中导入并发展起来的[5，6]。其过程中，对应各种目的，有不同的逆矩阵被研究和利用。下面根据文献 [7] 整理了各种广义逆矩阵的定义和名称。

(a) 反射型广义逆矩阵

$$AA^-A = A \tag{2.009}$$

$$A^-AA^- = A^- \tag{2.010}$$

满足上述条件的 A^- 称为反射型广义逆矩阵，记为 A_r^-。

(b) 范数最小型广义逆

$$AA^-A = A \tag{2.011}$$

$$(A^-A)^{\mathrm{T}} = A^-A \tag{2.012}$$

满足了式 (2.012) 的 A^-，称为范数最小型广义逆，记为 A_m^-。

(c) 最小二乘广义逆

$$AA^-A = A \tag{2.013}$$

$$(A^-A)^{\mathrm{T}} = A^-A \tag{2.014}$$

满足了式 (2.014) 的 A^-，称为最小二乘型广义逆，记为 A_l^-。

满足式 (2.001) ~ (2.004) 的所用条件的广义逆称为 Moore-Penrose 广义

逆。该广义逆通常用 $\boldsymbol{A}^-$ 来表示，以下无特殊说明，Moore-Penrose 广义逆就称为广义逆，用 $\boldsymbol{A}^-$ 表示。

2.2 广义逆的性质

[1] m 行 n 列的矩阵 $\boldsymbol{A}(m, n)$ 的广义逆 $\boldsymbol{A}^-$ 为 n 行 m 列的矩阵 (n, m)。在式 (2.005) 中，$\boldsymbol{B}$、$\boldsymbol{C}$ 各自是 (m, r) 型，(r, n) 型矩阵。由式 (2.008) 可知，$\boldsymbol{A}^-$ 必为 $n \times m$ 阵。

[2] $\boldsymbol{A}$ 为 (m, n) 的零矩阵，$\boldsymbol{A}^-$ 也为 (n, m) 的零矩阵。
将 $\boldsymbol{A} = 0$，$\boldsymbol{A}^- = 0$ 代入式 (2.001)、(2.004) 都满足。因此 $\boldsymbol{A}^- = 0$。

[3] $\boldsymbol{A}$ 的转置矩阵的广义逆为 $\boldsymbol{A}$ 的广义逆的转置，即

$$(\boldsymbol{A}^{\mathrm{T}})^- = (\boldsymbol{A}^-)^{\mathrm{T}} \tag{2.015}$$

由式 (2.005)、(2.008) $\boldsymbol{A} = \boldsymbol{BC}$，$\boldsymbol{A}^- = \boldsymbol{C}^{\mathrm{T}}(\boldsymbol{CC}^{\mathrm{T}})^{-1}(\boldsymbol{B}^{\mathrm{T}}\boldsymbol{B})^{-1}\boldsymbol{B}^{\mathrm{T}}$，$\boldsymbol{A}^{\mathrm{T}} = \boldsymbol{C}^{\mathrm{T}}\boldsymbol{B}^{\mathrm{T}}$ 则 $\boldsymbol{A}^- = \boldsymbol{C}^{\mathrm{T}}\boldsymbol{B}^{\mathrm{T}}(\boldsymbol{A}^{\mathrm{T}})^- = \boldsymbol{B}(\boldsymbol{B}^{\mathrm{T}}\boldsymbol{B})^{-1}(\boldsymbol{CC}^{\mathrm{T}})^{-1}\boldsymbol{C}$，由 $\boldsymbol{B}^{\mathrm{T}}\boldsymbol{B}$、$\boldsymbol{CC}^{\mathrm{T}}$ 均为对称阵，$[(\boldsymbol{B}^{\mathrm{T}}\boldsymbol{B})^{-1}]^{\mathrm{T}} = (\boldsymbol{B}^{\mathrm{T}}\boldsymbol{B})^{-1}$，$[(\boldsymbol{CC}^{\mathrm{T}})^{-1}]^{\mathrm{T}} = (\boldsymbol{CC}^{\mathrm{T}})^{-1}$。因此 $(\boldsymbol{A}^-)^{\mathrm{T}} = \boldsymbol{B}(\boldsymbol{B}^{\mathrm{T}}\boldsymbol{B})^{-1}(\boldsymbol{CC}^{\mathrm{T}})^{-1}\boldsymbol{C} = (\boldsymbol{A}^{\mathrm{T}})^-$。

[4] $\boldsymbol{A}^-$ 的广义逆与 $\boldsymbol{A}$ 相等，即

$$(\boldsymbol{A}^-)^- = \boldsymbol{A} \tag{2.016}$$

将 $\boldsymbol{A}^-$ 代入式 (2.001) ~ (2.004)，$\boldsymbol{A}^-(\boldsymbol{A}^-)^- = [\boldsymbol{A}^-(\boldsymbol{A}^-)^-]^{\mathrm{T}}$，$\boldsymbol{A}^-(\boldsymbol{A}^-)^- = [(\boldsymbol{A}^-)^-\boldsymbol{A}^-]^{\mathrm{T}}$，$\boldsymbol{A}^-(\boldsymbol{A}^-)^-\boldsymbol{A}^- = \boldsymbol{A}^-$，$(\boldsymbol{A}^-)^-\boldsymbol{A}^-(\boldsymbol{A}^-)^- = (\boldsymbol{A}^-)^-$。将 $(\boldsymbol{A}^-)^-$ 的地方以 $\boldsymbol{A}$ 代入，$(\boldsymbol{A}^-)^- = \boldsymbol{A}$ 成立，证毕 。

[5] $\boldsymbol{A}$ 的广义逆的秩与 $\boldsymbol{A}$ 相等，即

$$\operatorname{rank}(\boldsymbol{A}^-) = \operatorname{rank}(\boldsymbol{A}) \tag{2.017}$$

由式 (1.039) 和 (1.040)

$$\operatorname{rank}(\boldsymbol{A}) = \operatorname{rank}(\boldsymbol{AA}^-\boldsymbol{A}) \leqslant \operatorname{rank}(\boldsymbol{A}^-) \tag{2.018}$$

$$\operatorname{rank}(\boldsymbol{A}^-) = \operatorname{rank}(\boldsymbol{A}^-\boldsymbol{AA}^-) \leqslant \operatorname{rank}(\boldsymbol{A}) \tag{2.019}$$

因此 $\text{rank}(A^-)=\text{rank}(A)$，证毕。

[6] A 的秩为 r，则 A^-、AA^-、A^-A、AA^-A、A^-AA^- 的秩均为 r。即

$$\begin{aligned}\text{rank}(A)=\text{rank}(A^-)=\text{rank}(AA^-)=\text{rank}(A^-A)\\=\text{rank}(AA^-A)=\text{rank}(A^-AA^-)=r\end{aligned}\tag{2.020}$$

由式 (1.039)

$$\text{rank}(A)=\text{rank}(AA^-A)\leqslant\text{rank}(AA^-)\leqslant\text{rank}(A)\tag{2.021}$$

$$\text{rank}(A^-)=\text{rank}(A^-AA^-)\leqslant\text{rank}(A^-A)\leqslant\text{rank}(A^-)\tag{2.022}$$

由式 (2.017) $\text{rank}(A)=\text{rank}(A^-)=r$，再从式 (2.021) 和 (2.022) 可知，式 (2.020) 成立。证毕。

[7] 在矩阵 A 中下式成立

$$(A^{\mathrm{T}}A)^-=A^-(A^{\mathrm{T}})^-=A^-(A^-)^{\mathrm{T}}\tag{2.023}$$

由式 (2.015) 可知，$A^-(A^{\mathrm{T}})^-=A^-(A^-)^{\mathrm{T}}$。因为 $(A^{\mathrm{T}}A)^-$ 是 $A^{\mathrm{T}}A$ 的广义逆，故满足式 (2.001) ~ (2.004)，即

$$(A^{\mathrm{T}}A)(A^{\mathrm{T}}A)^-=[(A^{\mathrm{T}}A)(A^{\mathrm{T}}A)^-]^{\mathrm{T}}\tag{2.024}$$

$$(A^{\mathrm{T}}A)^-(A^{\mathrm{T}}A)=[(A^{\mathrm{T}}A)^-(A^{\mathrm{T}}A)]^{\mathrm{T}}\tag{2.025}$$

$$(A^{\mathrm{T}}A)(A^{\mathrm{T}}A)^-(A^{\mathrm{T}}A)=A^{\mathrm{T}}A\tag{2.026}$$

$$(A^{\mathrm{T}}A)^-(A^{\mathrm{T}}A)(A^{\mathrm{T}}A)^-=(A^{\mathrm{T}}A)^-\tag{2.027}$$

将 $(A^{\mathrm{T}}A)^-$ 的地方代入 $(A^-)(A^{\mathrm{T}})^-$，若式 (2.024) ~ (2.027) 都仍能满足，便证毕。利用式 (2.001) ~ (2.004) 及式 (2.024) 变成

右边 = $[A^{\mathrm{T}}AA^-(A^-)^{\mathrm{T}}]^{\mathrm{T}}=A^-(AA^-)^{\mathrm{T}}A=A^-AA^-A=A^-A$

左边 = $A^{\mathrm{T}}AA^-(A^-)^{\mathrm{T}}=A^{\mathrm{T}}(AA^-)^{\mathrm{T}}(A^-)^{\mathrm{T}}=A^{\mathrm{T}}(A^-)^{\mathrm{T}}A^{\mathrm{T}}(A^-)^{\mathrm{T}}$

$=A^{\mathrm{T}}(A^-AA^-)^{\mathrm{T}}=A^{\mathrm{T}}(A^-)^{\mathrm{T}}=(A^-A)^{\mathrm{T}}=A^-A$

式 (2.025) 可以同样证明。现证明式 (2.026)

左边 = $A^{\mathrm{T}}AA^-(A^-)^{\mathrm{T}}A^{\mathrm{T}}A=A^{\mathrm{T}}(AA^-)^{\mathrm{T}}(A^-)^{\mathrm{T}}A^{\mathrm{T}}$

$= A^T(AA^-)^T(A^-)^TA^TA$

$= A^T(A^-)^TA^T(A^-)^TA^TA$

$= A^T(A^-)^TA^T(A^-)^TA^TA$

$= A^T(A^-)^TA^TA$

$= (AA^-A)^TA = A^TA$

与右边相等。式 (2.027) 可以同样证明。

[8] 对于矩阵 A，式 (2.028) 和 (2.029) 成立，即

$$(AA^-)^- = AA^- \tag{2.028}$$

$$(A^-A)^- = A^-A \tag{2.029}$$

$(AA^-)^-$是 AA^- 的广义逆，满足式 (2.001) ~ (2.004)，即

$$[(AA^-)(AA^-)^-]^T = (AA^-)(AA^-)^- \tag{2.030}$$

$$[(AA^-)^-(AA^-)]^T = (AA^-)^-(AA^-) \tag{2.031}$$

$$(AA^-)(AA^-)^-(AA^-) = AA^- \tag{2.032}$$

$$(AA^-)(AA^-)(AA^-)^- = (AA^-)^- \tag{2.033}$$

将$(AA^-)^-$的地方代入AA^-，若满足式(2.030) ~ (2.033)即可证明该性质成立。在这里以式 (2.030) 证明之。

右边 $= AA^-AA^- = (AA^-A)A^- = AA^-$

左边 $= [AA^-AA^-]^T = [AA^-]^T = AA^-$

式 (2.031) 也可同样表示。对于式 (2.032)

左边 $= AA^-AA^-AA^- = (AA^-A)(A^-AA^-) = AA^-$

右边也相等。式 (2.033) 也可同样证明。

式 (2.029) 也可用同样方法证明。

当 A、B 分别为 (m, k) 型，(k, n) 型矩阵时，$(AB)^- = B^-A^-$ 成立是有限制的，通常

$$(AB)^- \neq A^-B^- \tag{2.034}$$

只有当 $m = k = n$ 的正方阵时 $|A| \neq 0$，$|B| \neq 0$ 下式才成立

$$(\boldsymbol{AB})^{-1} = \boldsymbol{B}^{-1}\boldsymbol{A}^{-1} \tag{2.035}$$

[9] $\boldsymbol{P}$ 为 (m, m) 的正交阵，$\boldsymbol{Q}$ 为 (n, n) 的正交阵，$\boldsymbol{A}$ 为任意的 (m, n) 的矩阵，则有

$$(\boldsymbol{PAQ})^{-} = \boldsymbol{Q}^{\mathrm{T}}\boldsymbol{A}^{-}\boldsymbol{P}^{\mathrm{T}} \tag{2.036}$$

将 $\boldsymbol{B} = \boldsymbol{PAQ}$，$\boldsymbol{B}^{-} = \boldsymbol{Q}^{\mathrm{T}}\boldsymbol{A}^{-}\boldsymbol{P}^{\mathrm{T}}$ 代入式 (2.001) ~ (2.004) 若都能满足，该性质成立。正交阵满足 $\boldsymbol{QQ}^{\mathrm{T}} = \boldsymbol{I}_n$，$\boldsymbol{P}^{\mathrm{T}}\boldsymbol{P} = \boldsymbol{I}_m$ 对于式 (2.001)，有

右边 $= \boldsymbol{BB}^{-} = \boldsymbol{PAQQ}^{\mathrm{T}}\boldsymbol{A}^{-}\boldsymbol{P}^{\mathrm{T}} = \boldsymbol{PAA}^{-}\boldsymbol{P}^{\mathrm{T}}$

左边 $= (\boldsymbol{BB}^{-})^{\mathrm{T}} = (\boldsymbol{PAA}^{-}\boldsymbol{P}^{\mathrm{T}})^{\mathrm{T}} = \boldsymbol{P}(\boldsymbol{AA}^{-})^{\mathrm{T}}\boldsymbol{P}^{\mathrm{T}} = \boldsymbol{PAA}^{-}\boldsymbol{P}^{\mathrm{T}}$

对于式 (2.002) 可以同样方法证明。对于式 (2.003)，有

左边 $= \boldsymbol{BB}^{-}\boldsymbol{B} = \boldsymbol{PAQQ}^{\mathrm{T}}\boldsymbol{A}^{-}\boldsymbol{P}^{\mathrm{T}}\boldsymbol{PAQ} = \boldsymbol{PAA}^{-}\boldsymbol{AQ} = \boldsymbol{PAQ}$

因此得 $\boldsymbol{BB}^{-}\boldsymbol{B} = \boldsymbol{B}$。式 (2.004) 也可同样证明。

[10] $\boldsymbol{A}$ 为对称阵，$\boldsymbol{A}^{-}$ 也为对称阵。

利用式 (2.015) 及 $\boldsymbol{A}^{\mathrm{T}} = \boldsymbol{A}$，有 $(\boldsymbol{A}^{-})^{\mathrm{T}} = (\boldsymbol{A}^{\mathrm{T}})^{-} = \boldsymbol{A}^{-}$，证毕。

[11] 若 $\boldsymbol{A} = \boldsymbol{A}^{\mathrm{T}}$，则 $\boldsymbol{AA}^{-} = \boldsymbol{A}^{-}\boldsymbol{A}$ 成立。

利用式(2.001)及(2.015)及$\boldsymbol{A}^{\mathrm{T}} = \boldsymbol{A}$,则$\boldsymbol{AA}^{-} = (\boldsymbol{AA}^{-})^{\mathrm{T}} = (\boldsymbol{A}^{-})^{\mathrm{T}}\boldsymbol{A}^{\mathrm{T}} = \boldsymbol{A}^{-}\boldsymbol{A}$证毕。

[12] 若 $\boldsymbol{A}$ 是 n 次正方矩阵。$\boldsymbol{A} = \boldsymbol{A}^{\mathrm{T}}$ 及 $\boldsymbol{A} = \boldsymbol{A}^2$(symmetric idempotent) 称为正交映射矩阵。则 $\boldsymbol{A}^{-} = \boldsymbol{A}$。

式 (2.001) 和 (2.004) 中用 $\boldsymbol{A}$ 替换 $\boldsymbol{A}^{-}$，如果都能满足就证毕。式 (2.001)，$(\boldsymbol{AA})^{\mathrm{T}} = \boldsymbol{A}^{\mathrm{T}}\boldsymbol{A}^{\mathrm{T}} = \boldsymbol{AA}$。式 (2.002) 同式 (2.001) 的证明。式 (2.003)，$\boldsymbol{AAA} = \boldsymbol{A}(\boldsymbol{A}^2) = \boldsymbol{AA} = \boldsymbol{A}^2 = \boldsymbol{A}$。式 (2.004) 同理可证。

[13] 若 $\boldsymbol{D}$ 是以 $d_{ii}\,(i \neq n)$ 为对角元素的对角阵，则下面的关系成立

$$\boldsymbol{D} = \begin{bmatrix} d_{11} & & & \boldsymbol{O} \\ & d_{22} & & \\ & & \ddots & \\ \boldsymbol{O} & & & d_{nn} \end{bmatrix},\quad d_{ii} \neq 0 \text{ 时},\quad \boldsymbol{D}^{-} = \begin{bmatrix} d_{11}^{-1} & & & \boldsymbol{O} \\ & d_{22}^{-1} & & \\ & & \ddots & \\ \boldsymbol{O} & & & d_{nn}^{-1} \end{bmatrix} \tag{2.037}$$

$$\boldsymbol{D}=\begin{bmatrix}0 & & & \\ & d_{22} & & \\ & & \ddots & \\ & & & d_{nn}\end{bmatrix}，\quad d_{11}=0，\ d_{ii}\neq 0\ (i=2，\cdots，n)\text{时}$$

$$\boldsymbol{D}^{-}=\begin{bmatrix}0 & & & \boldsymbol{O}\\ & d_{22}^{-1} & & \\ & & \ddots & \\ \boldsymbol{O} & & & d_{nn}^{-1}\end{bmatrix} \tag{2.038}$$

证明与一般非奇异阵证明方法相同。（译者注）

[例 2.2] $\boldsymbol{D}=\begin{bmatrix}2 & 0 & 0\\ 0 & 1 & 0\\ 0 & 0 & 0\end{bmatrix}\quad \boldsymbol{D}^{-}=\begin{bmatrix}\frac{1}{2} & 0 & 0\\ 0 & 1 & 0\\ 0 & 0 & 0\end{bmatrix}$

该性质扩大到分块矩阵得到如下性质。

[14] $\boldsymbol{A}=\begin{bmatrix}\boldsymbol{B} & \boldsymbol{O}\\ \boldsymbol{O} & \boldsymbol{C}\end{bmatrix}$，$\boldsymbol{B}$ 和 $\boldsymbol{C}$ 为分块矩阵，则 $\boldsymbol{A}^{-}=\begin{bmatrix}\boldsymbol{B}^{-} & \boldsymbol{O}\\ \boldsymbol{O} & \boldsymbol{C}^{-}\end{bmatrix}$。

[15] $\boldsymbol{A}$ 为 $(m，n)$ 的矩阵，此时以下关系成立

$$\mathrm{rank}(\boldsymbol{A})=m\ \text{时，}\ \boldsymbol{A}^{-}=\boldsymbol{A}^{\mathrm{T}}(\boldsymbol{A}\boldsymbol{A}^{\mathrm{T}})^{-1}，\ \boldsymbol{A}\boldsymbol{A}^{-}=\boldsymbol{I}_{m} \tag{2.039}$$

$$\mathrm{rank}(\boldsymbol{A})=n\ \text{时，}\ \boldsymbol{A}^{-}=(\boldsymbol{A}^{\mathrm{T}}\boldsymbol{A})^{-1}\boldsymbol{A}^{\mathrm{T}}，\ \boldsymbol{A}^{-}\boldsymbol{A}=\boldsymbol{I}_{n} \tag{2.040}$$

当 $\mathrm{rank}(\boldsymbol{A})=m$ 时，可做如下分解 ${}_{m}\overset{n}{\boldsymbol{A}}={}_{m}\overset{m}{\boldsymbol{B}}\,{}_{m}\overset{n}{\boldsymbol{C}}$。代入式 (2.008)，利用式 (2.035)，$\boldsymbol{A}^{-}=\boldsymbol{C}^{\mathrm{T}}(\boldsymbol{C}\boldsymbol{C}^{\mathrm{T}})^{-1}(\boldsymbol{B}\boldsymbol{B}^{\mathrm{T}})^{-1}\boldsymbol{B}^{\mathrm{T}}=\boldsymbol{C}^{\mathrm{T}}(\boldsymbol{C}\boldsymbol{C}^{\mathrm{T}})^{-1}\boldsymbol{B}^{-1}(\boldsymbol{B}^{\mathrm{T}})^{-1}\boldsymbol{B}^{\mathrm{T}}$，进而，$\boldsymbol{B}^{\mathrm{T}}(\boldsymbol{B}^{\mathrm{T}})^{-1}=\boldsymbol{I}$，则 $\boldsymbol{A}=\boldsymbol{C}^{\mathrm{T}}\boldsymbol{B}^{\mathrm{T}}(\boldsymbol{B}^{\mathrm{T}})^{-1}(\boldsymbol{C}\boldsymbol{C}^{\mathrm{T}})^{-1}\boldsymbol{B}^{-1}=(\boldsymbol{B}\boldsymbol{C})^{\mathrm{T}}(\boldsymbol{B}\boldsymbol{C}\boldsymbol{B}^{\mathrm{T}}\boldsymbol{C}^{\mathrm{T}})^{-1}=\boldsymbol{A}^{\mathrm{T}}(\boldsymbol{A}\boldsymbol{A}^{\mathrm{T}})^{-1}$。加之 $\boldsymbol{A}\boldsymbol{A}^{-}=\boldsymbol{A}\boldsymbol{A}^{\mathrm{T}}(\boldsymbol{A}\boldsymbol{A}^{\mathrm{T}})^{-1}=\boldsymbol{I}$。$\mathrm{rank}(\boldsymbol{a})=n$ 时，证明类似。

[例 2.3] 利用式 (2.039) 求下式矩阵的广义逆。

$$\boldsymbol{A}=\begin{bmatrix}2 & 1 & 1\\ 1 & 1 & 0\end{bmatrix}$$

$\mathrm{rank}(\boldsymbol{A})=2$，与式 (2.039) 相对应。此时有

$$\boldsymbol{A}\boldsymbol{A}^{\mathrm{T}}=\begin{bmatrix}6 & 3\\ 3 & 2\end{bmatrix},\quad (\boldsymbol{A}\boldsymbol{A}^{\mathrm{T}})^{-1}=\begin{bmatrix}\dfrac{2}{3} & -1\\ -1 & 2\end{bmatrix},\quad \boldsymbol{A}^{-}=\frac{1}{3}\begin{bmatrix}1 & 0\\ -1 & 3\\ 2 & -3\end{bmatrix}$$

结果与例 [2.1] 相同。

若 $\boldsymbol{a}$ 是 $(m,1)$ 型的列矢量，$\mathrm{rank}(\boldsymbol{A})=1$，属于式 (2.040) 中 $n=1$ 的情况，因此可得列矢量的广义逆矩阵公式

$$\boldsymbol{a}\neq 0 \text{ 时，} \boldsymbol{a}^{-}=(\boldsymbol{a}^{\mathrm{T}}\boldsymbol{a})^{-1}\boldsymbol{a}^{\mathrm{T}} \tag{2.041}$$

$$\boldsymbol{a}=0 \text{ 时，} \boldsymbol{a}^{-}=0 \tag{2.042}$$

行矢量的情况与式 (2.039) 中 $m=1$ 相当。

[16] $\boldsymbol{AA}^{-}$，$\boldsymbol{A}^{-}\boldsymbol{A}$，$\boldsymbol{I}-\boldsymbol{AA}^{-}$，$\boldsymbol{I}-\boldsymbol{A}^{-}\boldsymbol{A}$ 都是正交映射矩阵。

以 $\boldsymbol{I}-\boldsymbol{AA}^{-}$ 为例，其他可依此法证明。

设 $\boldsymbol{B}=\boldsymbol{I}-\boldsymbol{AA}^{-}$，由式 (2.001) 和 (2.003) 得，$\boldsymbol{B}^{\mathrm{T}}=(\boldsymbol{I}-\boldsymbol{AA}^{-})^{\mathrm{T}}=\boldsymbol{I}-\boldsymbol{AA}^{-}=\boldsymbol{B}$
$\boldsymbol{B}^{2}=(\boldsymbol{I}-\boldsymbol{AA}^{-})(\boldsymbol{I}-\boldsymbol{AA}^{-})=\boldsymbol{I}-2\boldsymbol{AA}^{-}+\boldsymbol{AA}^{-}\boldsymbol{AA}^{-}=\boldsymbol{I}-2\boldsymbol{AA}^{-}+\boldsymbol{AA}^{-}=\boldsymbol{I}-\boldsymbol{AA}^{-}=\boldsymbol{B}$证毕。

[17] $\boldsymbol{B}$ 为 (m,r) 的矩阵，秩等于 $r\ (r>0)$，$\boldsymbol{C}$ 为 (r,m) 的矩阵，秩也为 r，则

$$(\boldsymbol{BC})^{-}=\boldsymbol{C}^{-}\boldsymbol{B}^{-} \tag{2.043}$$

设 ${}^{m}\overset{n}{\boldsymbol{A}}={}^{m}\overset{r}{\boldsymbol{B}}\,{}^{r}\overset{n}{\boldsymbol{C}}$，$\mathrm{rank}(\boldsymbol{A})=r$ 由式 (2.008)，$\boldsymbol{A}^{-}=\boldsymbol{C}^{\mathrm{T}}(\boldsymbol{CC}^{\mathrm{T}})^{1}(\boldsymbol{B}^{\mathrm{T}}\boldsymbol{B})^{-1}\boldsymbol{B}$。由式 (2.039) 及 (2.040)，$\boldsymbol{B}^{-}=(\boldsymbol{B}^{\mathrm{T}}\boldsymbol{B})^{-1}\boldsymbol{B}$，$\boldsymbol{C}^{-}=\boldsymbol{C}^{\mathrm{T}}(\boldsymbol{C}\boldsymbol{C}^{\mathrm{T}})^{-1}$。代入式 (2.043) 得 $\boldsymbol{A}^{-}=\boldsymbol{C}^{-}\boldsymbol{B}^{-}=(\boldsymbol{B}\boldsymbol{C})^{-}$证毕。

2.3 广义逆矩阵的微分公式

x 是参数，矩阵 $\boldsymbol{A}$ 是 x 的函数，即

$$\boldsymbol{A}=\boldsymbol{A}(x)=[a_{ij}(x)] \tag{2.044}$$

具体例子：

$$\boldsymbol{A}_1(x)=\begin{bmatrix}2x & x\\ x & x\end{bmatrix},\quad \boldsymbol{A}_2(x)=\begin{bmatrix}2x & x & x\\ x & x & 0\end{bmatrix} \tag{2.045}$$

式 (2.045) 中，$x\neq 0$。此时，$\boldsymbol{A}_1(x)$ 是正方阵，$|\boldsymbol{A}(x)|\neq 0$，逆矩阵存在。其逆为

$$\boldsymbol{A}_1^{-1}(x)=\frac{1}{x}\begin{bmatrix}1 & -1\\ -1 & 2\end{bmatrix} \tag{2.046}$$

求 $\boldsymbol{A}_2(x)$ 的广义逆

$$\boldsymbol{A}_2^{-}(x)=\frac{1}{3x}\begin{bmatrix}1 & 0\\ -1 & 3\\ 2 & -3\end{bmatrix} \tag{2.047}$$

矩阵的微分定义为各元素的微分，即

$$\frac{\mathrm{d}\boldsymbol{A}}{\mathrm{d}x}=\left[\frac{\mathrm{d}}{\mathrm{d}x}a_{ij}(x)\right] \tag{2.048}$$

对式 (2.045) ~ (2.047) 进行微分

$$\frac{\mathrm{d}\boldsymbol{A}_1}{\mathrm{d}x}=\begin{bmatrix}2 & 1\\ 1 & 1\end{bmatrix},\quad \frac{\mathrm{d}\boldsymbol{A}_2}{\mathrm{d}x}=\begin{bmatrix}2 & 1 & 1\\ 1 & 1 & 0\end{bmatrix} \tag{2.049}$$

$$\frac{\mathrm{d}\boldsymbol{A}_1^{-1}}{\mathrm{d}x}=-\frac{1}{x^2}\begin{bmatrix}1 & -1\\ -1 & 2\end{bmatrix},\quad \frac{\mathrm{d}\boldsymbol{A}_2^{-}}{\mathrm{d}x}=-\frac{1}{3x^2}\begin{bmatrix}1 & 0\\ -1 & 3\\ 2 & -3\end{bmatrix} \tag{2.050}$$

矩阵是函数时求逆矩阵和广义逆矩阵都是困难的。通常给予 x 特定值，用数值的方法求微分系数。以下给出逆矩阵和广义逆矩阵的微分公式。

作为准备，导入式 (2.051)，即

$$\boldsymbol{P}=\boldsymbol{A}\boldsymbol{A}^{-} \tag{2.051}$$

$$\boldsymbol{Q} = \boldsymbol{A}^{-}\boldsymbol{A} \tag{2.052}$$

$$\boldsymbol{G} = \boldsymbol{I}_m - \boldsymbol{A}\boldsymbol{A}^{-} = \boldsymbol{I}_m - \boldsymbol{P} \tag{2.053}$$

$$\boldsymbol{H} = \boldsymbol{I}_n - \boldsymbol{A}^{-}\boldsymbol{A} = \boldsymbol{I}_n - \boldsymbol{Q} \tag{2.054}$$

由广义逆 (Moore-Penrose) 的定义式 (2.001) ~ (2.004) 可知

$$\boldsymbol{P}\boldsymbol{A} = \boldsymbol{A} \tag{2.055}$$

$$\boldsymbol{A}^{-}\boldsymbol{P} = \boldsymbol{A} \tag{2.056}$$

$$\boldsymbol{Q}\boldsymbol{A}^{-} = \boldsymbol{A}^{-} \tag{2.057}$$

$$\boldsymbol{A}\boldsymbol{Q}=\boldsymbol{A} \tag{2.058}$$

$$\boldsymbol{P}^{\mathrm{T}} = \boldsymbol{P}，\ \boldsymbol{Q}^{\mathrm{T}} = \boldsymbol{Q} \tag{2.059}$$

$$\boldsymbol{P}^{2} = \boldsymbol{P}，\ \boldsymbol{Q}^{2} = \boldsymbol{Q} \tag{2.060}$$

由式 (2.053) 及 (2.054)，有

$$\frac{\partial \boldsymbol{G}}{\partial x} = -\frac{\partial \boldsymbol{P}}{\partial x} \tag{2.061}$$

$$\frac{\partial \boldsymbol{H}}{\partial x} = -\frac{\partial \boldsymbol{Q}}{\partial x} \tag{2.062}$$

[1] $\boldsymbol{A}$ 为 n 次正方阵，且非奇异。$\boldsymbol{A}$ 的逆矩阵的微分如式 (2.063)。

$$\frac{\mathrm{d}\boldsymbol{A}^{-1}}{\mathrm{d}x} = -\boldsymbol{A}^{-1}\frac{\mathrm{d}\boldsymbol{A}}{\mathrm{d}x}\boldsymbol{A}^{-1} \tag{2.063}$$

因为 $\boldsymbol{A}$ 是非奇异阵

$$\boldsymbol{A}\boldsymbol{A}^{-1} = \boldsymbol{I} \tag{2.064}$$

$$\boldsymbol{A}^{-1}\boldsymbol{A} = \boldsymbol{I} \tag{2.065}$$

式 (2.064) 对 x 微分

$$\frac{\mathrm{d}\boldsymbol{A}}{\mathrm{d}x}\boldsymbol{A}^{-1} + \boldsymbol{A}\frac{\mathrm{d}\boldsymbol{A}^{-1}}{\mathrm{d}x} = \boldsymbol{O} \tag{2.066}$$

将第 1 项移到右边，两边乘以 A^{-1}，利用式 (2.065) 得

$$\frac{\mathrm{d}A^{-1}}{\mathrm{d}x}=-A^{-1}\frac{\mathrm{d}A}{\mathrm{d}x}A^{-1}$$

在上式的推导中利用了式 (2.064) 和式 (2.065)，广义逆除了特殊情况，通常不满足式 (2.064) 和式 (2.065)。

[例 2.4] 求式 (2.045) 的 A_1 的逆矩阵的微分系数。

使用了式 (2.046) 及 (2.049) 后

$$\frac{\mathrm{d}A_1^{-1}}{\mathrm{d}x}=-\begin{bmatrix}\frac{1}{x} & -\frac{1}{x}\\ -\frac{1}{x} & \frac{2}{x}\end{bmatrix}\begin{bmatrix}2 & 1\\ 1 & 1\end{bmatrix}\begin{bmatrix}\frac{1}{x} & -\frac{1}{x}\\ -\frac{1}{x} & \frac{2}{x}\end{bmatrix}=-\frac{1}{x^2}\begin{bmatrix}1 & -1\\ -1 & 2\end{bmatrix} \quad (2.067)$$

式 (2.067) 与式 (2.050) 的结果一致。

[2] A 是 (m, n) 型矩阵，秩为 m（条件至关重要，译者注）。在此，式 (2.068) 成立。

$$\frac{\mathrm{d}A^-}{\mathrm{d}x}=\frac{\mathrm{d}A^\mathrm{T}}{\mathrm{d}x}(AA^\mathrm{T})^{-1}-A^\mathrm{T}(AA^\mathrm{T})^{-1}\frac{\mathrm{d}(AA^\mathrm{T})}{\mathrm{d}x}(AA^\mathrm{T})^{-1} \quad (2.068)$$

$\mathrm{rank}(A)=m$ 时，式 (2.039) 成立。对式 (2.039) 的两边微分

$$\frac{\mathrm{d}A^-}{\mathrm{d}x}=\frac{\mathrm{d}A^\mathrm{T}}{\mathrm{d}x}(AA^\mathrm{T})^{-1}+A^\mathrm{T}\frac{\mathrm{d}(AA^\mathrm{T})^{-1}}{\mathrm{d}x} \quad (2.069)$$

式 (2.069) 中的第 2 项可用式 (2.063)，导出式 (2.068)。$\mathrm{rank}(A)=n$ 时，由式 (2.040) 得到

$$\frac{\mathrm{d}A^-}{\mathrm{d}x}=-(A^\mathrm{T}A)^{-1}\frac{\mathrm{d}(A^\mathrm{T}A)}{\mathrm{d}x}(A^\mathrm{T}A)^{-1}A^\mathrm{T}+(A^\mathrm{T}A)^{-1}\frac{\mathrm{d}A^\mathrm{T}}{\mathrm{d}x} \quad (2.070)$$

[3] A 为 (m, n) 型矩阵。此时式 (2.071) 成立

$$\frac{\mathrm{d}(AA^-)}{\mathrm{d}x}=(I_m-AA^-)\frac{\mathrm{d}A}{\mathrm{d}x}A^-+\left\{(I_m-AA^-)\frac{\mathrm{d}A}{\mathrm{d}x}A^-\right\}^\mathrm{T} \quad (2.071)$$

$$\frac{\mathrm{d}(\boldsymbol{A}^{-}\boldsymbol{A})}{\mathrm{d}x}=\boldsymbol{A}^{-}\frac{\mathrm{d}\boldsymbol{A}}{\mathrm{d}x}(\boldsymbol{I}_n-\boldsymbol{A}^{-}\boldsymbol{A})+\left\{\boldsymbol{A}^{-}\frac{\mathrm{d}\boldsymbol{A}}{\mathrm{d}x}(\boldsymbol{I}_n-\boldsymbol{A}^{-}\boldsymbol{A})\right\}^{\mathrm{T}} \quad (2.072)$$

利用式 (2.051) ~ 式 (2.054)

$$\frac{\mathrm{d}\boldsymbol{P}}{\mathrm{d}x}=\boldsymbol{G}\frac{\mathrm{d}\boldsymbol{A}}{\mathrm{d}x}\boldsymbol{A}^{-}+(\boldsymbol{G}\frac{\mathrm{d}\boldsymbol{A}}{\mathrm{d}x}\boldsymbol{A}^{-})^{\mathrm{T}} \quad (2.073)$$

$$\frac{\mathrm{d}\boldsymbol{Q}}{\mathrm{d}x}=\boldsymbol{A}^{-}\frac{\mathrm{d}\boldsymbol{A}}{\mathrm{d}x}\boldsymbol{H}+(\boldsymbol{A}^{-}\frac{\mathrm{d}\boldsymbol{A}}{\mathrm{d}x}\boldsymbol{H})^{\mathrm{T}} \quad (2.074)$$

这就是式 (2.073) 的最初表示。对式 (2.055) 两边微分

$$\frac{\mathrm{d}\boldsymbol{P}}{\mathrm{d}x}\boldsymbol{A}+\boldsymbol{P}\frac{\mathrm{d}\boldsymbol{A}}{\mathrm{d}x}=\frac{\mathrm{d}\boldsymbol{A}}{\mathrm{d}x} \quad (2.075)$$

由此

$$\frac{\mathrm{d}\boldsymbol{P}}{\mathrm{d}x}\boldsymbol{A}=\frac{\mathrm{d}\boldsymbol{A}}{\mathrm{d}x}-\boldsymbol{P}\frac{\mathrm{d}\boldsymbol{A}}{\mathrm{d}x}=(\boldsymbol{I}_m-\boldsymbol{P})\frac{\mathrm{d}\boldsymbol{A}}{\mathrm{d}x}=\boldsymbol{G}\frac{\mathrm{d}\boldsymbol{A}}{\mathrm{d}x} \quad (2.076)$$

式 (2.076) 两边右乘 $\boldsymbol{A}^{-}$，得

$$\frac{\mathrm{d}\boldsymbol{P}}{\mathrm{d}x}\boldsymbol{A}\boldsymbol{A}^{-}=\frac{\mathrm{d}\boldsymbol{P}}{\mathrm{d}x}\boldsymbol{P}=\boldsymbol{G}\frac{\mathrm{d}\boldsymbol{A}}{\mathrm{d}x}\boldsymbol{A}^{-} \quad (2.077)$$

由式 (2.059) 可知 $\boldsymbol{P}$ 为对称阵

$$(\frac{\mathrm{d}\boldsymbol{P}}{\mathrm{d}x}\boldsymbol{P})^{\mathrm{T}}=\boldsymbol{P}^{\mathrm{T}}(\frac{\mathrm{d}\boldsymbol{P}}{\mathrm{d}x})^{\mathrm{T}}=\boldsymbol{P}\frac{\mathrm{d}\boldsymbol{P}}{\mathrm{d}x} \quad (2.078)$$

由式 (2.060) 可知 $\boldsymbol{P}=\boldsymbol{P}^2$

$$\frac{\mathrm{d}\boldsymbol{P}}{\mathrm{d}x}=\frac{\mathrm{d}\boldsymbol{P}^2}{\mathrm{d}x}=\frac{\mathrm{d}(\boldsymbol{P}\boldsymbol{P})}{\mathrm{d}x}=\frac{\mathrm{d}\boldsymbol{P}}{\mathrm{d}x}\boldsymbol{P}+\boldsymbol{P}\frac{\mathrm{d}\boldsymbol{P}}{\mathrm{d}x} \quad (2.079)$$

将式 (2.079) 代入式 (2.078)，得

$$\frac{\mathrm{d}\boldsymbol{P}}{\mathrm{d}x}=\frac{\mathrm{d}\boldsymbol{P}}{\mathrm{d}x}\boldsymbol{P}+(\frac{\mathrm{d}\boldsymbol{P}}{\mathrm{d}x}\boldsymbol{P})^{\mathrm{T}} \quad (2.080)$$

将式 (2.077) 代入式 (2.080)

$$\frac{\mathrm{d}\boldsymbol{P}}{\mathrm{d}x}=\boldsymbol{G}\frac{\mathrm{d}\boldsymbol{P}}{\mathrm{d}x}\boldsymbol{A}^{-}+(\boldsymbol{G}\frac{\mathrm{d}\boldsymbol{P}}{\mathrm{d}x}\boldsymbol{A}^{-})^{\mathrm{T}} \quad (2.081)$$

下面表示式 (2.074)，对式 (2.058) 两边进行微分得

$$\frac{\mathrm{d}\boldsymbol{A}}{\mathrm{d}x}\boldsymbol{Q}+\boldsymbol{A}\frac{\mathrm{d}\boldsymbol{Q}}{\mathrm{d}x}=\frac{\mathrm{d}\boldsymbol{A}}{\mathrm{d}x} \tag{2.082}$$

由此

$$\boldsymbol{A}\frac{\mathrm{d}\boldsymbol{Q}}{\mathrm{d}x}=\frac{\mathrm{d}\boldsymbol{A}}{\mathrm{d}x}-\frac{\mathrm{d}\boldsymbol{A}}{\mathrm{d}x}\boldsymbol{Q}=\frac{\mathrm{d}\boldsymbol{A}}{\mathrm{d}x}(\boldsymbol{I}_n-\boldsymbol{Q})=\frac{\mathrm{d}\boldsymbol{A}}{\mathrm{d}x}\boldsymbol{H} \tag{2.083}$$

式 (2.083) 两边左乘 $\boldsymbol{A}^-$，得

$$\boldsymbol{A}^-\boldsymbol{A}\frac{\mathrm{d}\boldsymbol{Q}}{\mathrm{d}x}=\boldsymbol{Q}\frac{\mathrm{d}\boldsymbol{Q}}{\mathrm{d}x}=\boldsymbol{A}^-\frac{\mathrm{d}\boldsymbol{A}}{\mathrm{d}x}\boldsymbol{H} \tag{2.084}$$

由式 (2.059) 知 $\boldsymbol{Q}$ 是对称阵

$$(\boldsymbol{Q}\frac{\mathrm{d}\boldsymbol{Q}}{\mathrm{d}x})^{\mathrm{T}}=(\frac{\mathrm{d}\boldsymbol{Q}}{\mathrm{d}x})^{\mathrm{T}}\boldsymbol{Q}^{\mathrm{T}}=\frac{\mathrm{d}\boldsymbol{Q}}{\mathrm{d}x}\boldsymbol{Q} \tag{2.085}$$

由式 (2.060) 知 $\boldsymbol{Q}=\boldsymbol{Q}^2$ 得

$$\frac{\mathrm{d}\boldsymbol{Q}}{\mathrm{d}x}=\frac{\mathrm{d}\boldsymbol{Q}^2}{\mathrm{d}x}=\frac{\mathrm{d}\boldsymbol{Q}\boldsymbol{Q}}{\mathrm{d}x}=\frac{\mathrm{d}\boldsymbol{Q}}{\mathrm{d}x}\boldsymbol{Q}+\boldsymbol{Q}\frac{\mathrm{d}\boldsymbol{Q}}{\mathrm{d}x} \tag{2.086}$$

将式 (2.085) 代入式 (2.086)

$$\frac{\mathrm{d}\boldsymbol{Q}}{\mathrm{d}x}=(\boldsymbol{Q}\frac{\mathrm{d}\boldsymbol{Q}}{\mathrm{d}x})^{\mathrm{T}}+\boldsymbol{Q}\frac{\mathrm{d}\boldsymbol{Q}}{\mathrm{d}x} \tag{2.087}$$

将式 (2.084) 代入式 (2.087)

$$\frac{\mathrm{d}\boldsymbol{Q}}{\mathrm{d}x}=\boldsymbol{A}^-\frac{\mathrm{d}\boldsymbol{A}}{\mathrm{d}x}\boldsymbol{H}+(\boldsymbol{A}^-\frac{\mathrm{d}\boldsymbol{A}}{\mathrm{d}x}\boldsymbol{H})^{\mathrm{T}} \tag{2.088}$$

式 (2.088) 与式 (2.074) 一致。

[4] 若 $\boldsymbol{A}$ 为 $(m，n)$ 型的矩阵，则式 (2.089) 成立

$$\frac{\mathrm{d}\boldsymbol{A}^-}{\mathrm{d}x}\boldsymbol{G}=\boldsymbol{A}^-(\boldsymbol{A}^-)^{\mathrm{T}}\frac{\mathrm{d}\boldsymbol{A}^{\mathrm{T}}}{\mathrm{d}x}\boldsymbol{G} \tag{2.089}$$

$$\boldsymbol{H}\frac{\mathrm{d}\boldsymbol{A}^-}{\mathrm{d}x}=\boldsymbol{H}\frac{\mathrm{d}\boldsymbol{A}^{\mathrm{T}}}{\mathrm{d}x}(\boldsymbol{A}^-)^{\mathrm{T}}\boldsymbol{A}^- \tag{2.090}$$

式 (2.056) 两边微分后得

$$\frac{\mathrm{d}\boldsymbol{A}^-}{\mathrm{d}x}\boldsymbol{P}+\boldsymbol{A}^-\frac{\mathrm{d}\boldsymbol{P}}{\mathrm{d}x}=\frac{\mathrm{d}\boldsymbol{A}^-}{\mathrm{d}x} \tag{2.091}$$

整理后

$$\frac{\mathrm{d}\boldsymbol{A}^-}{\mathrm{d}\boldsymbol{x}}(\boldsymbol{I}_m-\boldsymbol{P})=\boldsymbol{A}^-\frac{\mathrm{d}\boldsymbol{P}}{\mathrm{d}\boldsymbol{x}} \tag{2.092}$$

代入式 (2.053) 和式 (2.073)（由于 $\boldsymbol{G}=\boldsymbol{I}_m-\boldsymbol{A}\boldsymbol{A}^-=\boldsymbol{I}_m-\boldsymbol{P}$ 译者注），故上式可写成

$$\frac{\mathrm{d}\boldsymbol{A}^-}{\mathrm{d}\boldsymbol{x}}\boldsymbol{G}=\boldsymbol{A}^-\boldsymbol{G}\frac{\mathrm{d}\boldsymbol{A}}{\mathrm{d}\boldsymbol{x}}\boldsymbol{A}^-+\boldsymbol{A}^-(\boldsymbol{G}\frac{\mathrm{d}\boldsymbol{A}}{\mathrm{d}\boldsymbol{x}}\boldsymbol{A}^-)^{\mathrm{T}} \tag{2.093}$$

式 (2.093) 中，$\boldsymbol{A}^-\boldsymbol{G}=\boldsymbol{A}^-(\boldsymbol{I}_m-\boldsymbol{P})=\boldsymbol{A}^--\boldsymbol{A}^-\boldsymbol{A}\boldsymbol{A}^-=\boldsymbol{O}$，右端第一项为 0，且 $\boldsymbol{G}^{\mathrm{T}}=\boldsymbol{G}$

$$\frac{\mathrm{d}\boldsymbol{A}^-}{\mathrm{d}x}\boldsymbol{G}=\boldsymbol{A}^-(\boldsymbol{A}^-)^{\mathrm{T}}\frac{\mathrm{d}\boldsymbol{A}^{\mathrm{T}}}{\mathrm{d}x}\boldsymbol{G} \tag{2.094}$$

式 (2.094) 与式 (2.089) 一致。

下面表示式 (2.090)。对式 (2.057) 两边微分后得

$$\frac{\mathrm{d}\boldsymbol{Q}}{\mathrm{d}x}\boldsymbol{A}^-+\boldsymbol{Q}\frac{\mathrm{d}\boldsymbol{A}^-}{\mathrm{d}x}=\frac{\mathrm{d}\boldsymbol{A}^-}{\mathrm{d}x} \tag{2.095}$$

变形后

$$(\boldsymbol{I}_n-\boldsymbol{Q})\frac{\mathrm{d}\boldsymbol{A}^-}{\mathrm{d}x}=\frac{\mathrm{d}\boldsymbol{Q}}{\mathrm{d}x}\boldsymbol{A}^- \tag{2.096}$$

将式 (2.054) 和式 (2.074) 代入，由于 $\boldsymbol{H}\boldsymbol{A}^-=(\boldsymbol{I}_n-\boldsymbol{A}^-\boldsymbol{A})\boldsymbol{A}^-=\boldsymbol{O}$，$\boldsymbol{H}^{\mathrm{T}}=\boldsymbol{H}$，式 (2.096) 为，

$$\boldsymbol{H}\frac{\mathrm{d}\boldsymbol{A}^-}{\mathrm{d}x}=\boldsymbol{A}^-\frac{\mathrm{d}\boldsymbol{A}}{\mathrm{d}x}\boldsymbol{H}\boldsymbol{A}^-+(\boldsymbol{A}^-\frac{\mathrm{d}\boldsymbol{A}}{\mathrm{d}x}\boldsymbol{H})^{\mathrm{T}}\boldsymbol{A}^-=\boldsymbol{H}\frac{\mathrm{d}\boldsymbol{A}^{\mathrm{T}}}{\mathrm{d}x}(\boldsymbol{A}^-)^{\mathrm{T}}\boldsymbol{A}^- \tag{2.097}$$

[5] 当 $\boldsymbol{A}$ 为 (m, n) 的矩阵，下式成立

$$\frac{\mathrm{d}\boldsymbol{A}^-}{\mathrm{d}x}\boldsymbol{P}=-\boldsymbol{A}^-\frac{\mathrm{d}\boldsymbol{A}}{\mathrm{d}x}\boldsymbol{A}^-+\boldsymbol{H}\frac{\mathrm{d}\boldsymbol{A}^{\mathrm{T}}}{\mathrm{d}x}(\boldsymbol{A}^-)^{\mathrm{T}}\boldsymbol{A}^- \tag{2.098}$$

$$Q\frac{\mathrm{d}A^{-}}{\mathrm{d}x}=-A^{-}\frac{\mathrm{d}A}{\mathrm{d}x}A^{-}+A^{-}(A^{-})^{\mathrm{T}}\frac{\mathrm{d}A^{\mathrm{T}}}{\mathrm{d}x}G \tag{2.099}$$

对式 (2.004) 两边微分后，将 $P=AA^{-}$，$Q=A^{-}A$ 代入式 (2.099)

$$\frac{\mathrm{d}A^{-}}{\mathrm{d}x}P+A^{-}\frac{\mathrm{d}A}{\mathrm{d}x}A^{-}+Q\frac{\mathrm{d}A^{-}}{\mathrm{d}x}=\frac{\mathrm{d}A^{-}}{\mathrm{d}x} \tag{2.100}$$

变形后

$$\frac{\mathrm{d}A^{-}}{\mathrm{d}x}P=-A^{-}\frac{\mathrm{d}A}{\mathrm{d}x}A^{-}+(I_n-Q)\frac{\mathrm{d}A^{-}}{\mathrm{d}x} \tag{2.101}$$

将式 (2.054) 和式 (2.090) 代入式 (2.101)

$$\frac{\mathrm{d}A^{-}}{\mathrm{d}x}P=-A^{-}\frac{\mathrm{d}A}{\mathrm{d}x}A^{-}+H\frac{\mathrm{d}A^{\mathrm{T}}}{\mathrm{d}x}(A^{-})^{T}A^{-} \tag{2.102}$$

式 (2.102) 与式 (2.098) 一致。

以下证明式 (2.099)。由式 (2.100) 得

$$Q\frac{\mathrm{d}A^{-}}{\mathrm{d}x}=-A^{-}\frac{\mathrm{d}A^{-}}{\mathrm{d}x}A^{-}+\frac{\mathrm{d}A^{-}}{\mathrm{d}x}(I_m-P) \tag{2.103}$$

将式 (2.053) 和式 (2.089) 代入式 (2.103)

$$Q\frac{\mathrm{d}A^{-}}{\mathrm{d}x}=-A^{-}\frac{\mathrm{d}A}{\mathrm{d}x}A^{-}+A^{-}(A^{-})^{\mathrm{T}}\frac{\mathrm{d}A^{\mathrm{T}}}{\mathrm{d}x}G \tag{2.104}$$

式 (2.099) 证毕。

[6] 当 A 为 (m, n) 的矩阵，此时 A 的广义逆矩阵的微分由下式给出

$$\frac{\mathrm{d}A^{-}}{\mathrm{d}x}=-A^{-}\frac{\mathrm{d}A}{\mathrm{d}x}A^{-}+H\frac{\mathrm{d}A^{\mathrm{T}}}{\mathrm{d}x}(A^{-})^{\mathrm{T}}A^{-}+A^{-}(A^{-})^{\mathrm{T}}\frac{\mathrm{d}A^{\mathrm{T}}}{\mathrm{d}x}G \tag{2.105}$$

$$=-A^{-}\frac{\mathrm{d}A}{\mathrm{d}x}A^{-}+(A^{-}\frac{\mathrm{d}A}{\mathrm{d}x}H)^{\mathrm{T}}A^{-}+A^{-}(G\frac{\mathrm{d}A}{\mathrm{d}x}A^{-})^{\mathrm{T}} \tag{2.106}$$

由式 (2.053) 可知 $G+P=I_m$

$$\frac{\mathrm{d}A^{-}}{\mathrm{d}x}=\frac{\mathrm{d}A^{-}}{\mathrm{d}x}I_m=\frac{\mathrm{d}A^{-}}{\mathrm{d}x}(G+P)=\frac{\mathrm{d}A^{-}}{\mathrm{d}x}G+\frac{\mathrm{d}A^{-}}{\mathrm{d}x}P \tag{2.107}$$

将式 (2.089) 和式 (2.098) 代入式 (2.107) 得到式 (2.105)。因为 $\boldsymbol{H}$ 和 $\boldsymbol{G}$ 是对称矢量，由式 (2.105) 很容易得到式 (2.106)。

下面，说明式 (2.068) 和 (2.105) 的关系。rank($\boldsymbol{A}$) = m 时，由式 (2.039)，式 (2.108) 成立。

$$\boldsymbol{A}^{-}=\boldsymbol{A}^{\mathrm{T}}(\boldsymbol{A}\boldsymbol{A}^{\mathrm{T}})^{-1}，\quad \boldsymbol{A}\boldsymbol{A}^{-}=\boldsymbol{I}_m \tag{2.108}$$

由式 (2.108) 得到 $\boldsymbol{P}=\boldsymbol{A}\boldsymbol{A}^{-}=\boldsymbol{I}_m$，$\boldsymbol{G}=\boldsymbol{I}_m-\boldsymbol{P}=\boldsymbol{O}$。将该式与式 (2.108) 代入式 (2.105)，用 $\boldsymbol{H}=\boldsymbol{I}_m-\boldsymbol{A}\boldsymbol{A}^{-}$ 的关系得到

$$\begin{aligned}\frac{\mathrm{d}\boldsymbol{A}^{-}}{\mathrm{d}x}&=-\boldsymbol{A}^{\mathrm{T}}(\boldsymbol{A}\boldsymbol{A}^{\mathrm{T}})^{-1}\frac{\mathrm{d}\boldsymbol{A}}{\mathrm{d}\boldsymbol{x}}\boldsymbol{A}^{\mathrm{T}}(\boldsymbol{A}\boldsymbol{A}^{\mathrm{T}})^{-1}\\&\quad+\{\boldsymbol{I}_n-\boldsymbol{A}^{\mathrm{T}}(\boldsymbol{A}\boldsymbol{A}^{\mathrm{T}})^{-1}\boldsymbol{A}\}\frac{\mathrm{d}\boldsymbol{A}^{\mathrm{T}}}{\mathrm{d}\boldsymbol{x}}\{\boldsymbol{A}^{\mathrm{T}}(\boldsymbol{A}\boldsymbol{A}^{\mathrm{T}})^{-1}\}^{\mathrm{T}}\boldsymbol{A}^{\mathrm{T}}(\boldsymbol{A}\boldsymbol{A}^{\mathrm{T}})^{-1}\end{aligned} \tag{2.109}$$

其中

$$\{\boldsymbol{A}^{\mathrm{T}}(\boldsymbol{A}\boldsymbol{A}^{\mathrm{T}})^{-1}\}^{\mathrm{T}}\boldsymbol{A}^{\mathrm{T}}(\boldsymbol{A}\boldsymbol{A}^{\mathrm{T}})^{-1}=(\boldsymbol{A}\boldsymbol{A}^{\mathrm{T}})^{-1}\boldsymbol{A}\boldsymbol{A}^{\mathrm{T}}(\boldsymbol{A}\boldsymbol{A}^{\mathrm{T}})^{-1}=(\boldsymbol{A}\boldsymbol{A}^{\mathrm{T}})^{-1} \tag{2.110}$$

将式 (2.110) 代入式 (2.109)，整理后得

$$\begin{aligned}\frac{\mathrm{d}\boldsymbol{A}^{-}}{\mathrm{d}\boldsymbol{x}}&=\frac{\mathrm{d}\boldsymbol{A}^{\mathrm{T}}}{\mathrm{d}\boldsymbol{x}}(\boldsymbol{A}\boldsymbol{A}^{\mathrm{T}})^{-1}-\boldsymbol{A}^{\mathrm{T}}(\boldsymbol{A}\boldsymbol{A}^{\mathrm{T}})^{-1}\left(\frac{\mathrm{d}\boldsymbol{A}}{\mathrm{d}x}\boldsymbol{A}^{\mathrm{T}}+\boldsymbol{A}\frac{\mathrm{d}\boldsymbol{A}^{\mathrm{T}}}{\mathrm{d}\boldsymbol{x}}\right)(\boldsymbol{A}\boldsymbol{A}^{\mathrm{T}})^{-1}\\&=\frac{\mathrm{d}\boldsymbol{A}^{\mathrm{T}}}{\mathrm{d}\boldsymbol{x}}(\boldsymbol{A}\boldsymbol{A}^{\mathrm{T}})^{-1}-\boldsymbol{A}^{\mathrm{T}}(\boldsymbol{A}\boldsymbol{A}^{\mathrm{T}})^{-1}\frac{\mathrm{d}(\boldsymbol{A}\boldsymbol{A}^{\mathrm{T}})}{\mathrm{d}x}(\boldsymbol{A}\boldsymbol{A}^{\mathrm{T}})^{-1}\end{aligned} \tag{2.111}$$

式 (2.111) 与式 (2.068) 一致。式 (2.070) 也可以同样推导。

[例 2.5] 用式 (2.106) 求式 (2.045) 的 $\boldsymbol{A}_2$ 的广义逆矩阵的微分系数。

利用式 (2.047) 和式 (2.049)，得

$$\boldsymbol{A}_2^{-}\frac{\mathrm{d}\boldsymbol{A}_2}{\mathrm{d}x}\boldsymbol{A}_2^{-}=\frac{1}{3x^2}\begin{bmatrix}1&0\\-1&3\\2&-3\end{bmatrix}，\quad \boldsymbol{H}=\frac{1}{3}\begin{bmatrix}1&-1&-1\\-1&1&1\\-1&1&1\end{bmatrix}$$

$$\boldsymbol{G}=\boldsymbol{O}，\quad \boldsymbol{A}_2^{-1}\frac{\mathrm{d}\boldsymbol{A}_2}{\mathrm{d}x}\boldsymbol{H}=\boldsymbol{O} \tag{2.112}$$

由此

$$\frac{\mathrm{d}\boldsymbol{A}_2^-}{\mathrm{d}x} = -\frac{1}{3x^2}\begin{bmatrix} 1 & 0 \\ -1 & 3 \\ 2 & -3 \end{bmatrix} \tag{2.113}$$

式 (2.113) 与式 (2.050) 一致。

习题

2.1　求下述矩阵的广义逆矩阵（请用 1.8 题的结果）。

$$(1)\begin{bmatrix} 1 & 1 & -1 \\ 1 & -1 & 1 \end{bmatrix},\quad (2)\begin{bmatrix} 1 & 0 & -1 & 2 \\ 0 & 1 & 1 & -1 \\ -2 & -1 & 1 & 2 \end{bmatrix}$$

2.2　求下面的矢量和矩阵的广义逆。

$$(1)\begin{bmatrix} b_1 \\ b_2 \\ b_3 \end{bmatrix},\quad (2)\begin{bmatrix} a_{11} & a_{12} \\ a_{21} & a_{22} \end{bmatrix}$$

2.3　已知 $\boldsymbol{A}=\boldsymbol{A}_1+\boldsymbol{A}_2+\cdots+\boldsymbol{A}_n$，$\boldsymbol{A}_i\boldsymbol{A}_j^{\mathrm{T}}=\boldsymbol{O}$，$\boldsymbol{A}_i^{\mathrm{T}}\boldsymbol{A}_j=\boldsymbol{O}\,(i,\ j=1,\ 2,\ \cdots,\ n,\ i\neq j)$ 时，求证下式成立。

$$\boldsymbol{A}^- = \boldsymbol{A}_1^- + \boldsymbol{A}_2^- + \cdots + \boldsymbol{A}_n^-$$

2.4　当 $\boldsymbol{A}^{\mathrm{T}}\boldsymbol{A}=\boldsymbol{A}\boldsymbol{A}^{\mathrm{T}}$ 时，证明下式成立：

$$\boldsymbol{A}^-\boldsymbol{A} = \boldsymbol{A}\boldsymbol{A}^{-1},\quad (\boldsymbol{A}^n)^- = (\boldsymbol{A}^-)^n \quad (n\text{ 为任意整数})$$

2.5　秩为 r 的 $(m,\ n)$ 型矩阵 $\boldsymbol{A}$，证明 $\boldsymbol{I}_n-\boldsymbol{A}^-\boldsymbol{A}$ 及 $\boldsymbol{I}_m-\boldsymbol{A}\boldsymbol{A}^-$ 的秩各自为 $n-r$ 和 $m-r$。

2.6　设 $\boldsymbol{A}=\begin{bmatrix}\boldsymbol{B}\\ \boldsymbol{C}\end{bmatrix}$，$\boldsymbol{B}\boldsymbol{C}^{\mathrm{T}}=\boldsymbol{O}$。证明 $\boldsymbol{A}^-=[\boldsymbol{B}^-\ \boldsymbol{C}^-]$，求 $\boldsymbol{A}^-\boldsymbol{A}$ 和 $\boldsymbol{A}\boldsymbol{A}^-$。

2.7　求下列矢量和矩阵的广义逆。

(1) $\begin{bmatrix} 1 \\ x \\ x^2 \end{bmatrix}$,　(2) $\begin{bmatrix} x & x & -x \\ x & -x & x \end{bmatrix}$,　(3) $\begin{bmatrix} 1 & x \\ x & x^2 \end{bmatrix}$

3 线性方程组的解

3.1 线性方程组

n 个未知数 $x_i(i=1，2，\cdots，n)$，m 个线性方程可表示为

$$\begin{bmatrix} a_{11} & a_{12} & \cdots & a_{1n} \\ a_{21} & a_{22} & \cdots & a_{2n} \\ \vdots & \vdots & & \vdots \\ a_{m1} & a_{m2} & \cdots & a_{mn} \end{bmatrix} \begin{bmatrix} x_1 \\ x_2 \\ \vdots \\ x_n \end{bmatrix} = \begin{bmatrix} b_1 \\ b_2 \\ \vdots \\ b_m \end{bmatrix} \tag{3.001}$$

用矩阵的方式写成

$$\boldsymbol{Ax}=\boldsymbol{b} \tag{3.002}$$

其中 $\boldsymbol{A}$ 为 $(m，n)$ 的矩阵，$\boldsymbol{x}$ 为 n 阶的列矢量，$\boldsymbol{b}$ 为 m 阶的列矢量。

最初作为简单的例子，考虑以下 5 个线性方程组

$$\begin{bmatrix} 1 & 1 \end{bmatrix} \begin{bmatrix} x_1 \\ x_2 \end{bmatrix} = \begin{bmatrix} 2 \end{bmatrix} \tag{3.003}$$

$$\begin{bmatrix} 1 & 1 \\ 1 & 1 \end{bmatrix} \begin{bmatrix} x_1 \\ x_2 \end{bmatrix} = \begin{bmatrix} 2 \\ 3 \end{bmatrix} \tag{3.004}$$

$$\begin{bmatrix} 2 & 1 & 1 \\ 1 & 1 & 0 \end{bmatrix} \begin{bmatrix} x_1 \\ x_2 \\ x_3 \end{bmatrix} = \begin{bmatrix} 3 \\ 2 \end{bmatrix} \tag{3.005}$$

$$\begin{bmatrix} 2 & 1 \\ 1 & 1 \\ 1 & 0 \end{bmatrix} \begin{bmatrix} x_1 \\ x_2 \end{bmatrix} = \begin{bmatrix} 4 \\ 3 \\ 1 \end{bmatrix} \tag{3.006}$$

$$\begin{bmatrix} 2 & 1 \\ 1 & 1 \\ 1 & 0 \end{bmatrix} \begin{bmatrix} x_1 \\ x_2 \end{bmatrix} = \begin{bmatrix} 4 \\ 3 \\ 2 \end{bmatrix} \tag{3.007}$$

式 (3.003) 写成 $x_1 + x_2 = 2$，因此有解 $x_1 = \alpha$，$x_2 = 2 - \alpha$（α 为任意数）。因为 α 是任意的数，解不定。式 (3.004) 可写成 $x_1 + x_2 = 2$，$x_1 + x_2 = 3$，解不存在，即无解。式 (3.005) 中方程的个数比未知量的个数少。式 (3.006) 和 (3.007) 方程的个数比未知量的个数多。

从这些具体的例子可以看出，式 (3.002) 的方程组只有一组解（唯一解），其他的存在多组解（不定解），没有解（无解）的情况。在此，讨论下面的问题。

问题 1：给定 $\boldsymbol{A}$ 与 $\boldsymbol{b}$ 时，满足式 (3.002) 的解是否存在？（解的存在条件）

问题 2：解存在时，怎样表示，有几个解？（解的形式及个数）

问题 3：不存在解时，满足适当的近似定义的近似解存在吗？（近似解的存在）

本章将讨论问题 1、2，下章将讨论问题 3。

3.2 解的存在条件

本节中讨论问题 1。$\boldsymbol{Ax} = \boldsymbol{b}$ 的线性方程组，解存在的充分必要条件为

$$\boldsymbol{AA}^{-}\boldsymbol{b} = \boldsymbol{b} \tag{3.008}$$

上式证明很简单。开始先证必要性，若 $\boldsymbol{Ax} = \boldsymbol{b}$ 的解存在。设 $\boldsymbol{x} = \boldsymbol{x}_0$，则 $\boldsymbol{b} = \boldsymbol{Ax}_0$，两边左乘 $\boldsymbol{AA}^{-}$，即 $\boldsymbol{AA}^{-}\boldsymbol{b} = \boldsymbol{AA}^{-}\boldsymbol{Ax}_0$。根据广义逆的定义式 (2.003) $\boldsymbol{AA}^{-}\boldsymbol{A} = \boldsymbol{A}$，则 $\boldsymbol{AA}^{-}\boldsymbol{b} = \boldsymbol{Ax}_0 = \boldsymbol{b}$。下面证充分性，已知式 (3.008)，证明出 $\boldsymbol{Ax}_0 = \boldsymbol{b}$ 即可，将 $\boldsymbol{x}_0 = \boldsymbol{A}^{-}\boldsymbol{b}$ 两边左乘 $\boldsymbol{A}$ 得 $\boldsymbol{Ax}_0 = \boldsymbol{AA}^{-}\boldsymbol{b}$，由式 (3.008) 可知 $\boldsymbol{AA}^{-}\boldsymbol{b} = \boldsymbol{b}$ 得 $\boldsymbol{Ax}_0 = \boldsymbol{b}$，找到 $\boldsymbol{x}_0$ 的解。解存在时称为“$\boldsymbol{Ax} = \boldsymbol{b}$ 有解”，解不存在时则称为“无解”或“不能解”。

AA^- 是 m 阶的正方阵，I_m 为 m 阶的单位阵，解存在的条件式 (3.008) 可写成

$$(\boldsymbol{I}_m - \boldsymbol{A}\boldsymbol{A}^-)\boldsymbol{b} = \boldsymbol{0} \tag{3.009}$$

[例 3.1] 检查式 (3.003) ~ 式 (3.007) 的解存在与否。利用第 2 章的结果，系数矩阵的广义逆整理如下

$$\boldsymbol{A}_1 = \begin{bmatrix} 1 & 1 \end{bmatrix} \qquad \boldsymbol{A}_1^- = \frac{1}{2}\begin{bmatrix} 1 \\ 1 \end{bmatrix} \tag{3.010}$$

$$\boldsymbol{A}_2 = \begin{bmatrix} 1 & 1 \\ 1 & 1 \end{bmatrix} \quad \boldsymbol{A}_2^- = \frac{1}{4}\begin{bmatrix} 1 & 1 \\ 1 & 1 \end{bmatrix} \tag{3.011}$$

$$\boldsymbol{A}_3 = \begin{bmatrix} 2 & 1 & 1 \\ 1 & 1 & 0 \end{bmatrix} \quad \boldsymbol{A}_3^- = \frac{1}{3}\begin{bmatrix} 1 & 0 \\ -1 & 3 \\ 2 & -3 \end{bmatrix} \tag{3.012}$$

利用式 (3.012)，把式 (3.003) ~ 式 (3.007) 变成式 (3.009) 的形式

$$(\boldsymbol{I}_1 - \boldsymbol{A}_1\boldsymbol{A}_1^-)\boldsymbol{b}_1 = \boldsymbol{0} \tag{3.013}$$

$$(\boldsymbol{I}_2 - \boldsymbol{A}_2\boldsymbol{A}_2^-)\boldsymbol{b}_2 = \frac{1}{2}\begin{bmatrix} 1 & -1 \\ -1 & 1 \end{bmatrix}\begin{bmatrix} 2 \\ 3 \end{bmatrix} \neq \boldsymbol{0} \tag{3.014}$$

$$(\boldsymbol{I}_2 - \boldsymbol{A}_3\boldsymbol{A}_3^-)\boldsymbol{b}_3 = \frac{1}{6}\begin{bmatrix} 0 & 0 \\ 0 & 0 \end{bmatrix}\begin{bmatrix} 3 \\ 2 \end{bmatrix} = \boldsymbol{0} \tag{3.015}$$

$$(\boldsymbol{I}_3 - \boldsymbol{A}_3^{\mathrm{T}}(\boldsymbol{A}_3^{\mathrm{T}})^-)\boldsymbol{b}_4 = \frac{1}{3}\begin{bmatrix} 1 & -1 & -1 \\ -1 & 1 & 1 \\ -1 & 1 & 1 \end{bmatrix}\begin{bmatrix} 4 \\ 3 \\ 1 \end{bmatrix} = \boldsymbol{0} \tag{3.016}$$

$$(\boldsymbol{I}_3 - \boldsymbol{A}_3^{\mathrm{T}}(\boldsymbol{A}_3^{\mathrm{T}})^-)\boldsymbol{b}_5 = \frac{1}{3}\begin{bmatrix} 1 & -1 & -1 \\ -1 & 1 & 1 \\ -1 & 1 & 1 \end{bmatrix}\begin{bmatrix} 4 \\ 3 \\ 2 \end{bmatrix} = \frac{1}{3}\begin{bmatrix} -1 \\ -1 \\ 1 \end{bmatrix} \neq \boldsymbol{0} \tag{3.017}$$

从以上结果可看出式 (3.003)、式 (3.005) 和式 (3.006) 有解，式 (3.004) 和式

(3.007) 无解。

3.3 解和解的个数

本节讲述解存在时解的形式和个数。对于方程 $\boldsymbol{Ax}=\boldsymbol{b}$，当解存在时式 (3.008) 成立。式 (3.002) 的解的形式如下，其中 $\boldsymbol{\alpha}$ 为任意的矢量。

$$\boldsymbol{x}_0=\boldsymbol{A}^-\boldsymbol{b}+(\boldsymbol{I}_n-\boldsymbol{A}^-\boldsymbol{A})\boldsymbol{a} \tag{3.018}$$

首先证明若解的形式如式 (3.018) $\boldsymbol{\alpha}$ 是存在的。若 $\boldsymbol{x}_0$ 是解，代入原方程 $\boldsymbol{Ax}_0=\boldsymbol{b}$。用 $\boldsymbol{A}^-$ 左乘该式两边，$\boldsymbol{A}^-\boldsymbol{Ax}_0=\boldsymbol{A}^-\boldsymbol{b}$ 左端项移到右边，得到 $\boldsymbol{0}=\boldsymbol{A}^-\boldsymbol{b}-\boldsymbol{A}^-\boldsymbol{Ax}_0$。两边加上 $\boldsymbol{x}_0$ 得

$$\boldsymbol{x}_0=\boldsymbol{A}^-\boldsymbol{b}+\boldsymbol{x}_0-\boldsymbol{A}^-\boldsymbol{Ax}_0=\boldsymbol{A}^-\boldsymbol{b}+(\boldsymbol{I}_n-\boldsymbol{A}^-\boldsymbol{A})\boldsymbol{x}_0 \tag{3.019}$$

令式 (3.019) 右端 $\boldsymbol{\alpha}=x_0$，得到式 (3.018)，即像式 (3.018) 那样的解的形式的矢量 $\boldsymbol{\alpha}$ 存在。

下面证明 x_0 是解。将式 (3.018) 代入式 (3.002) 的左边，得

$$\boldsymbol{Ax}_0=\boldsymbol{AA}^-\boldsymbol{b}+\boldsymbol{A}(\boldsymbol{I}_n-\boldsymbol{A}^-\boldsymbol{A})\boldsymbol{a}=\boldsymbol{AA}^-\boldsymbol{b}+\boldsymbol{A}(\boldsymbol{A}-\boldsymbol{AA}^-\boldsymbol{A})\boldsymbol{a} \tag{3.020}$$

由解的存在条件式 (3.008) $\boldsymbol{AA}^-\boldsymbol{b}=\boldsymbol{b}$，再由广义逆的定义式 (2.0003)，可知右端第二项为 0，则 $\boldsymbol{Ax}_0=\boldsymbol{b}$。$\boldsymbol{x}_0$ 是解。

[例 3.2] 求式 (3.003)、式 (3.005) 和式 (3.006) 的解，利用式 (3.010) ~ (3.012) 的广义逆得到下式。

$$\begin{bmatrix} x_1 \\ x_2 \end{bmatrix}_1=\begin{bmatrix} 1 \\ 1 \end{bmatrix}+\frac{1}{2}\begin{bmatrix} 1 & -1 \\ -1 & 1 \end{bmatrix}\begin{bmatrix} \alpha_1 \\ \alpha_2 \end{bmatrix} \tag{3.021}$$

$$\begin{bmatrix} x_1 \\ x_2 \\ x_3 \end{bmatrix}_2=\begin{bmatrix} 1 \\ 1 \\ 0 \end{bmatrix}+\frac{1}{3}\begin{bmatrix} 1 & -1 & -1 \\ -1 & 1 & 1 \\ -1 & 1 & 1 \end{bmatrix}\begin{bmatrix} \alpha_1 \\ \alpha_2 \\ \alpha_3 \end{bmatrix} \tag{3.022}$$

$$\begin{bmatrix} \boldsymbol{x}_1 \\ \boldsymbol{x}_2 \end{bmatrix}_3=\begin{bmatrix} 1 \\ 2 \end{bmatrix} \tag{3.023}$$

式 (3.006) 中因 $\boldsymbol{AA}^-=\boldsymbol{I}_n$，没有含 $\boldsymbol{\alpha}$ 的解。

下面说明式 (3.002) 的解的性质。

[1] 若 $\boldsymbol{Ax}=\boldsymbol{b}$ 解存在，有唯一解 $\boldsymbol{x}_0=\boldsymbol{A}^{-}\boldsymbol{b}$ 的充分必要条件是 $\boldsymbol{A}^{-}\boldsymbol{A}=\boldsymbol{I}_n$。

证明很简单，式 (3.018) 中 $\boldsymbol{\alpha}$ 的系数如果为 0，则 $\boldsymbol{I}_n=\boldsymbol{A}^{-}\boldsymbol{A}$，故有唯一解。

[2] $\boldsymbol{A}$ 为 $(m,\ n)$ 的矩阵，$\boldsymbol{Ax}=\boldsymbol{b}$ 有解，且有唯一解的充分必要条件是 $\mathrm{rank}(\boldsymbol{A})=n$。

若解是唯一的，$\boldsymbol{A}^{-}\boldsymbol{A}=\boldsymbol{I}_n$，$\mathrm{rank}(\boldsymbol{A}^{-}\boldsymbol{A})=\mathrm{rank}(\boldsymbol{I}_n)=n$。由式 (2.020) 可知，$\mathrm{rank}(\boldsymbol{A}^{-}\boldsymbol{A})=\mathrm{rank}(\boldsymbol{A})$，则 $\mathrm{rank}(\boldsymbol{A})=n$。相反地，若 $\mathrm{rank}(\boldsymbol{A})=n$，由式 (2.040) 可知 $\boldsymbol{A}^{-}\boldsymbol{A}=\boldsymbol{I}_n$，式 (3.018) 的右端第二项为 0，故解唯一。

式 (3.006) 中 $n=2$，$\mathrm{rank}(\boldsymbol{A}_3)=2$，解如式 (3.023) 的形式。

[3] 方程 $\boldsymbol{Ax}=\boldsymbol{b}$ 的解存在，则 $\boldsymbol{x}_0=\boldsymbol{A}^{-}\boldsymbol{b}+(\boldsymbol{I}_n-\boldsymbol{A}^{-}\boldsymbol{A})\boldsymbol{\alpha}$ 中 $\boldsymbol{A}^{-}\boldsymbol{b}$ 与 $(\boldsymbol{I}_n-\boldsymbol{A}^{-}\boldsymbol{A})\boldsymbol{\alpha}$ 是相互独立的。

只要证明 $\boldsymbol{A}^{-}\boldsymbol{b}$ 与 $(\boldsymbol{I}_n-\boldsymbol{A}^{-}\boldsymbol{A})\boldsymbol{\alpha}$ 是正交的即可。利用 $\boldsymbol{I}_n^{\mathrm{T}}=\boldsymbol{I}_n$ 及式 (2.002) 和式 (2.004)，可得

$$\begin{aligned}\{(\boldsymbol{I}_n-\boldsymbol{A}^{-}\boldsymbol{A})\boldsymbol{\alpha}\}^{\mathrm{T}}\boldsymbol{A}^{-}\boldsymbol{b}&=\boldsymbol{a}^{\mathrm{T}}(\boldsymbol{I}_n-\boldsymbol{A}^{-}\boldsymbol{A})^{\mathrm{T}}\boldsymbol{A}^{-}\boldsymbol{b}=\boldsymbol{a}^{\mathrm{T}}(\boldsymbol{I}_n-\boldsymbol{A}^{-}\boldsymbol{A})\boldsymbol{A}^{-}\boldsymbol{b}\\&=\boldsymbol{a}^{\mathrm{T}}(\boldsymbol{A}^{-}-\boldsymbol{A}^{-}\boldsymbol{A}\boldsymbol{A}^{-})\boldsymbol{b}=\boldsymbol{0}\end{aligned}\tag{3.024}$$

[4] $\boldsymbol{A}$ 为 $(m,\ n)$ 矩阵，方程 $\boldsymbol{Ax}=\boldsymbol{b}\ (\boldsymbol{b}\neq\boldsymbol{0})$ 有解，且 $\boldsymbol{b}\neq\boldsymbol{0}$，$\boldsymbol{A}$ 的秩 $\mathrm{rank}(\boldsymbol{A})=r$ $(\neq 0)$，$\boldsymbol{Ax}=\boldsymbol{b}$ 有 $s+1=n-r+1$ 个独立解矢量。

开始先看简单的例子。式 (3.021) 给出了式 (3.003) 的解，即

$$\begin{bmatrix}\boldsymbol{x}_1\\\boldsymbol{x}_2\end{bmatrix}=\begin{bmatrix}1\\1\end{bmatrix}+\frac{1}{2}\begin{bmatrix}1&-1\\-1&1\end{bmatrix}\begin{bmatrix}\alpha_1\\\alpha_2\end{bmatrix}\tag{3.025}$$

矩阵 $[\boldsymbol{I}_n-\boldsymbol{A}^{-}\boldsymbol{A}]$ 表示成列矢量，用式 (2.054) 的写法，可得

$$[\boldsymbol{H}]=[\boldsymbol{I}_n-\boldsymbol{A}^{-}\boldsymbol{A}]=\begin{bmatrix}\boldsymbol{h}_1&\boldsymbol{h}_2&\cdots&\boldsymbol{h}_n\end{bmatrix}\tag{3.026}$$

$[\boldsymbol{H}]$ 的线性无关矢量为 $\boldsymbol{s}$，即 $\mathrm{rank}(\boldsymbol{H})=s$。$[\boldsymbol{H}]$ 的基底矢量为 $\boldsymbol{h}_1$，$\boldsymbol{h}_2$，…，$\boldsymbol{h}_s$，$\boldsymbol{\alpha}$ 为任意矢量，可集合为下式（线性相关的矢量被线性无关矢量所表示）。

$$[\boldsymbol{I}_n-\boldsymbol{A}^{-}\boldsymbol{A}]\boldsymbol{a}=\boldsymbol{a}_1\boldsymbol{h}_1+\boldsymbol{a}_2\boldsymbol{h}_2+\cdots+\boldsymbol{a}_s\boldsymbol{h}_s(\boldsymbol{s}\leqslant\boldsymbol{n})\tag{3.027}$$

$\mathrm{rank}(\boldsymbol{A})=n$ 时，由式 (2.040) $\boldsymbol{I}_n-\boldsymbol{A}^{-}\boldsymbol{A}=\boldsymbol{O}$。$\mathrm{rank}(\boldsymbol{H})=0$，没有线性无关矢量，即 $s=0$ 这与性质 [2] 所示内容相同。对于式 (3.025) 有

$$\boldsymbol{h}_1=\frac{1}{2}\begin{bmatrix}1\\-1\end{bmatrix},\quad \boldsymbol{h}_2=\frac{1}{2}\begin{bmatrix}-1\\1\end{bmatrix} \tag{3.028}$$

因为 $\boldsymbol{h}_2=-\boldsymbol{h}_1$，线性无关的矢量数是 $s=1$。将式 (3.025) 换成式 (3.027) 形式，如下所示

$$\begin{bmatrix}\boldsymbol{x}_1\\\boldsymbol{x}_2\end{bmatrix}=\begin{bmatrix}1\\1\end{bmatrix}+\frac{1}{2}\begin{bmatrix}1\\-1\end{bmatrix}\alpha_1 \tag{3.029}$$

式 (3.029) 中，右边的第一项和第二项根据性质 [3] 是相互独立的，因此线性无关解的个数为 $s+1=2$。其中，rank$(\boldsymbol{A})=r$ 时，显示 $s=n-r$（习题 2.5）。即证明式 (3.030) 就行。

$$\text{rank}(\boldsymbol{H})=\text{rank}(\boldsymbol{I}_n-\boldsymbol{A}^-\boldsymbol{A})=n-r \tag{3.030}$$

$\boldsymbol{A}^-\boldsymbol{A}$ 为对称阵，由相似变换 (式 1.067) 可成标准型。

$$\boldsymbol{P}^{-1}(\boldsymbol{A}^-\boldsymbol{A})\boldsymbol{P}=\begin{array}{c}r\\n-r\end{array}\!\overset{\quad r\qquad n-r}{\left[\begin{array}{c|c}\boldsymbol{I}_r&\boldsymbol{O}\\\hline\boldsymbol{O}&\boldsymbol{O}\end{array}\right]} \tag{3.031}$$

$(\boldsymbol{I}_n-\boldsymbol{A}^-\boldsymbol{A})$ 的秩与 $\boldsymbol{P}^{-1}(\boldsymbol{I}_n-\boldsymbol{A}^-\boldsymbol{A})\boldsymbol{P}$ 的秩相同。$\boldsymbol{P}^{-1}(\boldsymbol{I}_n-\boldsymbol{A}^-\boldsymbol{A})\boldsymbol{P}$ 变形后，再利用 $\boldsymbol{P}^{-1}\boldsymbol{I}_n\boldsymbol{P}=\boldsymbol{I}_n$ 得

$$\boldsymbol{P}^{-1}(\boldsymbol{I}_n-\boldsymbol{A}^-\boldsymbol{A})\boldsymbol{P}=[\boldsymbol{I}_n]-\begin{array}{c}r\\n-r\end{array}\!\overset{\quad r\qquad n-r}{\left[\begin{array}{c|c}\boldsymbol{I}_r&\boldsymbol{O}\\\hline\boldsymbol{O}&\boldsymbol{O}\end{array}\right]}=\begin{array}{c}r\\n-r\end{array}\!\overset{\quad r\qquad n-r}{\left[\begin{array}{c|c}\boldsymbol{O}&\boldsymbol{O}\\\hline\boldsymbol{O}&\boldsymbol{I}_{n-r}\end{array}\right]} \tag{3.032}$$

由上可知 $s=n-r$。

由此可知线性无关解矢量个数是 $\boldsymbol{A}^-\boldsymbol{b}$ 的一个加上 $(\boldsymbol{I}_n-\boldsymbol{A}^-\boldsymbol{A})\boldsymbol{\alpha}$ 的 $n-r$ 个，其和为 $n-r+1$ 个。

[5] $\boldsymbol{A}$ 为 $(m,\ n)$ 型矩阵。$\boldsymbol{Ax}=\boldsymbol{0}$ 的解为式 (3.033)，其中 $\boldsymbol{\alpha}$ 是任意矢量

$$\boldsymbol{x}_0=(\boldsymbol{I}_n-\boldsymbol{A}^-\boldsymbol{A})\boldsymbol{\alpha} \tag{3.033}$$

该式对应了式 (3.018) 中 $\boldsymbol{b}=\boldsymbol{0}$ 的情况。$\boldsymbol{Ax}=\boldsymbol{0}$ 具有 $s=n-r$ 个线性无关的解矢量。

由式 (3.018) 和式 (3.033) 可知，$\boldsymbol{Ax}=\boldsymbol{b}$ 的解与微分方程的解相对应

$$\boldsymbol{x}_0=\boldsymbol{x}^p+\boldsymbol{x}^c \tag{3.034}$$

这里 $\boldsymbol{x}^p$、$\boldsymbol{x}^c$ 分别是特解和通解。

$$\boldsymbol{x}^p = \boldsymbol{A}^- \boldsymbol{b} \tag{3.035}$$

$$\boldsymbol{x}^c = (\boldsymbol{I}_n - \boldsymbol{A}^- \boldsymbol{A})\boldsymbol{\alpha} \tag{3.036}$$

式 (3.036) 是用 $(\boldsymbol{I}_n - \boldsymbol{A}^- \boldsymbol{A})$ 的线性无关矢量和式 (3.027) 组合起来的，即有 $(\boldsymbol{x}^p)^{\mathrm{T}}\boldsymbol{x}^c = 0$。

[例 3.3] 将式 (3.005) 的解用式 (3.022) 的线性无关解矢量表示。$\boldsymbol{A}_3$ 的秩是 $s = 3 - 2 = 1$。

$\boldsymbol{h}_1 = \boldsymbol{h}_2 = -\boldsymbol{h}_3$ 通解中的线性无关解矢量可用 $\boldsymbol{h}_1$ 代表。含 $(1/3)\alpha_1 = \alpha$。

$$\begin{bmatrix} x_1 \\ x_2 \\ x_3 \end{bmatrix}_2 = \begin{bmatrix} 1 \\ 1 \\ 0 \end{bmatrix} + \alpha \begin{bmatrix} 1 \\ -1 \\ -1 \end{bmatrix} \tag{3.037}$$

习题

3.1 探究下列线性方程组解的情况，是否有解。若有解，求之。

(1) $\begin{bmatrix} 1 & 1 & -1 \\ 1 & -1 & 1 \end{bmatrix}\begin{bmatrix} x_1 \\ x_2 \\ x_3 \end{bmatrix} = \begin{bmatrix} -1 \\ 3 \end{bmatrix}$，(2) $\begin{bmatrix} 1 & 0 & -2 \\ 0 & 1 & -1 \\ -1 & 1 & 1 \\ 2 & -1 & 2 \end{bmatrix}\begin{bmatrix} x_1 \\ x_2 \\ x_3 \end{bmatrix} = \begin{bmatrix} -1 \\ -2 \\ -1 \\ 5 \end{bmatrix}$

3.2 求下面线性方程组的特解和通解。当 $t = 1$ 时，$x_1 = -1$，$x_2 = 2$ 时的通解的系数 α。且通解矢量需要正规化。

$$\begin{bmatrix} 1 & t \\ t & t^2 \end{bmatrix}\begin{bmatrix} x_1 \\ x_2 \end{bmatrix} = \begin{bmatrix} t^2 \\ t^3 \end{bmatrix}$$

4　最小二乘法和最优近似解

4.1　最小二乘法

设给定函数 $f(x)$，为了计算方便用另一函数 $y(x)$ 近似，如何才能使 $y(x)$ 非常接近 $f(x)$，数学上有若干种判断方法，通常有两种定义。

(a) 误差的平方的均值最小。

(b) 误差的绝对值平均最小。

用数学公式表示为

$$\boldsymbol{E}=\int_{x_0}^{x_1}\{f(x)-y(x)\}^2\,\mathrm{d}x \to \text{最小化} \tag{4.001}$$

$$\boldsymbol{E}=\int_{x_0}^{x_1}\left|f(x)-y(x)\right|\mathrm{d}x \to \text{最小化} \tag{4.002}$$

式 (4.001) 就是通常所说的最小二乘法。$y(x)$ 为多项式表示时

$$y(x)=a_0+a_1x+\cdots+a_nx^n \tag{4.003}$$

此时系数 a_0，a_1，…，a_n 是待定常数。简单的例子来看这一问题，若函数 $f(x)=\sin\pi x\ (0\leqslant x\leqslant 1)$，用 $y(x)=a_0+a_1x+a_2x^2$ 近似，代入式 (4.001)

$$\boldsymbol{E}=\int_0^1\{\sin\pi x-(a_0+a_1x+a_2x^2)\}^2\,\mathrm{d}x \tag{4.004}$$

$\boldsymbol{E}$ 是 a_0、a_1、a_2 的函数，当其最小化时，$\dfrac{\partial \boldsymbol{E}}{\partial \boldsymbol{a}_0}=\dfrac{\partial \boldsymbol{E}}{\partial \boldsymbol{a}_1}=\dfrac{\partial \boldsymbol{E}}{\partial \boldsymbol{a}_2}=0$，则

$$a_0+\frac{a_1}{2}+\frac{a_2}{3}=\int_0^1 \sin \pi x \, \mathrm{d}x=\frac{2}{\pi} \tag{4.005}$$

$$\frac{a_0}{2}+\frac{a_1}{3}+\frac{a_2}{4}=\int_0^1 x\sin \pi x \, \mathrm{d}x=\frac{1}{\pi} \tag{4.006}$$

$$\frac{a_0}{3}+\frac{a_1}{4}+\frac{a_2}{5}=\int_0^1 x^2\sin \pi x \, \mathrm{d}x=\frac{1}{\pi}-\frac{4}{\pi^2} \tag{4.007}$$

解出此方程组，得到 a_0、a_1、a_2。

$$y_1=-4.1225x^2+4.1225x-0.0505 \tag{4.008}$$

离散化地表达以 $y(x)$ 代替 $f(x)$ 的误差如图 4.1 所示，$x=0$，1 时误差最大。

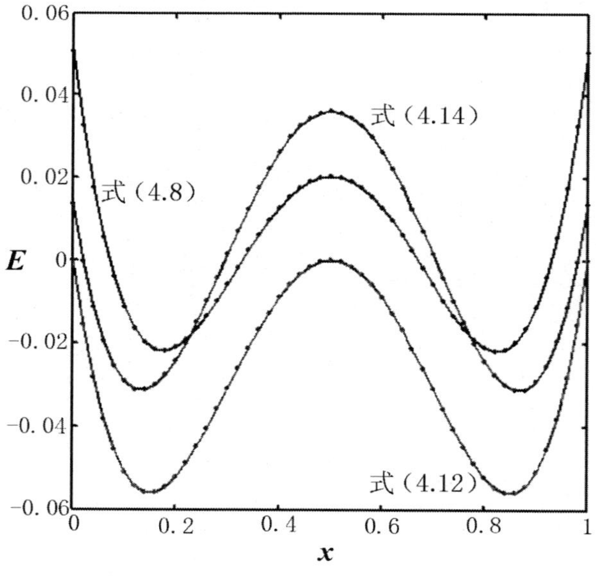

图 4.1　误差分布

下面，观察式 (4.001) 的离散点分布。i 作为评价点 (试验时作为测定点)

$$\boldsymbol{E}=\sum_{i=1}^{m}(f_i-y_i)^2 \rightarrow 最小化 \tag{4.009}$$

前面的例子代入式 (4.009)，可表述为

$$E=\sum_{i=1}^{m}\left[\sin\pi x_i-(a_0+a_1x_i+a_2x_i^2)\right]^2 \tag{4.010}$$

有三个未知数，若采样点为 3 个 $i=1$、2、3，即 $x_1=0$，$x_2=1/2$，$x_3=1$，试计算 a_0、a_1、a_2。

$$E=\left[a_0\right]^2+\left[a_0+\frac{1}{2}a_1+\frac{1}{4}a_2-1\right]^2+\left[a_0+a_1+a_2\right]^2 \tag{4.011}$$

将 $\frac{\partial E}{\partial a_0}=\frac{\partial E}{\partial a_1}=\frac{\partial E}{\partial a_2}=0$ 计算后，解得 $a_0=0$，$a_1=4$，$a_2=-4$。

$$y=-4x^2+4x \tag{4.012}$$

若采样点为 5 个 $i=1$，…，5，$x_1=0$，$x_2=1/6$，$x_3=1/2$，$x_4=5/6$，$x_5=1$，

$$E=\left[a_0\right]^2+\left[a_0+\frac{1}{6}a_1+\frac{1}{36}a_2-\frac{1}{2}\right]^2+\left[a_0+\frac{1}{2}a_1+\frac{1}{4}a_2-1\right]^2 +\left[a_0+\frac{5}{6}a_1+\frac{25}{36}a_2-\frac{1}{2}\right]^2+\left[a_0+a_1+a_2\right]^2 \tag{4.013}$$

由 $\frac{\partial E}{\partial a_0}=\frac{\partial E}{\partial a_1}=\frac{\partial E}{\partial a_2}=0$，求得系数 $a_0=-0.0136$，$a_1=3.9184$，$a_2=-3.9184$。

$$y_3=-3.9184x^2+3.9184x-0.0136 \tag{4.014}$$

式 (4.008)、(4.012) 和 (4.014) 的误差分布结果如图 4.1 所示。

4.2 最小二乘法的矩阵表示

式 (4.11) 右边三部分各自为 0，写成联立方程的形式

$$\begin{bmatrix}1 & 0 & 0\\ 1 & \frac{1}{2} & \frac{1}{4}\\ 1 & 1 & 1\end{bmatrix}\begin{bmatrix}a_0\\ a_1\\ a_2\end{bmatrix}=\begin{bmatrix}0\\ 1\\ 0\end{bmatrix} \tag{4.015}$$

式 (4.13) 也可类似地表示为

$$\begin{bmatrix} 1 & 0 & 0 \\ 1 & \frac{1}{6} & \frac{1}{36} \\ 1 & \frac{1}{2} & \frac{1}{4} \\ 1 & \frac{5}{6} & \frac{25}{36} \\ 1 & 1 & 1 \end{bmatrix} \begin{bmatrix} a_0 \\ a_1 \\ a_2 \end{bmatrix} = \begin{bmatrix} 0 \\ \frac{1}{2} \\ 1 \\ \frac{1}{2} \\ 0 \end{bmatrix} \tag{4.016}$$

一般地采样点数目为 m，未知系数的个数为 n。

$$\begin{bmatrix} a_{11} & a_{12} & \cdots & a_{1n} \\ a_{21} & a_{22} & \cdots & a_{2n} \\ \vdots & \vdots & & \vdots \\ a_{m1} & a_{m2} & \cdots & a_{mn} \end{bmatrix} \begin{bmatrix} x_1 \\ x_2 \\ \vdots \\ x_n \end{bmatrix} = \begin{bmatrix} b_1 \\ b_2 \\ \vdots \\ b_m \end{bmatrix} \tag{4.017}$$

用矩阵的方法表示为

$${}^{m}\overset{n}{\boldsymbol{A}}\,{}^{n}\overset{1}{\boldsymbol{x}} = {}^{m}\overset{1}{\boldsymbol{b}} \tag{4.018}$$

$\boldsymbol{x}$ 为未知系数矢量，在此引入残差矢量

$$\boldsymbol{e}(\boldsymbol{x}) = \boldsymbol{A}x - \boldsymbol{b} \tag{4.019}$$

利用残差矢量，给出误差的最小平均值

$$\boldsymbol{E} = \boldsymbol{e}^{\mathrm{T}}(\boldsymbol{x})\boldsymbol{e}(\boldsymbol{x}) = (\boldsymbol{A}\boldsymbol{x} - \boldsymbol{b})^{\mathrm{T}}(\boldsymbol{A}\boldsymbol{x} - \boldsymbol{b}) \tag{4.020}$$

由式 (4.019) 和 (4.020) 就可给出最小二乘法的定义“在 $\boldsymbol{Ax} - \boldsymbol{b} = \boldsymbol{e}(\boldsymbol{x})$ 中，求 $\boldsymbol{x} = \boldsymbol{x}_0$ 的值，使得 $\boldsymbol{E} = \boldsymbol{e}(\boldsymbol{x})^{\mathrm{T}}\boldsymbol{e}(\boldsymbol{x})$ 最小”，因为 $\boldsymbol{E} \geqslant 0$，若 $\boldsymbol{x}_0$ 存在，使 $\boldsymbol{e}(\boldsymbol{x}_0) = \boldsymbol{0}$，则 $\boldsymbol{E} = 0$，$\boldsymbol{x} = \boldsymbol{x}_0$ 就是最小二乘解。将 $\boldsymbol{e}(\boldsymbol{x}) = \boldsymbol{0}$ 代入式 (4.19)，就变成 $\boldsymbol{Ax} = \boldsymbol{b}$，又回到式 (4.18)。$m = n$ 且 $|\boldsymbol{A}| \neq 0$ 时，最小二乘解由下式得到。

$$\boldsymbol{x}_0 = \boldsymbol{A}^{-1}\boldsymbol{b} \tag{4.021}$$

式 (4.015) 中，$m = n = 3$ 且 $|\boldsymbol{A}| \neq 0$

$$\boldsymbol{x}_0 = \begin{bmatrix} a_0 \\ a_1 \\ a_2 \end{bmatrix} = \begin{bmatrix} 0 \\ 4 \\ -4 \end{bmatrix} \tag{4.022}$$

由 $\dfrac{\partial \boldsymbol{E}}{\partial a_0} = \dfrac{\partial \boldsymbol{E}}{\partial a_1} = \dfrac{\partial \boldsymbol{E}}{\partial a_2} = 0$，计算出的值与式 (4.012) 的值一样。图 4.1 中 A、B、C 各采样点为 $\boldsymbol{E} = 0$。

$|\boldsymbol{A}| \neq 0$ 或 $m \neq n$ 时，利用广义逆矩阵求最小二乘解是本章的目的。

4.3 最优近似解

现在讨论 3.1 节提出的第 3 个问题最小二乘近似解的问题。

式 (4.020) 再重写，误差的平方和 $\boldsymbol{E}$ 为

$$\boldsymbol{E} = \boldsymbol{e}^{\mathrm{T}}(\boldsymbol{x})\boldsymbol{e}(\boldsymbol{x}) = (\boldsymbol{Ax} - \boldsymbol{b})^{\mathrm{T}}(\boldsymbol{Ax} - \boldsymbol{b}) \tag{4.023}$$

在 $\boldsymbol{Ax} = \boldsymbol{b}$ 中满足解的条件式 (3.008)，即 $\boldsymbol{AA}^{-}\boldsymbol{b} = \boldsymbol{b}$ 成立

$$\boldsymbol{x}_0 = \boldsymbol{A}^{-}\boldsymbol{b} \tag{4.024}$$

就是最小二乘解。其理由是：将 $\boldsymbol{x}_0 = \boldsymbol{A}^{-}\boldsymbol{b}$ 代入 $\boldsymbol{e}(\boldsymbol{x})$，由解的存在条件，得

$$\boldsymbol{e}(\boldsymbol{x}_0) = (\boldsymbol{AA}^{-}\boldsymbol{b} - \boldsymbol{b}) = \boldsymbol{0}。$$

当 $\boldsymbol{AA}^{-}\boldsymbol{b} = \boldsymbol{b}$ 不成立时，考虑无解的情况。先说结论，$\boldsymbol{x}_0 = \boldsymbol{A}^{-}\boldsymbol{b}$ 依然是最小二乘解。但是 $\boldsymbol{AA}^{-}\boldsymbol{b} \neq \boldsymbol{b}$，代入式 (4.023)，$\boldsymbol{E} \neq 0$。若要说明 $\boldsymbol{x}_0 = \boldsymbol{A}^{-}\boldsymbol{b}$ 是最小二乘解，只要说明对任意的 $\boldsymbol{x}$，式 (4.025) 成立

$$(\boldsymbol{Ax} - \boldsymbol{b})^{\mathrm{T}}(\boldsymbol{Ax} - \boldsymbol{b}) \geqslant (\boldsymbol{Ax}_0 - \boldsymbol{b})^{\mathrm{T}}(\boldsymbol{Ax}_0 - \boldsymbol{b}) \tag{4.025}$$

式 (4.025) 左边变形为

$$\begin{aligned}
&(\boldsymbol{Ax} - \boldsymbol{b})^{\mathrm{T}}(\boldsymbol{Ax} - \boldsymbol{b}) \\
&= (\boldsymbol{Ax} - \boldsymbol{AA}^{-}\boldsymbol{b} + \boldsymbol{AA}^{-}\boldsymbol{b} - \boldsymbol{b})^{\mathrm{T}}(\boldsymbol{Ax} - \boldsymbol{AA}^{-}\boldsymbol{b} + \boldsymbol{AA}^{-}\boldsymbol{b} - \boldsymbol{b}) \\
&= [\boldsymbol{A}(\boldsymbol{x} - \boldsymbol{A}^{-}\boldsymbol{b}) + (\boldsymbol{AA}^{-} - \boldsymbol{I})\boldsymbol{b}]^{\mathrm{T}}[\boldsymbol{A}(\boldsymbol{x} - \boldsymbol{A}^{-}\boldsymbol{b}) + (\boldsymbol{AA}^{-} - \boldsymbol{I})\boldsymbol{b}] \\
&= [\boldsymbol{A}(\boldsymbol{x} - \boldsymbol{A}^{-}\boldsymbol{b})]^{\mathrm{T}}[\boldsymbol{A}(\boldsymbol{x} - \boldsymbol{A}^{-}\boldsymbol{b})] + [\boldsymbol{A}(\boldsymbol{x} - \boldsymbol{A}^{-}\boldsymbol{b})]^{\mathrm{T}}[(\boldsymbol{AA}^{-} - \boldsymbol{I})\boldsymbol{b}]
\end{aligned}$$

$$+[(AA^- - I)b]^{\mathrm{T}}[A(x - A^- b)] + [(AA^- - I)b]^{\mathrm{T}}[(AA^- - I)b] \quad (4.026)$$

根据广义逆定义的式 (2.001)、(2.003) 有

$$\begin{aligned}[(AA^- - I)b]^{\mathrm{T}}[A(x - A^- b)] &= b^{\mathrm{T}}(AA^- - I)^{\mathrm{T}}A(x - A^- b) \\ &= b^{\mathrm{T}}(AA^- A - A)(x - A^- b) = 0\end{aligned} \quad (4.027)$$

式 (4.027) 转置后

$$[A(x - A^- b)]^{\mathrm{T}}[(AA^- - I)b] = 0 \quad (4.028)$$

另外

$$[A(x - A^- b)]^{\mathrm{T}}[A(x - A^- b)] \geqslant 0 \quad (4.029)$$

将式 (4.027) ~ (4.029) 代入式 (4.026)，对任意的 x 均成立

$$(Ax - b)^{\mathrm{T}}(Ax - b) \geqslant [(AA^- - I)b]^{\mathrm{T}}[(AA^- - I)b] \quad (4.030)$$

令 $x_0 = A^- b$ 代入式 (4.030) 右端

$$[(AA^- - I)b]^{\mathrm{T}}[(AA^- - I)b] = (Ax_0 - b)^{\mathrm{T}}(Ax_0 - b) \quad (4.031)$$

式 (4.029) 中的 $x = x_0$ 时

$$[A(x_0 - A^- b)]^{\mathrm{T}}[A(x_0 - A^- b)] = 0 \quad (4.032)$$

等号只有在 $x = x_0$ 时成立，以上整理后式 (4.023) 的范围是

$$E = e^{\mathrm{T}}(x)e(x) = (Ax - b)^{\mathrm{T}}(Ax - b) \geqslant (Ax_0 - b)^{\mathrm{T}}(Ax_0 - b) \quad (4.033)$$

$x = A^- b$ 时等号成立，由此 E 在 $x_0 = A^- b$ 时最小。证毕。

在此举数值例

$$E = (2x_1 + x_2 + x_3 - 3)^2 + (x_1 + x_2 - 3)^2 \quad (4.034)$$

求使其最小的 x_1、x_2 和 x_3。令 A 和 b 分别为

$$A = \begin{bmatrix} 2 & 1 & 1 \\ 1 & 1 & 0 \end{bmatrix}, \quad b = \begin{bmatrix} 3 \\ 3 \end{bmatrix} \quad (4.035)$$

用式 (3.012) 的结果

$$A^{-}=\frac{1}{3}\begin{bmatrix}1 & 0\\ -1 & 3\\ 2 & -3\end{bmatrix},\quad AA^{-}=\begin{bmatrix}1 & 0\\ 0 & 1\end{bmatrix} \tag{4.036}$$

根据上式，最小二乘解

$$\boldsymbol{x}_0=A^{-}\boldsymbol{b}=\begin{bmatrix}1\\ 2\\ -1\end{bmatrix} \tag{4.037}$$

此时，由式 (4.036) 知，$\boldsymbol{AA^{-}b}=\boldsymbol{b}$，$\boldsymbol{Ax}=\boldsymbol{b}$ 有解，将式 (4.037) 代入式 (4.034)，得 $\boldsymbol{E}=0$。

下面，该例的通常做法为 $\dfrac{\partial \boldsymbol{E}}{\partial x_1}=\dfrac{\partial \boldsymbol{E}}{\partial x_2}=\dfrac{\partial \boldsymbol{E}}{\partial x_3}=0$

$$\begin{aligned}&2(2x_1+x_2+x_3-3)+(x_1+x_2-3)=0\\ &(2x_1+x_2+x_3-3)+(x_1+x_2-3)=0\\ &2x_1+x_2+x_3=3\end{aligned} \tag{4.038}$$

解式 (4.038)，$\boldsymbol{\alpha}$ 为任意参数

$$\boldsymbol{x}=\begin{bmatrix}x_1\\ x_2\\ x_3\end{bmatrix}=\begin{bmatrix}\alpha\\ 3-\alpha\\ -\alpha\end{bmatrix} \tag{4.039}$$

将该值代入式 (4.034)，$\boldsymbol{E}=0$ 即为最小二乘解，由广义逆求得的式 (4.037) 相当于 $\boldsymbol{\alpha}=1$ 的情况。$\boldsymbol{\alpha}=1$ 有何意义，下面叙述。

由式 (4.039) 可知使 $\boldsymbol{E}$ 最小的 $\boldsymbol{x}$ 值是不唯一的。其中 $\boldsymbol{x}^{\mathrm{T}}\boldsymbol{x}$ 最小的值定义为最优近似解。再看式 (4.034) 的例子，由式 (4.039) 得

$$y(\alpha)=\boldsymbol{x}^{\mathrm{T}}\boldsymbol{x}=3\alpha^2-6\alpha+9 \tag{4.040}$$

上式结果画成图 4.2，$\boldsymbol{\alpha}=1$ 时最小，代入式 (4.039) 就变成式 (4.037)。

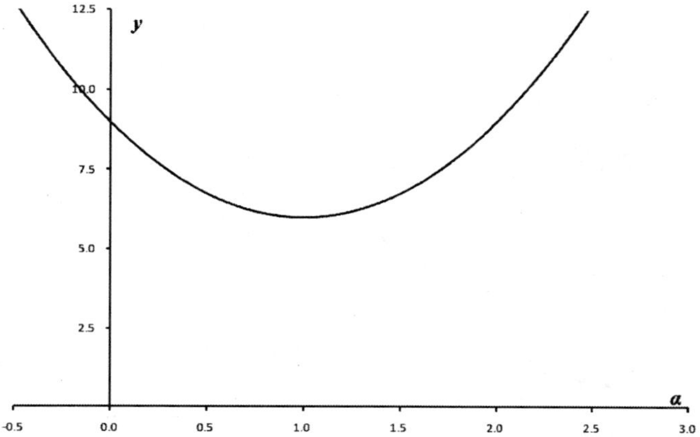

图 4.2 $y(\alpha)$ 的图

综上所述，最优近似解定义如下。

当 $\boldsymbol{Ax}-\boldsymbol{b}=\boldsymbol{e}(\boldsymbol{x})$，满足以下两项的 $\boldsymbol{x}_0=\boldsymbol{A}^-\boldsymbol{b}$ 定义为最优近似解。

(1) 对于一切 $\boldsymbol{x}$ 有

$$(\boldsymbol{Ax}-\boldsymbol{b})^{\mathrm{T}}(\boldsymbol{Ax}-\boldsymbol{b})\geqslant(\boldsymbol{Ax}_0-\boldsymbol{b})^{\mathrm{T}}(\boldsymbol{Ax}_0-\boldsymbol{b}) \tag{4.041}$$

(2) 式 (4.041) 中

$$(\boldsymbol{Ax}-\boldsymbol{b})^{\mathrm{T}}(\boldsymbol{Ax}-\boldsymbol{b})=(\boldsymbol{Ax}_0-\boldsymbol{b})^{\mathrm{T}}(\boldsymbol{Ax}_0-\boldsymbol{b}) \tag{4.042}$$

对于满足上两式的 $\boldsymbol{x}\neq\boldsymbol{x}_0$ 有

$$\boldsymbol{x}^{\mathrm{T}}\boldsymbol{x}>\boldsymbol{x}_0{}^{\mathrm{T}}\boldsymbol{x}_0 \tag{4.043}$$

式 (4.041) 与式 (4.025) 相同，下面只要证明式 (4.043) 即可。

式 (4.029) 的等号在 $\boldsymbol{Ax}-\boldsymbol{AA}^-\boldsymbol{b}=\boldsymbol{0}$ 时成立。满足式 (4.042) 的 $\boldsymbol{x}$ 也满足下式，即

$$\boldsymbol{Ax}=\boldsymbol{AA}^-\boldsymbol{b} \tag{4.044}$$

用 $\boldsymbol{A}$ 乘 $\boldsymbol{x}_0=\boldsymbol{A}^-\boldsymbol{b}$ 的两边，变成 $\boldsymbol{Ax}_0=\boldsymbol{AA}^-\boldsymbol{b}$，包含在 $\boldsymbol{x}$ 中。

式 (4.044) 两边乘以 $\boldsymbol{A}^-$ 根据广义逆矩阵定义式 (2.004) 可得

$$\boldsymbol{A}^-\boldsymbol{Ax}=\boldsymbol{A}^-\boldsymbol{AA}^-\boldsymbol{b}=\boldsymbol{A}^-\boldsymbol{b} \tag{4.045}$$

由此

$$\begin{aligned}\boldsymbol{x}^{\mathrm{T}}\boldsymbol{x} &= [\boldsymbol{x}+\boldsymbol{A}^{-}\boldsymbol{b}-\boldsymbol{A}^{-}\boldsymbol{A}\boldsymbol{x}]^{\mathrm{T}}[\boldsymbol{x}+\boldsymbol{A}^{-}\boldsymbol{b}-\boldsymbol{A}^{-}\boldsymbol{A}\boldsymbol{x}] \\ &= [\boldsymbol{A}^{-}\boldsymbol{b}+(\boldsymbol{I}-\boldsymbol{A}^{-}\boldsymbol{A})\boldsymbol{x}]^{\mathrm{T}}[\boldsymbol{A}^{-}\boldsymbol{b}+(\boldsymbol{I}-\boldsymbol{A}^{-}\boldsymbol{A})\boldsymbol{x}] \\ &= (\boldsymbol{A}^{-}\boldsymbol{b})^{\mathrm{T}}(\boldsymbol{A}^{-}\boldsymbol{b})+\boldsymbol{x}^{\mathrm{T}}(\boldsymbol{I}-\boldsymbol{A}^{-}\boldsymbol{A})\boldsymbol{A}^{-}\boldsymbol{b} \\ &\quad +(\boldsymbol{A}^{-}\boldsymbol{b})^{\mathrm{T}}(\boldsymbol{I}-\boldsymbol{A}^{-}\boldsymbol{A})\boldsymbol{x}+\boldsymbol{x}^{\mathrm{T}}(\boldsymbol{I}-\boldsymbol{A}^{-}\boldsymbol{A})^{\mathrm{T}}(\boldsymbol{I}-\boldsymbol{A}^{-}\boldsymbol{A})\boldsymbol{x}\end{aligned} \tag{4.046}$$

用广义逆定义式 (2.002)、式 (2.004)

$$\boldsymbol{x}^{\mathrm{T}}(\boldsymbol{I}-\boldsymbol{A}^{-}\boldsymbol{A})^{\mathrm{T}}\boldsymbol{A}^{-}\boldsymbol{b}=\boldsymbol{x}^{\mathrm{T}}(\boldsymbol{A}^{-}-\boldsymbol{A}^{-}\boldsymbol{A}\boldsymbol{A}^{-})^{\mathrm{T}}\boldsymbol{b}=0 \tag{4.047}$$

$$\begin{aligned}&(\boldsymbol{A}^{-}\boldsymbol{b})^{\mathrm{T}}(\boldsymbol{I}-\boldsymbol{A}^{-}\boldsymbol{A})\boldsymbol{x}=\boldsymbol{b}^{\mathrm{T}}(\boldsymbol{A}^{-})^{\mathrm{T}}(\boldsymbol{I}-\boldsymbol{A}^{-}\boldsymbol{A})^{\mathrm{T}}\boldsymbol{x}=\boldsymbol{b}^{\mathrm{T}}[(\boldsymbol{I}-\boldsymbol{A}^{-}\boldsymbol{A})(\boldsymbol{A}^{-})]^{\mathrm{T}}\boldsymbol{x} \\ &=\boldsymbol{b}^{\mathrm{T}}(\boldsymbol{A}-\boldsymbol{A}^{-}\boldsymbol{A}\boldsymbol{A}^{-})\boldsymbol{x}\end{aligned} \tag{4.048}$$

由式 (4.045) 可得

$$(\boldsymbol{I}-\boldsymbol{A}^{-}\boldsymbol{A})\boldsymbol{x}=\boldsymbol{x}-\boldsymbol{A}^{-}\boldsymbol{x}=\boldsymbol{x}-\boldsymbol{A}^{-}\boldsymbol{b} \tag{4.049}$$

将式 (4.047) ~ (4.049) 代入式 (4.046)

$$\boldsymbol{x}^{\mathrm{T}}\boldsymbol{x}=(\boldsymbol{A}^{-}\boldsymbol{b})^{\mathrm{T}}(\boldsymbol{A}^{-}\boldsymbol{b})+(\boldsymbol{x}-\boldsymbol{A}^{-}\boldsymbol{b})^{\mathrm{T}}(\boldsymbol{x}-\boldsymbol{A}^{-}\boldsymbol{b}) \tag{4.050}$$

由于 $(\boldsymbol{x}-\boldsymbol{A}^{-}\boldsymbol{b})^{\mathrm{T}}(\boldsymbol{x}-\boldsymbol{A}^{-}\boldsymbol{b})\geqslant 0$，当 $\boldsymbol{x}_0=\boldsymbol{A}^{-}\boldsymbol{b}$ 时

$$\boldsymbol{x}^{\mathrm{T}}\boldsymbol{x}\geqslant(\boldsymbol{A}^{-}\boldsymbol{b})^{\mathrm{T}}(\boldsymbol{A}^{-}\boldsymbol{b})=\boldsymbol{x}_0{}^{\mathrm{T}}\boldsymbol{x}_0 \tag{4.051}$$

等号只有 $(\boldsymbol{x}-\boldsymbol{A}^{-}\boldsymbol{b})^{\mathrm{T}}(\boldsymbol{x}-\boldsymbol{A}^{-}\boldsymbol{b})=0$ 即 $\boldsymbol{x}=\boldsymbol{A}^{-}\boldsymbol{b}=\boldsymbol{x}_0$ 时才成立。所以

$$\boldsymbol{x}^{\mathrm{T}}\boldsymbol{x}>\boldsymbol{x}_0{}^{\mathrm{T}}\boldsymbol{x}_0\text{，}(\boldsymbol{x}\neq\boldsymbol{x}_0) \tag{4.052}$$

由式 (4.041)，$\boldsymbol{x}$ 为变动的矢量时，$\boldsymbol{E}=(\boldsymbol{x}-\boldsymbol{A}^{-}\boldsymbol{b})^{\mathrm{T}}(\boldsymbol{x}-\boldsymbol{A}^{-}\boldsymbol{b})$ 的最小值是 $(\boldsymbol{x}-\boldsymbol{A}^{-}\boldsymbol{b})^{\mathrm{T}}(\boldsymbol{x}-\boldsymbol{A}^{-}\boldsymbol{b})$，$\boldsymbol{x}_0=\boldsymbol{A}^{-}\boldsymbol{b}$，即

$$\begin{aligned}\boldsymbol{E}_{\min}&=(\boldsymbol{A}_0\boldsymbol{x}-\boldsymbol{b})^{\mathrm{T}}(\boldsymbol{A}_0\boldsymbol{x}-\boldsymbol{b})=(\boldsymbol{A}\boldsymbol{A}^{-}\boldsymbol{b}-\boldsymbol{b})^{\mathrm{T}}(\boldsymbol{A}\boldsymbol{A}^{-}\boldsymbol{b}-\boldsymbol{b}) \\ &=\boldsymbol{b}^{\mathrm{T}}(\boldsymbol{A}\boldsymbol{A}^{-}-\boldsymbol{I})^{\mathrm{T}}(\boldsymbol{A}\boldsymbol{A}^{-}-\boldsymbol{I})\boldsymbol{b}=\boldsymbol{b}^{\mathrm{T}}(\boldsymbol{I}-\boldsymbol{A}\boldsymbol{A}^{-})\boldsymbol{b}\end{aligned} \tag{4.053}$$

从上述可知，用广义逆求出的 x 值在最小二乘解的组合中是一个特殊的解。在此，最小二乘解为 x_1，导入最小二乘逆矩阵 $\boldsymbol{A}_l^{-}$ ($\boldsymbol{x}_l=\boldsymbol{A}_l^{-}\boldsymbol{b}$)。推导式 (4.027) 时只利用了广义逆矩阵定义的式 (2.001) 和 (2.003)，由此 $\boldsymbol{E}$ 的最小化矩阵即

$$\boldsymbol{A}\boldsymbol{A}^{-}\boldsymbol{A}=\boldsymbol{A} \tag{4.054}$$

$$(\boldsymbol{A}\boldsymbol{A}^{-})^{\mathrm{T}}=\boldsymbol{A}\boldsymbol{A}^{-} \tag{4.055}$$

满足上面两条件的逆矩阵是 $\boldsymbol{A}_l^{-}$，即最小二乘逆矩阵。$\boldsymbol{A}^{-}$ 是唯一确定的，但 $\boldsymbol{A}_l^{-}$ 不唯一。当然 $\boldsymbol{A}^{-}$ 包含在 $\boldsymbol{A}_l^{-}$ 中。式 (4.034) 例子中求一个最小二乘广义逆（4.4 节的例 4.3）

$$\boldsymbol{A}_l^{-}=\begin{bmatrix}1 & -1\\ -1 & 2\\ 0 & 0\end{bmatrix} \tag{4.056}$$

用式 (4.036) 的 $\boldsymbol{A}^{-}$ 与式 (4.056) 的 $\boldsymbol{A}_l^{-}$ 计算 $\boldsymbol{x}_0$、$\boldsymbol{x}_l$。

$$\boldsymbol{x}_0=\boldsymbol{A}^{-}\boldsymbol{b}=\begin{bmatrix}1\\ 2\\ -1\end{bmatrix},\ \boldsymbol{x}_l=\boldsymbol{A}_l^{-}\boldsymbol{b}=\begin{bmatrix}0\\ 3\\ 0\end{bmatrix} \tag{4.057}$$

将这些值代入 $\boldsymbol{E}$ 中，虽然 $\boldsymbol{E}=0$，但是 $\boldsymbol{x}_0^{\mathrm{T}}\boldsymbol{x}_0=6$，$\boldsymbol{x}_l^{\mathrm{T}}\boldsymbol{x}_l=9$，所以可以得到 $\boldsymbol{x}_l^{\mathrm{T}}\boldsymbol{x}_l>\boldsymbol{x}_0^{\mathrm{T}}\boldsymbol{x}_0$。

此处再次回到式 (4.013)。求式 (4.016) 系数矩阵的广义逆，$\boldsymbol{A}^{-}\boldsymbol{b}$ 的值为

$$\boldsymbol{x}_0=\begin{bmatrix}a_0\\ a_1\\ a_2\end{bmatrix}=\begin{bmatrix}-0.0136\\ 3.91\\ -3.91\end{bmatrix} \tag{4.058}$$

式 (4.058) 的值与式 (4.014) 的系数值一致。

4.4 最小二乘型广义逆矩阵

2.1 节已定义过 Moore-Penrose 广义逆 $\boldsymbol{A}^{-}$, 反射型广义逆 $\boldsymbol{A}_r^{-}$，范数最小的广义逆 $\boldsymbol{A}_m^{-}$，最小二乘广义逆 $\boldsymbol{A}_l^{-}$，这些定义中共用的式是

$$\boldsymbol{A}\boldsymbol{A}^{-}\boldsymbol{A}=\boldsymbol{A} \tag{4.059}$$

仅满足式 (4.059) 的广义逆称为条件逆矩阵，用 $\boldsymbol{A}_c^{-}$ 表示。$\boldsymbol{A}^{-}$、$\boldsymbol{A}_r^{-}$、$\boldsymbol{A}_m^{-}$、$\boldsymbol{A}_l^{-}$ 等都包含在 $\boldsymbol{A}_c^{-}$ 中。

首先，埃尔米特矩阵对条件逆矩阵有重要作用，故在此简述之。埃尔米特矩阵满足以下各项，就定义了 n 阶正方 $\boldsymbol{H}$ 阵。

(1) 上三角阵。

(2) 对角元素为 0 和 1。

(3) 对角元素为 0 的行，其他元素均为 0。

(4) 对角元素为 1 的列，其他元素均为 0。

例如：

$$\boldsymbol{H}=\begin{bmatrix}1 & -1 & 0\\0 & 0 & 0\\0 & 0 & 1\end{bmatrix},\quad \boldsymbol{H}=\begin{bmatrix}1 & 2 & 0 & 3\\0 & 0 & 0 & 0\\0 & 0 & 1 & 4\\0 & 0 & 0 & 0\end{bmatrix} \tag{4.060}$$

埃尔米特矩阵有如下性质。

[1] $\boldsymbol{H}^2=\boldsymbol{H}$。这个关系式称为“正交影射矩阵”。

满足上述各项的埃尔米特矩阵可用式 (4.061) 表示

$$\boldsymbol{H}=\begin{bmatrix}\boldsymbol{I} & \boldsymbol{H}_{12}\\\boldsymbol{O} & \boldsymbol{O}\end{bmatrix} \tag{4.061}$$

由式 (4.061) 可得 $\boldsymbol{H}^2=\boldsymbol{H}$，以式 (4.060) 为例

$$\begin{bmatrix}1 & 2 & 0 & 3\\0 & 0 & 0 & 0\\0 & 0 & 1 & 4\\0 & 0 & 0 & 0\end{bmatrix}\begin{bmatrix}1 & 2 & 0 & 3\\0 & 0 & 0 & 0\\0 & 0 & 1 & 4\\0 & 0 & 0 & 0\end{bmatrix}=\begin{bmatrix}1 & 2 & 0 & 3\\0 & 0 & 0 & 0\\0 & 0 & 1 & 4\\0 & 0 & 0 & 0\end{bmatrix} \tag{4.062}$$

[2] $\boldsymbol{A}$ 为任意的 n 阶正方阵，此时 $\boldsymbol{BA}=\boldsymbol{H}$ 成立的非奇异阵 $\boldsymbol{B}$ 存在。

在此以算例说明，$\boldsymbol{B}$ 可用行初等变换求得

$$\boldsymbol{A}=\begin{bmatrix}1 & 2 & 1\\2 & 3 & 1\\1 & 1 & 0\end{bmatrix} \tag{4.063}$$

对式 (4.063) 考虑两种不同的行的初等变换

$$\begin{bmatrix}1&0&0\\0&-1&0\\0&0&1\end{bmatrix}\begin{bmatrix}1&0&0\\0&1&0\\0&-1&1\end{bmatrix}\begin{bmatrix}1&2&0\\0&1&0\\0&0&1\end{bmatrix}\begin{bmatrix}1&0&0\\0&1&0\\-1&0&1\end{bmatrix}\begin{bmatrix}1&0&0\\-2&1&0\\0&0&1\end{bmatrix}\begin{bmatrix}1&2&1\\2&3&1\\1&1&0\end{bmatrix}=\begin{bmatrix}1&0&-1\\0&1&1\\0&0&0\end{bmatrix} \tag{4.064}$$

$$\begin{bmatrix}1&-2&0\\0&1&0\\0&0&1\end{bmatrix}\begin{bmatrix}1&0&0\\0&1&0\\0&1&1\end{bmatrix}\begin{bmatrix}1&0&0\\0&1&0\\-1&0&1\end{bmatrix}\begin{bmatrix}1&0&0\\0&1&-2\\0&0&1\end{bmatrix}\begin{bmatrix}1&2&1\\2&3&1\\1&1&0\end{bmatrix}=\begin{bmatrix}1&0&-1\\0&1&1\\0&0&0\end{bmatrix} \tag{4.065}$$

式 (4.064) 和 (4.065) 中的 $\boldsymbol{B}$ 不唯一，记成 $\boldsymbol{B}_1$ 和 $\boldsymbol{B}_2$

$$\boldsymbol{B}_1=\begin{bmatrix}-3&2&0\\2&-1&0\\1&-1&1\end{bmatrix},\quad \boldsymbol{B}_2=\begin{bmatrix}1&-2&4\\0&1&-2\\-1&1&-1\end{bmatrix} \tag{4.066}$$

由该例可知，由 $\boldsymbol{A}$ 变换成埃尔米特多项式 $\boldsymbol{H}$ 的变换阵 $\boldsymbol{B}$ 不唯一。即 $\boldsymbol{B}_1\boldsymbol{A}=\boldsymbol{H}$，$\boldsymbol{B}_2\boldsymbol{A}=\boldsymbol{H}$。

[3] $\boldsymbol{A}$ 为任意的 n 阶正方阵，$\boldsymbol{B}_1\boldsymbol{A}=\boldsymbol{H}$，$|\boldsymbol{B}|\neq 0$。此时 $\boldsymbol{A}$ 的条件逆矩阵

$$\boldsymbol{A}_c^-=\boldsymbol{B} \tag{4.067}$$

$\boldsymbol{H}$ 是正交影射矩阵，$\boldsymbol{H}^2=\boldsymbol{H}$。$\boldsymbol{BA}=\boldsymbol{H}$ 代入 $\boldsymbol{H}^2$，$(\boldsymbol{BA})(\boldsymbol{BA})=\boldsymbol{BABA}=\boldsymbol{BA}$。两边乘 $\boldsymbol{B}^{-1}$，$\boldsymbol{B}^{-1}\boldsymbol{BABA}=\boldsymbol{B}^{-1}\boldsymbol{BA}$，$\boldsymbol{B}^{-1}\boldsymbol{B}=\boldsymbol{I}$，$\boldsymbol{ABA}=\boldsymbol{A}$。符合条件逆矩阵的定义，$\boldsymbol{B}=\boldsymbol{A}_c^-$。

[例 4.1] $\boldsymbol{A}=\begin{bmatrix}2&1&1\\1&1&0\\0&0&0\end{bmatrix}$，求条件逆矩阵。

与行相关的初等变换

$$\begin{bmatrix}1&0&0\\-1&1&0\\0&0&1\end{bmatrix}\begin{bmatrix}1&-1&0\\0&1&0\\0&0&1\end{bmatrix}\begin{bmatrix}2&1&1\\1&1&0\\0&0&0\end{bmatrix}=\begin{bmatrix}1&0&1\\0&1&-1\\0&0&0\end{bmatrix} \quad (4.068)$$

由式 (4.068)

$$\boldsymbol{A}_c^- = \begin{bmatrix}1&-1&0\\-1&2&0\\0&0&1\end{bmatrix} \quad (4.069)$$

[4] $\boldsymbol{A}$ 为 (m, n) 型矩阵。$m > n$ 时，${}^m\overset{n}{\boldsymbol{A}_0} = {}^m[\overset{n}{\boldsymbol{A}} \mid \overset{m-n}{\boldsymbol{O}}]$，$\boldsymbol{A}_0$ 为 m 阶正方阵，再附加上 $(m, m-n)$ 型零矩阵。此时的 $\boldsymbol{A}_0$，由前项，$\boldsymbol{B}_0\boldsymbol{A}_0 = \boldsymbol{H}$，$|\boldsymbol{B}_0| \neq 0$，求 $\boldsymbol{B}$。

$$\boldsymbol{B}_0 = \begin{matrix}n\\ \\ m-n\end{matrix}\begin{bmatrix}\overset{m}{\boldsymbol{B}}\\ \hline \boldsymbol{B}_1\end{bmatrix} \quad (4.070)$$

式 (4.070) 中取出分块矩阵 ${}^n\overset{m}{\boldsymbol{B}}$，$\boldsymbol{A}_c = \boldsymbol{B}$。若 $m < n$，也可用同样的方法得到 $\boldsymbol{B}$。

$\boldsymbol{B}_0$ 是 $\boldsymbol{A}_0$ 的条件逆矩阵，满足 $\boldsymbol{A}_0\boldsymbol{B}_0\boldsymbol{A}_0 = \boldsymbol{A}_0$。因为 $\boldsymbol{A}_0\boldsymbol{B}_0\boldsymbol{A}_0 = [\boldsymbol{ABA} \mid \boldsymbol{O}]$，所以 $\boldsymbol{ABA} = \boldsymbol{A}$，由条件逆的定义 (4.059)，得 $\boldsymbol{B} = \boldsymbol{A}_c^-$。

[例 4.2] 求 $\boldsymbol{A} = \begin{bmatrix}2&1&1\\1&1&0\end{bmatrix}$ 及 $\boldsymbol{A}^{\mathrm{T}}\boldsymbol{A}$ 的条件逆矩阵。

利用例 4.1 的结果

$$\boldsymbol{A}_c^- = \begin{bmatrix}1&-1\\-1&2\\0&0\end{bmatrix} \quad (4.071)$$

计算 $\boldsymbol{A}^{\mathrm{T}}\boldsymbol{A}$，即

$$A^{\mathrm{T}}A=\begin{bmatrix}5&3&2\\3&2&1\\2&1&1\end{bmatrix} \tag{4.072}$$

式 (4.072) 作为用埃尔米特矩阵变换变成基本型的例子

$$\begin{bmatrix}2&-3&0\\-8&10&5\\0&0&0\end{bmatrix}\begin{bmatrix}5&3&2\\3&2&1\\2&1&1\end{bmatrix}=\begin{bmatrix}1&0&1\\0&1&-1\\0&0&0\end{bmatrix} \tag{4.073}$$

$$\begin{bmatrix}2&-3&0\\-3&5&0\\-5&5&5\end{bmatrix}\begin{bmatrix}5&3&2\\3&2&1\\2&1&1\end{bmatrix}=\begin{bmatrix}1&0&1\\0&1&-1\\0&0&0\end{bmatrix} \tag{4.074}$$

对应式 (4.074)，$A^{\mathrm{T}}A$ 的条件逆矩阵为

$$(A^{\mathrm{T}}A)_c^-=\begin{bmatrix}2&-3&0\\-8&10&5\\0&0&0\end{bmatrix},\ \begin{bmatrix}2&-3&0\\-3&5&0\\-5&5&5\end{bmatrix} \tag{4.075}$$

由于 B 不唯一，故 $(A^{\mathrm{T}}A)_c^-$ 也有多种形式（译者注）。

[5] A 为 $(m,\ n)$ 型矩阵，A_c^- 为 A 的条件逆矩阵，A_c^-A 及 AA_c^- 均为正交影射矩阵。

用式(4.059)

$$(A_c^-A)(A_c^-A)=A_c^-(AA_c^-A)=A_c^-A$$

$$(AA_c^-)(AA_c^-)=(AA_c^-A)A_c^-=AA_c^-$$

[6] A 为 $(m,\ n)$ 型矩阵，A_c^- 为 A 的条件逆矩阵，以下关系成立

$$\mathrm{rank}(A)=\mathrm{rank}(A_c^-A)=\mathrm{rank}(AA_c^-)\leqslant\mathrm{rank}(A_c^-) \tag{4.076}$$

利用式 (1.040)，$\mathrm{rank}(A)=\mathrm{rank}(AA_c^-A)\leqslant\mathrm{rank}(A_c^-A)\leqslant\mathrm{rank}(A)$ 所以 $\mathrm{rank}(A)=\mathrm{rank}(A_c^-A)$。其他关系式也可得到。

[7] n 阶正方阵 $\boldsymbol{A}$ 的埃尔米特矩阵为 $\boldsymbol{H}$，式 (4.077) 成立

$$\operatorname{rank}(\boldsymbol{A})=\operatorname{rank}(\boldsymbol{H}) \tag{4.077}$$

由式 (4.67)，$\boldsymbol{A}_c^-\boldsymbol{A}=\boldsymbol{H}$，代入式 (4.076) 可得。

[8] $\boldsymbol{A}$ 为 $(m，n)$ 型矩阵，$\operatorname{rank}(\boldsymbol{A})=m$。$\boldsymbol{A}^{\mathrm{T}}\boldsymbol{A}$ 的条件逆矩阵为 $(\boldsymbol{A}^{\mathrm{T}}\boldsymbol{A})_c^-$，$\boldsymbol{A}$ 的最小二乘逆矩阵为

$$\boldsymbol{A}_l^-=(\boldsymbol{A}^{\mathrm{T}}\boldsymbol{A})_c^-\boldsymbol{A}^{\mathrm{T}} \tag{4.078}$$

$(\boldsymbol{A}^{\mathrm{T}}\boldsymbol{A})_c^-$ 是条件逆矩阵，满足式 (4.059)，即 $(\boldsymbol{A}^{\mathrm{T}}\boldsymbol{A})(\boldsymbol{A}^{\mathrm{T}}\boldsymbol{A})_c^-(\boldsymbol{A}^{\mathrm{T}}\boldsymbol{A})=\boldsymbol{A}^{\mathrm{T}}\boldsymbol{A}$，两边左乘 $(\boldsymbol{A}^-)^{\mathrm{T}}$，$(\boldsymbol{A}\boldsymbol{A}^-)^{\mathrm{T}}\boldsymbol{A}(\boldsymbol{A}^{\mathrm{T}}\boldsymbol{A})_c^-(\boldsymbol{A}^{\mathrm{T}}\boldsymbol{A})=(\boldsymbol{A}\boldsymbol{A}^-)^{\mathrm{T}}\boldsymbol{A}$。由广义逆的定义式 (2.001)，$(\boldsymbol{A}\boldsymbol{A}^-)^{\mathrm{T}}=\boldsymbol{A}\boldsymbol{A}^-$，得 $(\boldsymbol{A}\boldsymbol{A}^-)^{\mathrm{T}}\boldsymbol{A}=\boldsymbol{A}\boldsymbol{A}^-\boldsymbol{A}$。由式 (2.003)，$\boldsymbol{A}\boldsymbol{A}^-\boldsymbol{A}=\boldsymbol{I}$，得 $\boldsymbol{A}(\boldsymbol{A}^{\mathrm{T}}\boldsymbol{A})_c^-\boldsymbol{A}^{\mathrm{T}}\boldsymbol{A}=\boldsymbol{A}$，为了满足式 (2.013)，令 $\boldsymbol{A}_l^-=(\boldsymbol{A}^{\mathrm{T}}\boldsymbol{A})_c^-\boldsymbol{A}^{\mathrm{T}}$ 与式 (4.78) 一致。下面再看式 (2.014)。$\boldsymbol{A}(\boldsymbol{A}^{\mathrm{T}}\boldsymbol{A})_c^-\boldsymbol{A}^{\mathrm{T}}\boldsymbol{A}=\boldsymbol{A}$，两边右乘 $\boldsymbol{A}^-$，利用式 (2.039) 的 $\boldsymbol{A}\boldsymbol{A}^-=\boldsymbol{I}$，
由 $\boldsymbol{A}(\boldsymbol{A}^{\mathrm{T}}\boldsymbol{A})_c^-\boldsymbol{A}^{\mathrm{T}}\boldsymbol{A}\boldsymbol{A}^-=\boldsymbol{A}\boldsymbol{A}^-$，则 $\boldsymbol{A}(\boldsymbol{A}^{\mathrm{T}}\boldsymbol{A})_c^-\boldsymbol{A}^{\mathrm{T}}=\boldsymbol{A}\boldsymbol{A}_l^-=\boldsymbol{I}$。因此 $(\boldsymbol{A}\boldsymbol{A}_l^-)^{\mathrm{T}}=\boldsymbol{A}\boldsymbol{A}_l^-$ 成立，证毕。

[例 4.3] 求 $\boldsymbol{A}=\begin{bmatrix}2&1&1\\1&1&0\end{bmatrix}$ 的最小二乘广义逆。

用式 (4.075) 和式 (4.078)

$$\boldsymbol{A}_l^-=\begin{bmatrix}1&-1\\-1&2\\0&0\end{bmatrix} \tag{4.079}$$

式 (4.079) 与式 (4.056) 一致。

习题

4.1 求下列函数的最小二乘解。

(1) $\boldsymbol{E}=(x_1+x_2-x_3+1)^2+(x_1-x_2+x_3-3)^2$

(2) $\boldsymbol{E}=(x_1+x_2-x_3+2)^2+(x_1-x_2+x_3-1)^2$

(3) $\boldsymbol{E}=(x_1-2x_3+1)^2+(x_2-x_3-1)^2+(-x_1+x_2+x_3+1)^2$
$+(2x_1-x_2+2x_3-2)^2$

4.2 求下列矩阵的条件逆矩阵及最小二乘型广义逆矩阵，并与广义逆矩阵 (Moore-Penrose) 作比较。

$$(1)\begin{bmatrix}1 & 1 & -1\\ 1 & -1 & 1\end{bmatrix}\quad (2)\begin{bmatrix}1 & 0 & -1 & 2\\ 0 & 1 & 1 & -1\\ -2 & -1 & 1 & 2\end{bmatrix}$$

4.3 $\boldsymbol{A}$ 为对称矩阵。$\boldsymbol{A}$ 的任意的最小二乘型广义逆矩阵 $\boldsymbol{A}_l^-\boldsymbol{A}_l^-$ 求证 $\boldsymbol{A}^-=\boldsymbol{A}(\boldsymbol{A}_l^-)^2$。

5 广义逆矩阵的数值计算

对于任意矩阵都存在唯一的 Moore-Penrose 广义逆矩阵，其数值计算方法大致有以下几种。

(1) 降阶算法。

(2) 特征值分解法。

(3) 迭代算法。

(4) 其他算法。

本章根据上述分类，介绍计算方法。

5.1 降阶算法

该方法如式 (2.005) 所示，用各种手段对矩阵 $\boldsymbol{A}$ 分解，再利用式 (2.008) 求 $\boldsymbol{A}^{-}$。下面所述 $\boldsymbol{A}$ 为 (m, n) 型矩阵。

5.1.1 高斯 (Gauss) 消去法

矩阵 $\boldsymbol{A}$ 第 i 行主元 a_{ij}($\boldsymbol{A}$ 的第 i 行第 j 列元素）选定后，利用该主元除以该行元素，然后再乘以 a_{kj}，从 k 行减去相应元素。这些运算用矩阵 $\boldsymbol{M}_r$ 表示。式 (5.001) 用该 $\boldsymbol{M}_r$ 表示高斯消去法。

$$\boldsymbol{M}_r\boldsymbol{M}_{r-1}\cdots\boldsymbol{M}_1\boldsymbol{A}=\begin{matrix} r \\ m-r \end{matrix}\left[\begin{array}{c} \overset{n}{\boldsymbol{U}} \\ \hline \boldsymbol{O} \end{array}\right] \tag{5.001}$$

式 (5.001) 中 r 是消去最后一行号数即 $\boldsymbol{A}$ 的秩。上台型阵 $\boldsymbol{U}(r, n)$,

由式 (5.001) 得

$$\boldsymbol{A}=\boldsymbol{M}_1{}^{-1}\cdots\boldsymbol{M}_{r-1}{}^{-1}\boldsymbol{M}_r{}^{-1}\begin{bmatrix}\boldsymbol{U}\\ \hline \boldsymbol{O}\end{bmatrix} \tag{5.002}$$

其中

$$\boldsymbol{P}^{-1}=\boldsymbol{M}_1{}^{-1}\cdots\boldsymbol{M}_{r-1}{}^{-1}\boldsymbol{M}_r{}^{-1} \tag{5.003}$$

利用式 (5.003)，式 (5.002) 变成如下形式

$$\boldsymbol{A}=\boldsymbol{P}^{-1}\begin{bmatrix}\boldsymbol{U}\\ \hline \boldsymbol{O}\end{bmatrix}={}^{m}\left[\overset{r}{\boldsymbol{P}_1}\ \middle|\ \overset{m-r}{\boldsymbol{P}_2}\right]\begin{matrix}r\\ \\ m-r\end{matrix}\begin{bmatrix}\overset{n}{\boldsymbol{U}}\\ \hline \boldsymbol{O}\end{bmatrix} \tag{5.004}$$

其中有

$$\boldsymbol{L}=\boldsymbol{P}_1 \tag{5.005}$$

$\boldsymbol{L}$ 是对角元素均为 1 的 $(m，r)$ 型下台型矩阵，用 $\boldsymbol{U}$ 和 $\boldsymbol{L}$ 表示

$$\boldsymbol{A}=\boldsymbol{L}\boldsymbol{U} \tag{5.006}$$

可用式 (5.006) 降阶。由式 (2.008) 计算广义逆

$$\boldsymbol{A}^{-}=\boldsymbol{U}^{\mathrm{T}}(\boldsymbol{U}\boldsymbol{U}^{\mathrm{T}})^{-1}(\boldsymbol{L}^{\mathrm{T}}\boldsymbol{L})^{-1}\boldsymbol{L}^{\mathrm{T}}=\boldsymbol{U}^{\mathrm{T}}(\boldsymbol{L}^{\mathrm{T}}\boldsymbol{A}\boldsymbol{U}^{\mathrm{T}})^{-1}\boldsymbol{L}^{\mathrm{T}} \tag{5.007}$$

[例 5.1] 用高斯消去法求下述矩阵广义逆。

$$\boldsymbol{A}=\begin{bmatrix}-2&1&1\\1&-2&1\\1&1&-2\\-2&1&1\end{bmatrix} \tag{5.008}$$

由表示高斯消去法的 $\boldsymbol{P}$ 对矩阵 $\boldsymbol{A}$ 作变形。

$$\begin{bmatrix}1&0&0&0\\ \frac{1}{2}&1&0&0\\1&1&1&0\\-1&0&0&1\end{bmatrix}\begin{bmatrix}-2&1&1\\1&-2&1\\1&1&-2\\-2&1&1\end{bmatrix}=\begin{bmatrix}-2&1&1\\0&-\frac{3}{2}&\frac{3}{2}\\0&0&0\\0&0&0\end{bmatrix} \tag{5.009}$$

求出 $\boldsymbol{P}^{-1}$

$$\boldsymbol{P}^{-1}=\begin{bmatrix} 1 & 0 & 0 & 0 \\ -\dfrac{1}{2} & 1 & 0 & 0 \\ -\dfrac{1}{2} & -1 & 1 & 0 \\ 1 & 0 & 0 & 1 \end{bmatrix} \tag{5.010}$$

由式 (5.010) 即得 $\boldsymbol{L}$ 和 $\boldsymbol{U}$。

$$\boldsymbol{L}=\begin{bmatrix} 1 & 0 \\ -\dfrac{1}{2} & 1 \\ -\dfrac{1}{2} & -1 \\ 1 & 0 \end{bmatrix}, \quad \boldsymbol{U}=\begin{bmatrix} -2 & 1 & 1 \\ 0 & -\dfrac{3}{2} & \dfrac{3}{2} \end{bmatrix} \tag{5.011}$$

由此，根据式 (5.007) 有

$$\boldsymbol{A}^{-}=\frac{1}{15}\begin{bmatrix} -2 & 1 & 1 & -2 \\ 1 & -3 & 2 & 1 \\ 1 & 2 & -3 & 1 \end{bmatrix} \tag{5.012}$$

5.1.2 利用 Householder 法进行 QR 分解的算法

Householder 变换称为初等反射变换，将矩阵按行变换，顺序为 $\boldsymbol{P}_1$，$\boldsymbol{P}_2$，…，$\boldsymbol{P}_m$，$\boldsymbol{A}$ 可做如下分解。

$$\boldsymbol{A}=\boldsymbol{P}_1\boldsymbol{P}_2\cdots\boldsymbol{P}_m\begin{bmatrix} \boldsymbol{R} \\ \boldsymbol{O} \end{bmatrix}=\boldsymbol{QR} \tag{5.013}$$

$\boldsymbol{Q}$ 是 $\boldsymbol{P}_1$，$\boldsymbol{P}_2$，…，$\boldsymbol{P}_m$ 前半 r 列构成 (m, r) 型分块矩阵，由相互正交的 r 个 m 次标准化列矢量构成。通常 $\boldsymbol{P}_i^2=\boldsymbol{I}_m$ $(i=1, \cdots, m)$，$\boldsymbol{Q}^{\mathrm{T}}\boldsymbol{Q}=\boldsymbol{I}_r$。$\boldsymbol{R}$ 是上台型矩阵。式 (5.013) 降阶后，由式 (2.008) 得

$$\boldsymbol{A}^{-}=\boldsymbol{R}^{\mathrm{T}}(\boldsymbol{R}\boldsymbol{R}^{\mathrm{T}})^{-1}\boldsymbol{Q}^{\mathrm{T}} \tag{5.014}$$

如果 $r=n$，$\boldsymbol{A}^{-}=\boldsymbol{R}^{\mathrm{T}}(\boldsymbol{R}^{\mathrm{T}})^{-1}\boldsymbol{R}^{-1}\boldsymbol{Q}^{\mathrm{T}}=\boldsymbol{R}^{-1}\boldsymbol{Q}^{\mathrm{T}}$

5.1.3 用修正的施密特 (Gram−Schmidt) 法进行 QR 分解

可以用修正的施密特 (Gram-Schmidt) 的正交化方法进行 $\boldsymbol{QR}$ 分解。计算的步骤是对原来的正交基行列式法（Gram-Schmidt 法）的结果进行修正，使其舍入误差减小。

$\boldsymbol{A}$ 表示为列矢量 $\boldsymbol{a}_1$，$\boldsymbol{a}_2$，…，$\boldsymbol{a}_n$，即 $\boldsymbol{A}=[\boldsymbol{a}_1\ \ \boldsymbol{a}_2\ \dots\ \boldsymbol{a}_n]$。首先将 $\boldsymbol{a}_1$ 进行标准化，按下述顺序更新 $\boldsymbol{a}_2$，…，$\boldsymbol{a}_n$。

$$R_{11}=|\boldsymbol{a}_1|,\quad \boldsymbol{q}_1=\boldsymbol{a}_1/R_{11} \tag{5.015}$$

$$R_{1j}=\boldsymbol{q}_1^{\mathrm{T}}\boldsymbol{a}_j,\quad \boldsymbol{a}_j^{(1)}=\boldsymbol{a}_j-\boldsymbol{q}_1R_{1j}\quad (j=2,\ \cdots,\ n) \tag{5.016}$$

下面将 $\boldsymbol{a}_2^{(1)}$ 标准化

$$R_{22}=|\boldsymbol{a}_2^{(1)}|,\quad \boldsymbol{q}_2=\boldsymbol{a}_2^{(1)}/R_{22}$$

$$R_{2j}=\boldsymbol{q}_2^{\mathrm{T}}\boldsymbol{a}_j^{(1)},\quad \boldsymbol{a}_j^{(2)}=\boldsymbol{a}_j^{(1)}-\boldsymbol{q}_2R_{2j}\quad (j=3,\ \cdots,\ n)$$

以下同样的顺序反复变换直到找到 r 个标准正交矢量 $\boldsymbol{q}_1$，$\boldsymbol{q}_2$，…，$\boldsymbol{q}_r$。按此顺序同时作成 $(m,\ r)$ 型矩阵 $\boldsymbol{Q}$，上面的 R_{ij} 作为 $(r,\ n)$ 型矩阵 $\boldsymbol{R}$ 的元素。由此得到降阶算法的 $\boldsymbol{A}$。

$$\boldsymbol{A}=\boldsymbol{QR} \tag{5.017}$$

因为 $\boldsymbol{Q}^{\mathrm{T}}\boldsymbol{Q}=\boldsymbol{I}_r$，由式 (5.014) 可求出 $\boldsymbol{A}^{-}$。

5.2 特征值分解法

矩阵 $\boldsymbol{A}$ 为实对称阵时用式 (5.018) 可进行固有值分解

$$\boldsymbol{A}=\boldsymbol{UDU}^{\mathrm{T}} \tag{5.018}$$

此处 $\boldsymbol{U}$ 为变换矩阵，$\boldsymbol{D}$ 为对角矩阵。

矩阵 $\boldsymbol{A}$ 为 $(m,\ n)$ 型矩阵，且秩等于 r，可进行如下分解，这就称为特征值分解

$$\boldsymbol{A}=\mu_1\mu_1\mu_1^{\mathrm{T}}+\cdots+\mu_r\mu_r\mu_r^{\mathrm{T}}=U\Sigma V^{\mathrm{T}} \tag{5.019}$$

其中

$$ {}^{r}\overset{r}{\boldsymbol{\Sigma}}=\begin{bmatrix}\mu_1 & & \boldsymbol{O}\\ & \ddots & \\ \boldsymbol{O} & & \mu_r\end{bmatrix},\quad {}^{m}\overset{r}{\boldsymbol{U}}=[\boldsymbol{u}_1 \quad \cdots \quad \boldsymbol{u}_r],\quad {}^{n}\overset{r}{\boldsymbol{V}}=[\boldsymbol{v}_1 \quad \cdots \quad \boldsymbol{v}_r] \tag{5.020}$$

设 $\boldsymbol{A}^{\mathrm{T}}\boldsymbol{A}$ 的非零固有值为 $\lambda_i\ (i=1,\ \cdots,\ \mathrm{r})$，有

$$\boldsymbol{\mu}_i=\sqrt{\boldsymbol{\lambda}_i} \tag{5.021}$$

其中 $\boldsymbol{u}_i$ 和 $\boldsymbol{v}_i$ 是与 $\boldsymbol{\mu}_i$ 相对应的唯一标准正交化矢量，并满足下式的正交条件

$$\boldsymbol{U}^{\mathrm{T}}\boldsymbol{U}=\boldsymbol{V}^{\mathrm{T}}\boldsymbol{V}=\boldsymbol{I}_r \tag{5.022}$$

此时有

$$\boldsymbol{A}^{-}=\frac{1}{\mu_1}\boldsymbol{v}_1\boldsymbol{u}_1^{\mathrm{T}}+\frac{1}{\mu_2}\boldsymbol{v}_2\boldsymbol{u}_2^{\mathrm{T}}+\cdots+\frac{1}{\mu_r}\boldsymbol{v}_r\boldsymbol{u}_r^{\mathrm{T}}=\boldsymbol{V}\boldsymbol{\Sigma}^{-1}\boldsymbol{U}^{\mathrm{T}} \tag{5.023}$$

5.2.1 用特征值分解法求逆

将矩阵 $\boldsymbol{A}$ 的特征值分解，然后由式 (5.023) 求 $\boldsymbol{A}^{-}$。作为特征值分解的数值计算方法，与固有值分解的数值计算方法相同，多采用以 ***QR*** 法为基本原理的方法。其方法由接下来阐述的两个阶段构成。

(1) 二重对角化

对矩阵 $\boldsymbol{A}$ 进行行和列的初等反射变换（Householder 变换），要交互地进行，使 $\boldsymbol{A}$ 变成二重对角阵。通常设 $\boldsymbol{I}_n$ 为 $\boldsymbol{V}$ 的初始值，在对 $\boldsymbol{A}$ 行变换的同时对 $\boldsymbol{V}$ 进行列变换。

(2) 由 ***QR*** 法进行对角化

对于 (i) 所作成的二重对角阵，反复进行原点移动和正交变换而使得上对角成分逐渐减少，列变换的同时对 $\boldsymbol{V}$ 也进行行变换。迭代结束时，特征值按顺序排列在对角线上，求得对应的 $\boldsymbol{V}$ 后可求得 $\boldsymbol{U}$。

$$\boldsymbol{U}=\boldsymbol{A}\boldsymbol{V}\boldsymbol{\Sigma}^{-1} \tag{5.024}$$

在大型计算机提供的程序库中，采用本方法的情况较多。

5.2.2 用固有值分解求逆

与特征值分解的数值计算程序相比，固有值分解的计算程序更加简单。在此阐述用固有值分解的方法计算 $\boldsymbol{A}^{-}$。

与式 (5.024) 相对应，可得

$$\boldsymbol{V}=\boldsymbol{A}^{\mathrm{T}}\boldsymbol{U}\boldsymbol{\Sigma}^{-1} \tag{5.025}$$

将式 (5.024) 和式 (5.025) 代入式 (5.023) 有

$$\boldsymbol{A}^{-}=\boldsymbol{V}\boldsymbol{\Sigma}^{-1}(\boldsymbol{\Sigma}^{-1})^{\mathrm{T}}\boldsymbol{V}^{\mathrm{T}}\boldsymbol{A}^{\mathrm{T}}=\boldsymbol{V}(\boldsymbol{\Sigma}^{2})^{-1}\boldsymbol{V}^{\mathrm{T}}\boldsymbol{A}^{\mathrm{T}} \tag{5.026}$$

或者

$$\boldsymbol{A}^{-}=\boldsymbol{A}^{\mathrm{T}}\boldsymbol{U}\boldsymbol{\Sigma}^{-1}\boldsymbol{\Sigma}^{-1}\boldsymbol{U}^{\mathrm{T}}=\boldsymbol{A}^{\mathrm{T}}\boldsymbol{U}(\boldsymbol{\Sigma}^{2})^{-1}\boldsymbol{U}^{\mathrm{T}} \tag{5.027}$$

在此，比较式 (5.019) ~ 式 (5.021)，$\boldsymbol{V}\boldsymbol{\Sigma}^{2}\boldsymbol{V}^{\mathrm{T}}$ 是 $\boldsymbol{A}^{\mathrm{T}}\boldsymbol{A}$ 的固有值分解；$\boldsymbol{U}\boldsymbol{\Sigma}^{2}\boldsymbol{U}^{\mathrm{T}}$ 是 $\boldsymbol{A}\boldsymbol{A}^{\mathrm{T}}$ 的固有值分解。根据式 (5.026) 或者式 (5.027)，$\boldsymbol{A}^{-}$ 可通过 $\boldsymbol{A}^{\mathrm{T}}\boldsymbol{A}$ 或 $\boldsymbol{A}\boldsymbol{A}^{\mathrm{T}}$ 的固有值分解求出，其具体做法是：

(1) 将 $\boldsymbol{A}^{\mathrm{T}}\boldsymbol{A}$(或 $\boldsymbol{A}\boldsymbol{A}^{\mathrm{T}}$) 进行固有值的分解，求出所有的 λ_i 和固有矢量 $\boldsymbol{v}_i$ $(i=1,\ \cdots,\ r)$。

(2) 用 λ_i 和 $\boldsymbol{v}_i$ 构成

$$\boldsymbol{\Lambda}=\boldsymbol{\Sigma}^{2}=\begin{bmatrix}\lambda_1 & & \boldsymbol{O}\\ & \ddots & \\ \boldsymbol{O} & & \lambda_r\end{bmatrix},\ \boldsymbol{V}=[\boldsymbol{v}_1\ \ \cdots\ \ \boldsymbol{v}_r] \tag{5.028}$$

(3) 求 $\boldsymbol{\Lambda}^{-1}$，构造 $\boldsymbol{V}\boldsymbol{\Lambda}^{-1}\boldsymbol{V}^{\mathrm{T}}$。

(4) 右乘 $\boldsymbol{A}^{\mathrm{T}}$($\boldsymbol{A}\boldsymbol{A}^{\mathrm{T}}$ 时左乘 $\boldsymbol{A}^{\mathrm{T}}$)。

从以上步骤能得到 $\boldsymbol{A}^{-}$，使用 $\boldsymbol{A}^{\mathrm{T}}\boldsymbol{A}$ 还是 $\boldsymbol{A}\boldsymbol{A}^{\mathrm{T}}$ 要看哪个矩阵小就用哪个，$\boldsymbol{A}$ 是纵长型矩阵时用 $\boldsymbol{A}^{\mathrm{T}}\boldsymbol{A}$，是横宽型矩阵时就用 $\boldsymbol{A}\boldsymbol{A}^{\mathrm{T}}$。但是，需要注意的是：$\boldsymbol{A}^{\mathrm{T}}\boldsymbol{A}$ 的固有值 λ_i 有 $\lambda_i^2=\mu_i^2$，特征值 μ_i 非常小时，λ_i 的零的判定会变得比较困难。

[例 5.2] 用奇异值分解法求式 (5.028) 给定的 $\boldsymbol{A}$ 的广义逆。

先计算的 $\boldsymbol{A}^{\mathrm{T}}\boldsymbol{A}$ 固有值和固有矢量，$\boldsymbol{A}^{\mathrm{T}}\boldsymbol{A}=\begin{bmatrix}10 & -5 & -5\\ -5 & 7 & -2\\ -5 & -2 & 7\end{bmatrix}$ 再算式 (5.028) 的内容

$$\boldsymbol{\Lambda}=\begin{bmatrix}15 & 0\\ 0 & 9\end{bmatrix},\quad \boldsymbol{V}=\frac{1}{\sqrt{6}}\begin{bmatrix}-2 & 0\\ 1 & -\sqrt{3}\\ 1 & \sqrt{3}\end{bmatrix} \tag{5.029}$$

将式 (5.029) 代入式 (5.024) 有

$$\boldsymbol{U}=\frac{1}{\sqrt{10}}\begin{bmatrix}2 & 0\\ -1 & \sqrt{5}\\ -1 & -\sqrt{5}\\ 2 & 0\end{bmatrix} \tag{5.030}$$

因此，式 (5.019) 的特征值分解为

$$\boldsymbol{A}=\frac{1}{\sqrt{10}}\begin{bmatrix}2 & 0\\ -1 & \sqrt{5}\\ -1 & -\sqrt{5}\\ 2 & 0\end{bmatrix}\begin{bmatrix}\sqrt{15} & 0\\ 0 & 3\end{bmatrix}\frac{1}{\sqrt{6}}\begin{bmatrix}-2 & 1 & 1\\ 0 & -\sqrt{3} & \sqrt{3}\end{bmatrix} \tag{5.031}$$

由式 (5.023) 得

$$\begin{aligned}\boldsymbol{A}^{-}&=\frac{1}{\sqrt{6}}\begin{bmatrix}-2 & 0\\ 1 & -\sqrt{3}\\ 1 & \sqrt{3}\end{bmatrix}\begin{bmatrix}\frac{1}{\sqrt{15}} & 0\\ 0 & \frac{1}{3}\end{bmatrix}\frac{1}{\sqrt{10}}\begin{bmatrix}2 & -1 & -1 & 2\\ 0 & \sqrt{5} & -\sqrt{5} & 0\end{bmatrix}\\ &=\frac{1}{15}\begin{bmatrix}-2 & 1 & 1 & -2\\ 1 & -3 & 2 & 1\\ 1 & 2 & -3 & 1\end{bmatrix}\end{aligned} \tag{5.032}$$

或者，得到 $\boldsymbol{\Lambda}$ 和 $\boldsymbol{V}$ 时，由式 (5.026) 计算得

$$\begin{aligned}\boldsymbol{A}^{-}&=\frac{1}{\sqrt{6}}\begin{bmatrix}-2 & 0\\ 1 & -\sqrt{3}\\ 1 & \sqrt{3}\end{bmatrix}\begin{bmatrix}\frac{1}{15} & 0\\ 0 & \frac{1}{9}\end{bmatrix}\frac{1}{\sqrt{6}}\begin{bmatrix}-2 & 1 & 1\\ 0 & -\sqrt{3} & \sqrt{3}\end{bmatrix}\begin{bmatrix}-2 & 1 & 1 & -2\\ 1 & -2 & 1 & 1\\ 1 & 1 & -2 & 1\end{bmatrix}\\ &=\frac{1}{15}\begin{bmatrix}-2 & 1 & 1 & -2\\ 1 & -3 & 2 & 1\\ 1 & 2 & -3 & 1\end{bmatrix}\end{aligned} \tag{5.033}$$

5.3 迭代算法

本节中用降阶算法和特异值分解法循环使用迭代计算 $\boldsymbol{A}^{-}$。

5.3.1 Penrose 方法

按照下述顺序反复计算。

(1) 将 $\boldsymbol{B}=\boldsymbol{A}^{\mathrm{T}}\boldsymbol{A}$。

(2) $\boldsymbol{C}^{(1)}=\boldsymbol{I}_n$。

(3) $\boldsymbol{C}^{(j+1)}=\boldsymbol{I}_n\dfrac{1}{j}\mathrm{trace}(\boldsymbol{C}^{(j)}\boldsymbol{B})-\boldsymbol{C}^{(j)}\boldsymbol{B}$ ($j=1$，2 …)。 (5.034)

(4) 式 (5.034) 反复计算，达到 $\boldsymbol{C}^{(r+1)}\boldsymbol{B}=\boldsymbol{O}$ 时计算结束。

(5) 此时，$\mathrm{trace}(\boldsymbol{C}^{(r)}\boldsymbol{B})\neq 0$，$\mathrm{rank}(\boldsymbol{B})=\mathrm{rank}(\boldsymbol{A})=r$，即

$$\boldsymbol{A}^{-}=\frac{r\boldsymbol{C}^{(r)}}{\mathrm{trace}(\boldsymbol{C}^{(r)}\boldsymbol{B})}\boldsymbol{A}^{\mathrm{T}} \tag{5.035}$$

[例 5.3] 用 Penrose 方法求式 (5.008) 的 $\boldsymbol{A}$ 的广义逆。

$$\boldsymbol{B}=\boldsymbol{A}^{\mathrm{T}}\boldsymbol{A}=\begin{bmatrix}10&-5&-5\\-5&7&-2\\-5&-2&7\end{bmatrix},\quad \boldsymbol{C}^{(1)}=\begin{bmatrix}1&0&0\\0&1&0\\0&0&1\end{bmatrix},\quad \mathrm{trace}(\boldsymbol{C}^{(1)}\boldsymbol{B})=24$$

$$\boldsymbol{C}^{(2)}=\frac{24}{1}\begin{bmatrix}1&0&0\\0&1&0\\0&0&1\end{bmatrix}-\begin{bmatrix}10&-5&-5\\-5&7&-2\\-5&-2&7\end{bmatrix}=\begin{bmatrix}14&5&5\\5&17&2\\5&2&17\end{bmatrix},$$

$$\boldsymbol{C}^{(2)}\boldsymbol{B}=\begin{bmatrix}90&-45&-45\\-45&90&-45\\-45&-45&90\end{bmatrix},$$

$$\boldsymbol{C}^{(3)}=\frac{270}{2}\begin{bmatrix}1&0&0\\0&1&0\\0&0&1\end{bmatrix}-\begin{bmatrix}90&-45&-45\\-45&90&-45\\-45&-45&90\end{bmatrix}=\begin{bmatrix}45&45&45\\45&45&45\\45&45&45\end{bmatrix},\quad \boldsymbol{C}^{(3)}\boldsymbol{B}=\boldsymbol{O}$$

由于 $r=2$，$\boldsymbol{A}^{-}$ 由式 (5.035) 得

$$A^{-}=\frac{2}{270}\begin{bmatrix}14&5&5\\5&17&2\\5&2&17\end{bmatrix}\begin{bmatrix}-2&1&1&-2\\1&-2&1&1\\1&1&-2&1\end{bmatrix}=\frac{1}{15}\begin{bmatrix}-2&1&1&-2\\1&-3&2&1\\1&2&-3&1\end{bmatrix}$$

5.3.2 Benlsrael 迭代算法

λ_1 作为 A^TA 的最大固有值，选择实数 α 时应满足下式。

$$0<\alpha<\frac{2}{\lambda_1} \tag{5.036}$$

此时，按下述方法给矩阵的列

$$X_0=\alpha A^T \tag{5.037}$$

$$X_{k+1}=X_k(2I_m-AX_k)，\quad (k=0，1，\cdots) \tag{5.038}$$

反复迭代计算 A^{-}。在本计算中 X_k 按照式 (5.038) 反复迭代直到达到 A^{-} 的必要的精度。

5.4 其他算法

本节叙述其他算法，即没有列入前述的三类计算方法。

5.4.1 Greville 方法

A 用列矢量表示

$$A=[a_1\quad a_2\quad\cdots\quad a_n] \tag{5.039}$$

其中

$$A_{n-1}=[a_1\quad a_2\quad\cdots\quad a_{n-1}] \tag{5.040}$$

式 (5.039) 可变成式 (5.041)

$$A=[A_{n-1}\quad a_n] \tag{5.041}$$

应用式 (5.041) 可以将 A^{-} 写成以下形式

$$A^{-}=\begin{bmatrix}A^{-}{}_{n-1}-A^{-}{}_{n-1}a_nb^{-}{}_n\\ b^{-}{}_n\end{bmatrix} \tag{5.042}$$

其中 $b^{-}{}_n$ 是 m 维列矢量 b_n 的广义逆。

(1) $a_n\neq A_{n-1}A^{-}{}_{n-1}a_n$ 的情况

$$\boldsymbol{b}_n = (\boldsymbol{I}_m - \boldsymbol{A}_{n-1}\boldsymbol{A}^-{}_{n-1})\boldsymbol{a}_n \tag{5.043}$$

(2) $\boldsymbol{a}_n = \boldsymbol{A}_{n-1}\boldsymbol{A}_{n-1}^-\boldsymbol{a}_n$ 的情况

$$\boldsymbol{b}_n = \frac{[1+\boldsymbol{a}_n^{\mathrm{T}}(\boldsymbol{A}_{n-1}\boldsymbol{A}_{n-1}^{\mathrm{T}})^-\boldsymbol{a}_n](\boldsymbol{A}_{n-1}\boldsymbol{A}_{n-1}^{\mathrm{T}})^-\boldsymbol{a}_n}{\boldsymbol{a}_n^{\mathrm{T}}(\boldsymbol{A}_{n-1}\boldsymbol{A}_{n-1}^{\mathrm{T}})^-(\boldsymbol{A}_{n-1}\boldsymbol{A}_{n-1}^{\mathrm{T}})^-\boldsymbol{a}_n} \tag{5.044}$$

且

$$\boldsymbol{b}_n^- = \begin{cases} \boldsymbol{0} & ,\boldsymbol{b}_n = \boldsymbol{0} \\ \dfrac{\boldsymbol{b}_n^{\mathrm{T}}}{\boldsymbol{b}_n^{\mathrm{T}}\boldsymbol{b}_n}, & \boldsymbol{b}_n \neq \boldsymbol{0} \end{cases} \tag{5.045}$$

以上是预备工作，可按下面的顺序求 $\boldsymbol{A}^-$。

$$\boldsymbol{A}_k = [\boldsymbol{a}_1 \quad \cdots \quad \boldsymbol{a}_k] \tag{5.046}$$

(1) 令 $\boldsymbol{A}_1 = \boldsymbol{a}_1$，用式 (5.045) 求 $\boldsymbol{A}_1^-$。

(2) 令 $\boldsymbol{A}_2 = [\boldsymbol{A}_1 \quad \boldsymbol{a}_2]$，用式 (5.042) 求 $\boldsymbol{A}_2^-$。

(3) 以下同样地由 $\boldsymbol{A}_i = [\boldsymbol{A}_{i-1} \quad \boldsymbol{a}_i]$，求 $\boldsymbol{A}_i^-$。

(4) 最后由 $\boldsymbol{A}_n = [\boldsymbol{A}_{n-1} \quad \boldsymbol{a}_n]$，求 $\boldsymbol{A}_n^-$。

5.4.2 近似计算法

关于 $\boldsymbol{A}^-$ 的近似计算法，有基于式 (2.040) 的方法，即

$$\boldsymbol{A}^- = \lim_{\delta\to 0}(\boldsymbol{A}^{\mathrm{T}}\boldsymbol{A}+\delta\boldsymbol{I})^{-1}\boldsymbol{A}^{\mathrm{T}} \tag{5.047}$$

但是，$\delta > 0$ 时

$$\left|\boldsymbol{A}^{\mathrm{T}}\boldsymbol{A}+\delta\boldsymbol{I}\right| \neq 0 \tag{5.048}$$

δ 越小精度越高，$(\boldsymbol{A}^{\mathrm{T}}\boldsymbol{A} + \delta\boldsymbol{I})^{-1}$ 计算中必须使秩不变小，δ 变小的程度是有限的。

[例 5.4] 用近似计算法求式 (5.008) 的 $\boldsymbol{A}$ 的广义逆矩阵 $\boldsymbol{A}^-$。

令 $\delta = 0.1$，有

$$[\boldsymbol{A}^{\mathrm{T}}\boldsymbol{A}+\delta\boldsymbol{I}] = \begin{bmatrix} 10.1 & -5 & -5 \\ -5 & 7.1 & -2 \\ -5 & -2 & 7.1 \end{bmatrix}$$

求上式的逆矩阵

$$[\boldsymbol{A}^{\mathrm{T}}\boldsymbol{A}+\delta\boldsymbol{I}]^{-1}=\begin{bmatrix}3.377 & 3.311 & 3.311\\ 3.311 & 3.399 & 3.289\\ 3.311 & 3.289 & 3.399\end{bmatrix}$$

则由式 (5.047)

$$\boldsymbol{A}^{-}=\begin{bmatrix}-0.132 & 0.066 & 0.066 & -0.132\\ 0.066 & -0.198 & 0.132 & 0.066\\ 0.066 & 0.132 & -0.198 & 0.066\end{bmatrix} \tag{5.049}$$

$\boldsymbol{A}^{-}$ 的精确解由式 (5.012) 得

$$\boldsymbol{A}^{-}=\begin{bmatrix}-0.1333 & 0.0667 & 0.0667 & -0.1333\\ 0.0667 & -0.200 & 0.1333 & 0.0667\\ 0.0667 & 0.1333 & -0.200 & 0.0667\end{bmatrix} \tag{5.050}$$

5.5 满秩的情况

(m, n) 型矩阵 $\boldsymbol{A}$ 的秩 r 等于其 m 或 n 时，把 $\boldsymbol{A}$ 称为满秩的。$\boldsymbol{A}$ 是纵长型矩阵时 $(m > n)$，$r = n$，横宽型矩阵时 $(m < n)$，$r = m$，正方阵时 $m = n = r$。不管怎样，$\boldsymbol{A}$ 只要是满秩的就可以用简单的公式计算其广义逆。工学领域这样的情况普遍存在。

利用式 (2.039) 和式 (2.040)，

(1) $r = n < m$ 时

$$\boldsymbol{A}^{-}=(\boldsymbol{A}^{T}\boldsymbol{A})^{-1}\boldsymbol{A}^{\mathrm{T}} \tag{5.051}$$

(2) $r = m < n$ 时

$$\boldsymbol{A}^{-}=\boldsymbol{A}^{\mathrm{T}}(\boldsymbol{A}\boldsymbol{A}^{\mathrm{T}})^{-1} \tag{5.052}$$

(3) $r = m = n$ 时

$$\boldsymbol{A}^{-}=\boldsymbol{A}^{-1} \tag{5.053}$$

习题

5.1 用特征值分解法求下列矩阵的广义逆，与习题 2.1 的结果进行比较。

$$(1)\begin{bmatrix}1 & 1 & -1\\ 1 & -1 & 1\end{bmatrix},\quad (2)\begin{bmatrix}1 & 0 & -1 & 2\\ 0 & 1 & 1 & -1\\ -2 & -1 & 1 & 2\end{bmatrix}$$

5.2 用 Penrose 的方法求下面的矩阵的广义逆。

$$(1)\begin{bmatrix}1 & -1 & 2\\ 2 & 2 & 1\end{bmatrix},\quad (2)\begin{bmatrix}1 & 1\\ 1 & 1\end{bmatrix}$$

5.3 例 5.4 中，求当 $\delta=0.01$，$\delta=0.05$，$\delta=0.1$，$\delta=0.15$ 情况下的广义逆矩阵，并作比较。

6 不稳定结构和形态解析

6.1 立体桁架结构的形态稳定

最早开发的立体桁架的构造系统是 A.G.Bell 制作的大型风筝。用正四面体作为基本单元的三维桁架，达到了用最少的材料获得最大强度的目的。

立体桁架结构定义为直线杆件与能自由转动的铰相连所构成的结构体系。该立体桁架结构稳定（刚）与否最初由 J.C.Maxwell 研究，在这里所说的“刚”的定义，借助 Maxwell 的原话：“A stiff frame as one in which the distance between any two points cannot be altered without altering the length of one or more of the connecting lines of the frame”。所谓的“刚”，就是构件无伸长变形时，所构成的形态没有变化，也可以称为形态稳定。形态稳定即是刚体的条件，用麦克斯韦 (Maxwell) 公式判断，如式 (6.001)

$$b \geqslant 3j-6 \tag{6.001}$$

在此，b 是杆件数，j 是节点数。式 (6.001) 说明了结构总体的节点自由度数 ($3j$) 与刚体的自由度差 6，($3j-6$) 就确定了杆件数 b。

图 6.1 表示了柏拉图 (Plato) 的正多面体。正四面体 $b=6$，$j=4$，满足式 (6.001)。正六面体 $b=12$，$j=8$ 故 $b<3j-6$，不满足式 (6.001)。在此对多面体讨论欧拉公式，即

$$f+j=b+2 \tag{6.002}$$

表 6.1 正多面体的形态不安定次数 p

	b	j	$p=3j-6-b$
正四面体	6	4	0
正六面体	12	8	6
正八面体	12	6	0
正十二面体	30	20	24
正二十面体	30	12	0

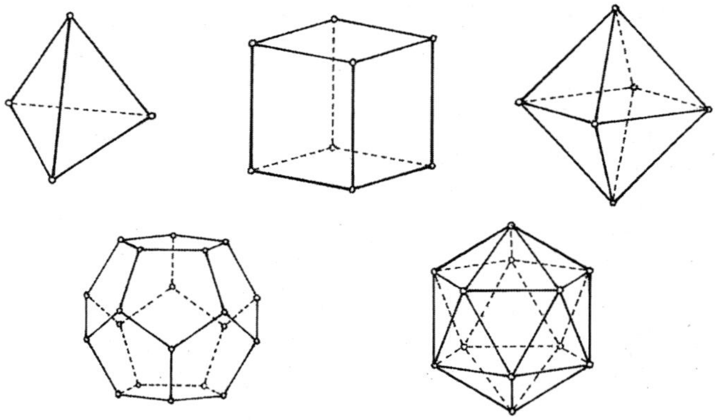

图 6.1 柏拉图正多面体

式中，f 为面的个数，j 为顶点数，b 为边数。所有的面都是三角形时，三个边共有各自的两个面

$$f=\frac{2}{3}b \tag{6.003}$$

把式 (6.003) 代入式 (6.002) 后就变成了式 (6.001)。即由三角形构成的多面体满足 Maxwell 公式。图 6.1 的正四面体、正八面体、正十二面体就是其具体的例子。

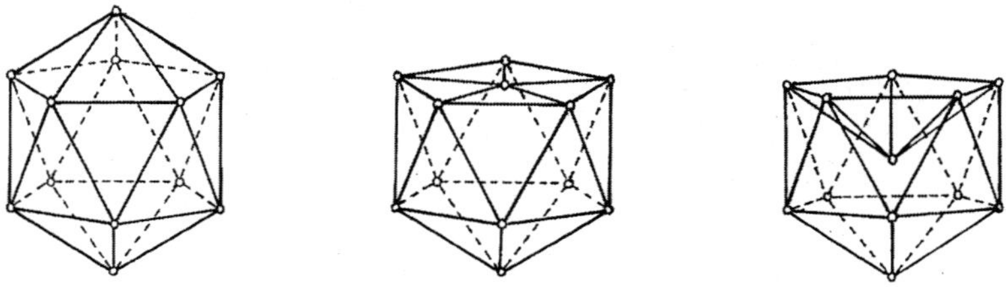

(a) 稳定　(b) 不稳定　(c) 稳定

图 6.2 稳定与不稳定

当满足 Maxwell 公式也有可能存在不是刚体的情况。图 6.2(b) 就是具体的例子。为此，式 (6.001) 是刚体的必要条件，而不是充分条件。满足 Maxwell 公式时凸多面体并不是几何不变体的必要条件，见图 6.2(c)。

立体桁架结构不是几何不变体时就形成了“机构”。机构称为“形态不稳定”，刚体称为“形态稳定”。形态不稳时，因为是机构形成“刚体位移（微小应变为零的变形）”（见图 6.3）。

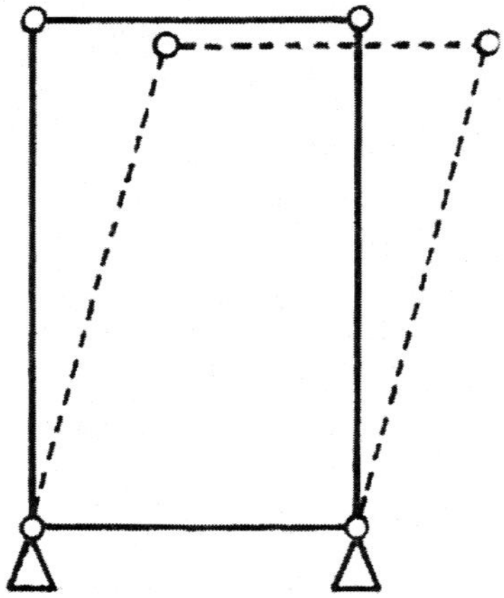

图 6.3 刚体位移

在此考察图 6.4 所示的有三个铰接节点的桁架结构。原点附近加载 (P)，位移 (d) 曲线近似为代数函数，A 为系数，变成式 (6.004~6.006)。

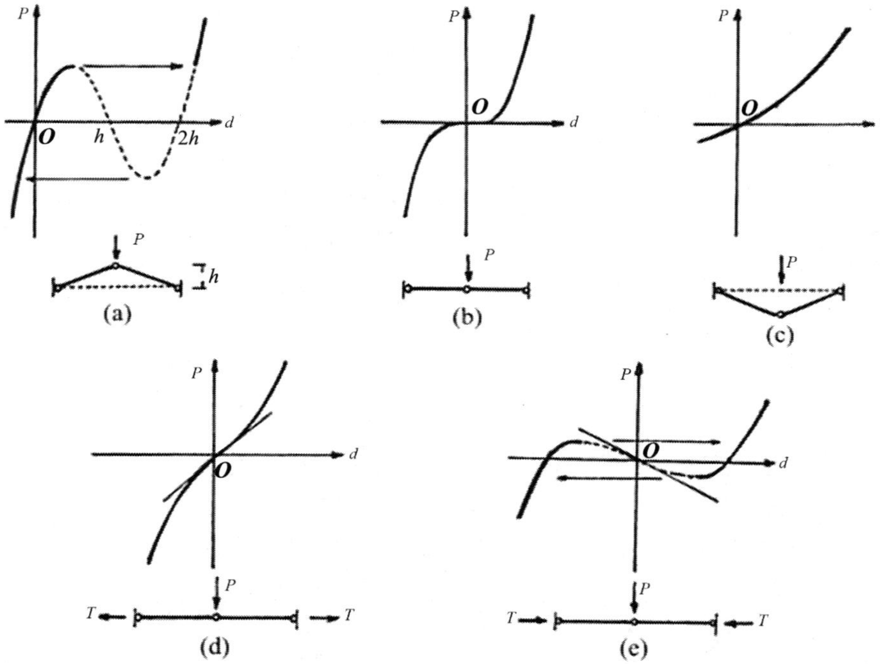

图 6.4 形状与初始应力的差异引起的载荷 - 位移曲线的差异

$$\text{(a)}:\quad P = Ad(d-h)(d-2h) \tag{6.004}$$

$$\text{(b)}:\quad P = Ad^3 \tag{6.005}$$

$$\text{(c)}:\quad P = Ad(d+h)(d+2h) \tag{6.006}$$

上式以图形表示即如图 6.4(a) ~ (c)。从原点附近的性质可以看出图 6.4(a) 中载荷为渐减型（soft spring 型）；图 6.4(c) 中载荷为渐强型（hard spring 型），两个都是在原点刚性变成 $2Ah^2$ (> 0) 。图 6.4(b) 中载荷 – 位移曲线在原点相切，即刚度为零。在此荷载为零的状态不稳定。图 6.5 所示桁架结构 (a)、(b) 都不稳定。但 (a) 的情况有了位移，刚性增加变成稳定结构；(b) 的情况即使在原点附近有了位移也不能增加刚性。(a) 是在微小位移范围内不稳定，(b) 则是在有限位移下不稳定。

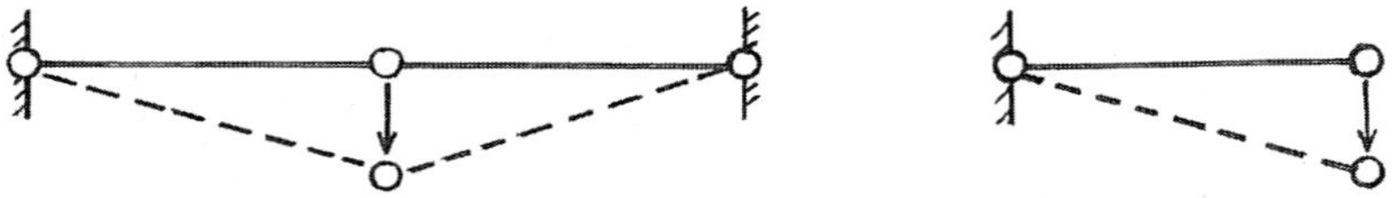

(a) 微小刚体位移　　(b) 有限刚体位移

图 6.5 刚体位移的分类

现在考察图 6.4 的 (b)、(d)、(e)。(b)、(d) 和 (e) 是同一形状的桁架结构，由于初始应力（也称为自平衡应力）T 的存在，形态大不相同。这些曲线近似的代数关系可以表示为

$$\text{(b)}:\quad \boldsymbol{P} = \boldsymbol{A}\boldsymbol{d}^3 \tag{6.007}$$

$$\text{(d)}:\quad \boldsymbol{P} = \boldsymbol{A}\boldsymbol{d}^3 + \boldsymbol{B}\boldsymbol{T}\boldsymbol{d} \tag{6.008}$$

$$\text{(e)}:\quad \boldsymbol{P} = \boldsymbol{A}\boldsymbol{d}^3 - \boldsymbol{B}\boldsymbol{T}\boldsymbol{d} \tag{6.009}$$

在此 B 为系数，T 为预张力。(d) 的情况下预应力导入后原点上有正刚度，形态稳定。(e) 的情况下即使导入初始应力也不稳定。

回到式 (6.001)，当 $b < 3j - 6$，不满足 Maxwell 公式，但此时也不能形成机构，也存在稳定的结构。基于此，Buckminster Fuller 考察了新的结构系统“张拉整体”(Tensegrity)。张拉整体结构的基本思想是“导入自平衡内力使系统稳定”。Fuller 的创新点是导入了在“形”上加“力”的观点。即“Tensegrity”是“Tension+integrity(rigidity)”的意思。

6.2 刚体位移和自平衡力

6.2.1 基本公式

以铰接杆件为研究对象，讨论不稳定结构的形态特征。桁架结构以外的结构在其后的章节中阐述。

如图 6.6 所示，直角坐标系 (O-xyz) 下节点 i、j 连接的直线杆件 a（$a = 1, \cdots, m$；m 为全部杆件数）。节点坐标值矢量和方向余弦矢量如式 (6.010)

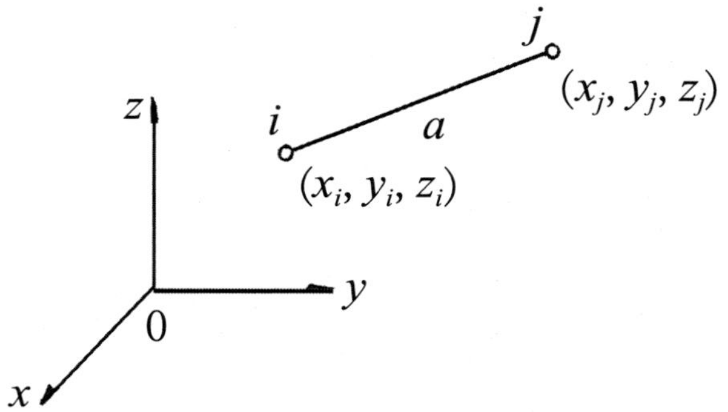

图 6.6 杆件与节点坐标

$$\boldsymbol{x}_i=\begin{bmatrix}x_i\\y_i\\z_i\end{bmatrix},\quad \boldsymbol{x}_j=\begin{bmatrix}x_j\\y_j\\z_j\end{bmatrix},\quad \boldsymbol{\lambda}_a=\begin{bmatrix}\lambda_{ij}\\\mu_{ij}\\\nu_{ij}\end{bmatrix} \tag{6.010}$$

若杆件长为

$$l_a=[(\boldsymbol{x}_j-\boldsymbol{x}_i)^{\mathrm{T}}(\boldsymbol{x}_j-\boldsymbol{x}_i)]^{\frac{1}{2}} \tag{6.011}$$

用式 (6.011) 得方向余弦矢量 $\boldsymbol{\lambda}_a$，即

$$\boldsymbol{\lambda}_a=\frac{1}{l_a}(\boldsymbol{x}_j-\boldsymbol{x}_i) \tag{6.012}$$

有关参数 t 的微分表示为 $\mathrm{d}()/\mathrm{d}t=(\dot{})$，由式 (6.011)，有

$$\dot{l}_a=\lambda_a^{\mathrm{T}}(\dot{\boldsymbol{x}}_j-\dot{\boldsymbol{x}}_i) \tag{6.013}$$

$$\ddot{l}_a=\lambda_a^{\mathrm{T}}(\ddot{\boldsymbol{x}}_j-\ddot{\boldsymbol{x}}_i)+\dot{\lambda}_a^{\mathrm{T}}(\dot{\boldsymbol{x}}_j-\dot{\boldsymbol{x}}_i) \tag{6.014}$$

由式 (6.012)

$$\dot{\boldsymbol{\lambda}}_a=\frac{1}{l_a}(\dot{\boldsymbol{x}}_j-\dot{\boldsymbol{x}}_i)-\frac{\dot{l}_a}{l_a^{2}}(\boldsymbol{x}_j-\boldsymbol{x}_i) \tag{6.015}$$

将式 (6.013) 写成矩阵形式

$$\begin{bmatrix} -\boldsymbol{\lambda}_a^{\mathrm{T}} & \boldsymbol{\lambda}_a^{\mathrm{T}} \end{bmatrix} \begin{bmatrix} \dot{\boldsymbol{x}}_i \\ \dot{\boldsymbol{x}}_j \end{bmatrix} = \dot{l}_a \tag{6.016}$$

对于式 (6.016) 将所有杆件集合起来，固定边界节点坐标矢量作为零消去后可得

$$\boldsymbol{A}\dot{\boldsymbol{x}} = \dot{\boldsymbol{l}} \tag{6.017}$$

自由度数为 n，杆件数为 m，所形成的系数矩阵 $\boldsymbol{A}$ 为 (m, n) 型矩阵，式 (6.017) 就是把结构的几何关系表达为节点位移速度 $\dot{\boldsymbol{x}}$ 和杆件伸长速度 $\dot{\boldsymbol{l}}$ 之间的关系式。

对式 (6.017) 求参数 t 的微分

$$\boldsymbol{A}\ddot{\boldsymbol{x}} + \dot{\boldsymbol{A}}\dot{\boldsymbol{x}} = \ddot{\boldsymbol{l}}, \quad \dot{\boldsymbol{A}} = \dot{\boldsymbol{A}}(\dot{\boldsymbol{l}}, \dot{\boldsymbol{x}}) \tag{6.018}$$

式 (6.014) 中右边的第一项对应 $\boldsymbol{A}\ddot{\boldsymbol{x}}$，第二项对应 $\dot{\boldsymbol{A}}\dot{\boldsymbol{x}}$。且 $\dot{\boldsymbol{A}}$ 是由 $\dot{\boldsymbol{\lambda}}$ 构成的，由式 (6.015) 可知 $\dot{\boldsymbol{l}}$ 与 $\dot{\boldsymbol{x}}$ 成函数关系。

对于刚性构件有 $\dot{\boldsymbol{l}} = \ddot{\boldsymbol{l}} = \boldsymbol{0}$，则式 (6.017) 及 (6.018) 可变为

$$\boldsymbol{A}\dot{\boldsymbol{x}} = \boldsymbol{0} \tag{6.019}$$

$$\boldsymbol{A}\ddot{\boldsymbol{x}} + \dot{\boldsymbol{A}}(\boldsymbol{0}, \dot{\boldsymbol{x}})\dot{\boldsymbol{x}} = \boldsymbol{0} \tag{6.020}$$

此处，式 (6.020) 的第二项用 $\ddot{\boldsymbol{\psi}}$ 表示，即

$$\ddot{\boldsymbol{\psi}} = \dot{\boldsymbol{A}}(\boldsymbol{0}, \dot{\boldsymbol{x}})\dot{\boldsymbol{x}} \tag{6.021}$$

$\ddot{\boldsymbol{\psi}}$ 的杆件 a 对应元素为 $\ddot{\psi}_a$，式 (6.014) 和 (6.015) 中，$\dot{l}_a = 0$ 就变为

$$\ddot{\psi}_a = \frac{1}{l_a}(\dot{\boldsymbol{x}}_j - \dot{\boldsymbol{x}}_i)^{\mathrm{T}}(\dot{\boldsymbol{x}}_j - \dot{\boldsymbol{x}}_i) \tag{6.022}$$

下面求力学的关系式。杆件 a 只受到轴力 n_a 的作用时，与 n_a 相平衡的节点 i、j 上的节点力有如下关系式 (图 6.7)

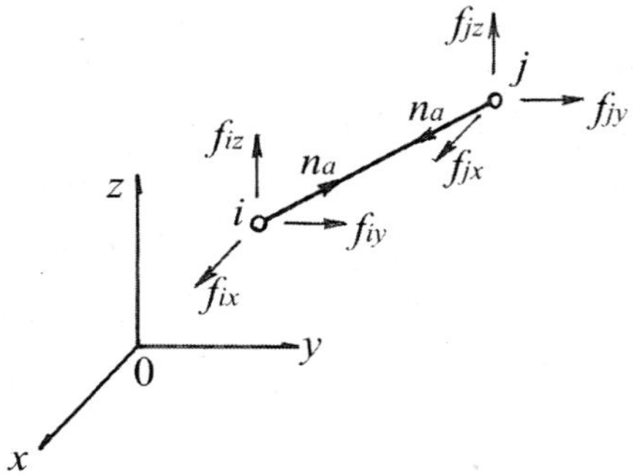

图 6.7 轴力与节点力

$$\boldsymbol{f}_{ia}=\begin{bmatrix} f_{ix} \\ f_{iy} \\ f_{iz} \end{bmatrix}_a,\quad \boldsymbol{f}_{ja}=\begin{bmatrix} f_{jx} \\ f_{jy} \\ f_{jz} \end{bmatrix}_a \tag{6.023}$$

此时杆件 a 的平衡方程为

$$\begin{bmatrix} -\boldsymbol{\lambda}_a \\ \boldsymbol{\lambda}_a \end{bmatrix} n_a=\begin{bmatrix} \boldsymbol{f}_{ia} \\ \boldsymbol{f}_{ja} \end{bmatrix} \tag{6.024}$$

对于式 (6.024)，集合所有的杆件可写为

$$\boldsymbol{B}\boldsymbol{n}=\boldsymbol{f} \tag{6.025}$$

在此，$\boldsymbol{n}$ 为轴力矢量，$\boldsymbol{f}$ 为节点力矢量，把式 (6.016) 与 (6.024) 相比较得

$$\boldsymbol{B}=\boldsymbol{A}^{\mathrm{T}} \tag{6.026}$$

可知式 (6.026) 成立。这称为“位移–力互等定理”。利用式 (6.026) 和转换式 (6.025)，可得

$$\boldsymbol{A}^{\mathrm{T}}\boldsymbol{n}=\boldsymbol{f} \tag{6.027}$$

式 (6.027) 表明轴力与节点力之间的力学关系。

将式 (6.027) 对 t 微分，导出增分方程

$$\boldsymbol{A}^{\mathrm{T}}\dot{\boldsymbol{n}}+\dot{\boldsymbol{A}}^{\mathrm{T}}\boldsymbol{n}=\dot{\boldsymbol{f}} \tag{6.028}$$

式 (6.028) 对于任意节点 j 具体表示为

$$\sum_a [\boldsymbol{\lambda}_a \dot{n}_a + \dot{\boldsymbol{\lambda}}_a n_a] = \sum_a \dot{\boldsymbol{f}}_{.ja} \tag{6.029}$$

式中，$\sum_a$ 是在节点 j 上的杆件求和，而 $\boldsymbol{\lambda}_a$、$\dot{\boldsymbol{\lambda}}_a$、$\dot{\boldsymbol{f}}_{ja}$ 分别由式 (6.012)、(6.015)、(6.023) 给出。

节点力为零的时候，只由轴力保持平衡状态，此时存在自平衡应力。利用自平衡式 $\boldsymbol{f} = \dot{\boldsymbol{f}} = \boldsymbol{0}$ 求自平衡应力。此时式 (6.027) 和 (6.028) 变为

$$\boldsymbol{A}^{\mathrm{T}} \boldsymbol{n} = \boldsymbol{0} \tag{6.030}$$

$$\boldsymbol{A}^{\mathrm{T}} \dot{\boldsymbol{n}} + \dot{\boldsymbol{A}}^{\mathrm{T}}(\dot{\boldsymbol{l}}, \dot{\boldsymbol{x}}) \boldsymbol{n} = \boldsymbol{0} \tag{6.031}$$

式 (6.031) 左边第二项中，$\dot{\boldsymbol{l}} = \boldsymbol{0}$ 的情况有

$$\dot{\boldsymbol{\phi}} = \dot{\boldsymbol{A}}^{\mathrm{T}}(\boldsymbol{0}, \dot{\boldsymbol{x}}) \boldsymbol{n} \tag{6.032}$$

在节点 j 上具体地表示为 $\dot{\boldsymbol{\phi}}$，式 (6.015) 中当 $l_a = 0$，将其结果代入式 (6.029) 有

$$\dot{\boldsymbol{\phi}} = \sum_a \frac{n_a}{l_a} (\dot{\boldsymbol{x}}_j - \dot{\boldsymbol{x}}_i) \tag{6.033}$$

以上公式中，式 (6.017) 和 (6.027) 是在微小位移范围内的“位移速度与伸长速度之间的关系式”，及“自平衡方程”。加上式 (6.018) 和 (6.031)，四个基本公式可以作为有限位移（因为有高次微分，这些是有限变形的第一阶近似）的基本公式。

[例 6.1] 求出图 6.8 中所示的桁架结构的基本公式。由式 (6.012) 求方向余弦矢量，杆件数 $i = 1$，节点数 $j = 2$。

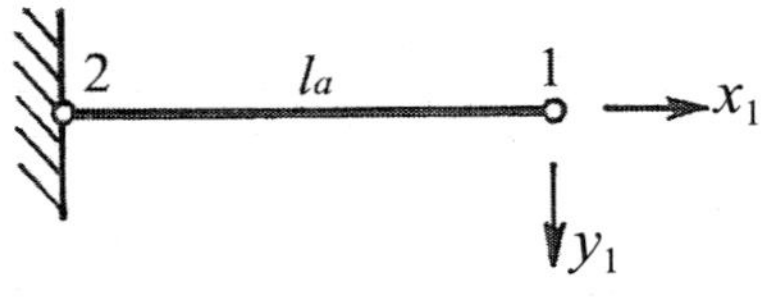

图 6.8 不稳定平面桁架结构

$$\boldsymbol{n}_a = \frac{1}{l_a}\left(\begin{bmatrix}0\\0\end{bmatrix} - \begin{bmatrix}l_a\\0\end{bmatrix}\right) = \begin{bmatrix}-1\\0\end{bmatrix} \tag{6.034}$$

由式 (6.016)

$$\begin{bmatrix}1 & 0 & -1 & 0\end{bmatrix}\begin{bmatrix}\dot{x}_1\\ \dot{y}_1\\ \dot{x}_2\\ \dot{y}_2\end{bmatrix}=[\dot{l}_a] \tag{6.035}$$

由于节点 2 是固定点，所以 $\dot{\boldsymbol{x}}_2=\boldsymbol{0}$ 。式 (6.035) 中进行边界条件的处理。

$$\begin{bmatrix}1 & 0\end{bmatrix}\begin{bmatrix}\dot{x}_1\\ \dot{y}_1\end{bmatrix}=[\dot{l}_a] \tag{6.036}$$

式 (6.036) 与式 (6.017) 相对应。此时

$$\boldsymbol{A}=\begin{bmatrix}1 & 0\end{bmatrix} \tag{6.037}$$

由式 (6.015) 求 $\dot{\boldsymbol{\lambda}}_a$ ($\dot{\boldsymbol{x}}_2=\boldsymbol{0}$)

$$\dot{\boldsymbol{\lambda}}_a=-\frac{1}{l_a}\begin{bmatrix}\dot{x}_1\\ \dot{y}_1\end{bmatrix}+\frac{\dot{l}_a}{l_a^{\,2}}\begin{bmatrix}x_1\\ y_1\end{bmatrix}=-\frac{1}{l_a}\begin{bmatrix}\dot{x}_1\\ \dot{y}_1\end{bmatrix}+\frac{\dot{l}_a}{l_a^{\,2}}\begin{bmatrix}l_a\\ y_1\end{bmatrix} \tag{6.038}$$

由式 (6.016) 知， $\boldsymbol{A}=[-\boldsymbol{\lambda}_a^{\mathrm{T}}]$， $\dot{\boldsymbol{A}}=[-\dot{\boldsymbol{\lambda}}_a^{\mathrm{T}}]$，则式 (6.018) 可得

$$\begin{bmatrix}1 & 0\end{bmatrix}\begin{bmatrix}\ddot{x}_1\\ \ddot{y}_1\end{bmatrix}+\begin{bmatrix}\dfrac{\dot{x}_1}{l_a}-\dfrac{\dot{l}_a}{l_a} & \dfrac{\dot{y}_1}{l_a}\end{bmatrix}\begin{bmatrix}\dot{x}_1\\ \dot{y}_1\end{bmatrix}=[\ddot{l}_a] \tag{6.039}$$

若杆件为刚性杆， $\dot{l}_a=\ddot{l}_a=0$ ，由式 (6.036) 和 (6.039) 得

$$\begin{bmatrix}1 & 0\end{bmatrix}\begin{bmatrix}\dot{x}_1\\ \dot{y}_1\end{bmatrix}=0 \tag{6.040}$$

$$\begin{bmatrix}1 & 0\end{bmatrix}\begin{bmatrix}\ddot{x}_1\\ \ddot{y}_1\end{bmatrix}+\begin{bmatrix}\dfrac{\dot{x}_1}{l_a} & \dfrac{\dot{y}_1}{l_a}\end{bmatrix}\begin{bmatrix}\dot{x}_1\\ \dot{y}_1\end{bmatrix}=0 \tag{6.041}$$

式 (6.041) 的左边第二项是式 (6.021) 的 $\ddot{\boldsymbol{\psi}}$，此时

$$\ddot{\boldsymbol{\psi}}_a=\frac{\dot{x}_1^{\,2}}{l_a}+\frac{\dot{y}_1^{\,2}}{l_a} \tag{6.042}$$

式 (6.042) 则变成式 (6.022)。

下面求自平衡方程。由式 (6.027)，可得

$$\begin{bmatrix}1\\0\end{bmatrix}n_a=\begin{bmatrix}f_{1x}\\f_{1y}\end{bmatrix} \tag{6.043}$$

利用 $\dot{\boldsymbol{A}}=[-\dot{\boldsymbol{\lambda}}_a^{\mathrm{T}}]$，将式 (6.028) 写成如下

$$\begin{bmatrix}1\\0\end{bmatrix}\dot{n}_a+\left(\frac{1}{l_a}\begin{bmatrix}\dot{x}_1\\\dot{y}_1\end{bmatrix}-\frac{\dot{l}_a}{l_a^2}\begin{bmatrix}l_a\\0\end{bmatrix}\right)n_a=\begin{bmatrix}\dot{f}_{1x}\\\dot{f}_{1y}\end{bmatrix} \tag{6.044}$$

把自平衡应力表达式 $\boldsymbol{f}=\dot{\boldsymbol{f}}=\boldsymbol{0}$ 代入式 (6.043) 和 (6.044) 得

$$\begin{bmatrix}1\\0\end{bmatrix}n_a=\boldsymbol{0} \tag{6.045}$$

$$\begin{bmatrix}1\\0\end{bmatrix}\dot{n}_a+\left(\frac{1}{l_a}\begin{bmatrix}\dot{\boldsymbol{x}}_1\\\dot{\boldsymbol{y}}_1\end{bmatrix}-\frac{\dot{l}_a}{l_a^2}\begin{bmatrix}l_a\\0\end{bmatrix}\right)n_a=\boldsymbol{0} \tag{6.046}$$

式 (6.032) 的 $\dot{\boldsymbol{\phi}}$ 用式 (6.046) 代入，且令 $\dot{l}_a=0$，则

$$\dot{\boldsymbol{\phi}}=\frac{n_a}{l_a}\begin{bmatrix}\dot{\boldsymbol{x}}_1\\\dot{\boldsymbol{y}}_1\end{bmatrix} \tag{6.047}$$

[例 6.2] 求图 6.9 中所示的桁架结构的基本公式。求式 (6.012) 中所用到的方向余弦矢量。

$$\boldsymbol{\lambda}_a=\begin{bmatrix}-1\\0\end{bmatrix}，\ \boldsymbol{\lambda}_b=\begin{bmatrix}1\\0\end{bmatrix} \tag{6.048}$$

由式 (6.016)

$$\begin{bmatrix}1 & 0 & -1 & 0\end{bmatrix}\begin{bmatrix}\dot{x}_1\\\dot{y}_1\\\dot{x}_2\\\dot{y}_2\end{bmatrix}=[i_a]，\quad \begin{bmatrix}-1 & 0 & 1 & 0\end{bmatrix}\begin{bmatrix}\dot{x}_1\\\dot{y}_1\\\dot{x}_3\\\dot{y}_3\end{bmatrix}=[i_b] \tag{6.049}$$

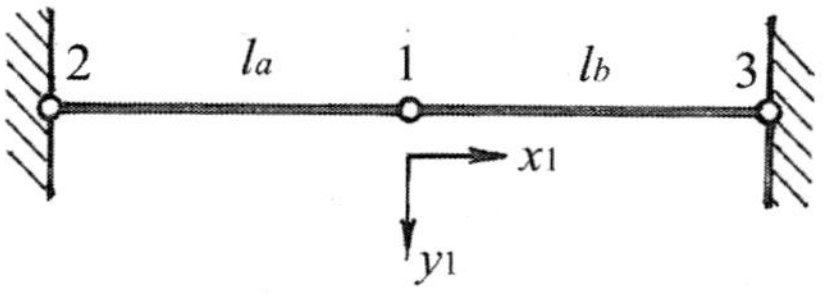

图 6.9 不稳定平面桁架结构

因为边界节点 2 和节点 3 的位移速度为零，边界条件处理后，式 (6.017) 变为

$$\begin{bmatrix} 1 & 0 \\ -1 & 0 \end{bmatrix}\begin{bmatrix} \dot{x}_1 \\ \dot{y}_1 \end{bmatrix}=\begin{bmatrix} i_a \\ i_b \end{bmatrix},\quad \boldsymbol{A}=\begin{bmatrix} -\boldsymbol{\lambda}_a^{\mathrm{T}} \\ -\boldsymbol{\lambda}_b^{\mathrm{T}} \end{bmatrix}=\begin{bmatrix} 1 & 0 \\ -1 & 0 \end{bmatrix} \tag{6.050}$$

由式 (6.015) 求出 $\dot{\boldsymbol{\lambda}}_a$、$\dot{\boldsymbol{\lambda}}_b$，即

$$\dot{\boldsymbol{\lambda}}_a=-\frac{1}{l_a}\begin{bmatrix} \dot{x}_1 \\ \dot{y}_1 \end{bmatrix}+\frac{i_a}{l_a^2}\begin{bmatrix} l_a \\ 0 \end{bmatrix},\quad \dot{\boldsymbol{\lambda}}_b=-\frac{1}{l_b}\begin{bmatrix} \dot{x}_1 \\ \dot{\boldsymbol{y}}_1 \end{bmatrix}+\frac{i_b}{l_b^2}\begin{bmatrix} l_b \\ 0 \end{bmatrix} \tag{6.051}$$

由式 (6.050) 求出 $\dot{\boldsymbol{A}}$，将式 (6.051) 代入式 (6.050)，可得

$$\dot{\boldsymbol{A}}=\begin{bmatrix} -\dot{\boldsymbol{\lambda}}_a^{\mathrm{T}} \\ -\dot{\boldsymbol{\lambda}}_b^{\mathrm{T}} \end{bmatrix}=\begin{bmatrix} \dfrac{\dot{x}_1}{l_a}-\dfrac{i_a}{l_a} & \dfrac{\dot{y}_1}{l_a} \\ \dfrac{\dot{x}_1}{l_b}+\dfrac{i_b}{l_b} & \dfrac{\dot{y}_1}{l_b} \end{bmatrix} \tag{6.052}$$

则，式 (6.018) 为

$$\begin{bmatrix} 1 & 0 \\ -1 & 0 \end{bmatrix}\begin{bmatrix} \ddot{x}_1 \\ \ddot{y}_1 \end{bmatrix}+\begin{bmatrix} \dfrac{\dot{x}_1}{l_a}-\dfrac{i_a}{l_a} & \dfrac{\dot{y}_1}{l_a} \\ \dfrac{\dot{x}_1}{l_b}+\dfrac{i_b}{l_b} & \dfrac{\dot{y}_1}{l_b} \end{bmatrix}\begin{bmatrix} \dot{x}_1 \\ \dot{y}_1 \end{bmatrix}=\begin{bmatrix} \ddot{l}_a \\ \ddot{l}_b \end{bmatrix} \tag{6.053}$$

若杆件为刚性杆，有 $\boldsymbol{i}=\ddot{\boldsymbol{l}}=\boldsymbol{0}$，即

$$\begin{bmatrix} 1 & 0 \\ -1 & 0 \end{bmatrix}\begin{bmatrix} \dot{x}_1 \\ \dot{y}_1 \end{bmatrix}=\begin{bmatrix} \dot{x}_1 \\ \dot{y}_1 \end{bmatrix} \tag{6.054}$$

$$\begin{bmatrix} 1 & 0 \\ -1 & 0 \end{bmatrix}\begin{bmatrix} \ddot{x}_1 \\ \ddot{y}_1 \end{bmatrix}+\begin{bmatrix} \dfrac{\dot{x}_1}{l_a} & \dfrac{\dot{y}_1}{l_a} \\ \dfrac{\dot{x}_1}{l_b} & \dfrac{\dot{y}_1}{l_b} \end{bmatrix}\begin{bmatrix} \dot{x}_1 \\ \dot{y}_1 \end{bmatrix}=\begin{bmatrix} 0 \\ 0 \end{bmatrix} \tag{6.055}$$

由式 (6.055)，求得式 (6.021) 的 $\ddot{\boldsymbol{\psi}}$，即

$$\ddot{\boldsymbol{\psi}}=\begin{bmatrix} \dfrac{1}{\boldsymbol{l}_a}\left(\dot{x}_1^{\ 2}+\dot{y}_1^{\ 2}\right) \\ \dfrac{1}{\boldsymbol{l}_b}\left(\dot{x}_1^{\ 2}+\dot{y}_1^{\ 2}\right) \end{bmatrix} \tag{6.056}$$

下面求自平衡方程，将式 (6.050) 代入式 (6.027)，可得

$$\begin{bmatrix} 1 & -1 \\ 0 & 0 \end{bmatrix}\begin{bmatrix} n_a \\ n_b \end{bmatrix}=\begin{bmatrix} f_{1x} \\ f_{1y} \end{bmatrix} \tag{6.057}$$

利用式 (6.052) 使式 (6.028) 变为

$$\begin{bmatrix} 1 & -1 \\ 0 & 0 \end{bmatrix}\begin{bmatrix} \dot{n}_a \\ \dot{n}_b \end{bmatrix}+\begin{bmatrix} \dfrac{\dot{x}_1}{l_a}-\dfrac{i_a}{l_a} & \dfrac{\dot{x}_1}{l_b}+\dfrac{i_b}{l_b} \\ \dfrac{\dot{y}_1}{l_a} & \dfrac{\dot{y}_1}{l_b} \end{bmatrix}\begin{bmatrix} n_a \\ n_b \end{bmatrix}=\begin{bmatrix} \dot{f}_{1x} \\ \dot{f}_{1y} \end{bmatrix} \tag{6.058}$$

将自平衡应力的基本公式 $\boldsymbol{f}=\dot{\boldsymbol{f}}=\boldsymbol{0}$ 代入式 (6.057) 和 (6.058)，右边可以置为零。且式 (6.033) 的 $\dot{\boldsymbol{\phi}}$ 可以通过式 (6.058) 的左边第二项中令 $i_a=i_b=0$，得

$$\dot{\boldsymbol{\phi}}=\left(\frac{n_a}{l_a}+\frac{n_b}{l_b}\right)\begin{bmatrix} \dot{x}_1 \\ \dot{y}_1 \end{bmatrix} \tag{6.059}$$

6.2.2 微小位移范围内的桁架结构分类

开始先从几何学的立场进行分类，再次引入基本公式 (6.017)，即有

$$\boldsymbol{A}\dot{\boldsymbol{x}}=\dot{\boldsymbol{l}} \tag{6.060}$$

式中，$\boldsymbol{A}$ 是 (m, n) 型矩阵。

式 (6.060) 的解存在的条件由式 (3.09) 给出，即

$$[\boldsymbol{I}_m - \boldsymbol{A}\boldsymbol{A}^-]\dot{\boldsymbol{l}} = \boldsymbol{0} \tag{6.061}$$

$\boldsymbol{A}$ 的秩为 r，即

$$\operatorname{rank}(\boldsymbol{A}) = r \tag{6.062}$$

此时，式 (2.020) 中有 $\operatorname{rank}(\boldsymbol{A}\boldsymbol{A}^-) = r$，则式 (6.061) 的系数矩阵的秩为

$$\operatorname{rank}(\boldsymbol{I}_m - \boldsymbol{A}\boldsymbol{A}^-) = m - r \tag{6.063}$$

即，式 (6.061) 中伸长速度 $\dot{\boldsymbol{l}}$ 的各元素为

$$q = m - r \tag{6.064}$$

q 个约束条件构成。换言之，q 是独立的解的条件数，也可以称为不静定次数（几何可变次数，译者注）。

下面再看刚体位移。杆件没有微小位移时 $\dot{\boldsymbol{l}} = \boldsymbol{0}$，式 (6.060) 变成式 (6.019)，即

$$\boldsymbol{A}\dot{\boldsymbol{x}} = \boldsymbol{0} \tag{6.065}$$

因为式 (6.061) 自动满足，解存在。该方程的解由式 (3.33) 给出，用任意矢量 $\dot{\boldsymbol{\alpha}}$ 表示式 (6.066)，即

$$\dot{\boldsymbol{x}} = [\boldsymbol{I}_n - \boldsymbol{A}^-\boldsymbol{A}]\dot{\boldsymbol{\alpha}} \tag{6.066}$$

由式 (6.062) 可知 $\boldsymbol{A}$ 的秩为 r，式 (6.066) 的系数矩阵的秩为

$$\operatorname{rank}(\boldsymbol{I}_n - \boldsymbol{A}^-\boldsymbol{A}) = n - r \tag{6.067}$$

令

$$p = n - r \tag{6.068}$$

p 是微小位移范围内的刚体运动自由度数，通常称为不稳定次数。

参照 3.3 节，矩阵 $[\boldsymbol{I}_n - \boldsymbol{A}^-\boldsymbol{A}]$ 表示成列矢量为

$$[\boldsymbol{I}_n - \boldsymbol{A}^-\boldsymbol{A}] = [\boldsymbol{h}_1 \quad \boldsymbol{h}_2 \quad \cdots \quad \boldsymbol{h}_n] \tag{6.069}$$

由式(6.068)可知上式的线性无关的基底矢量为p个，可写成$\boldsymbol{h}_1, \boldsymbol{h}_2, \cdots, \boldsymbol{h}_p$。式 (6.066) 可写成式 (6.070)(数值解析中最好用标准正交系)。

$$\dot{\boldsymbol{x}} = \dot{\alpha}_1\boldsymbol{h}_1 + \dot{\alpha}_2\boldsymbol{h}_2 + \cdots + \dot{\alpha}_p\boldsymbol{h}_p \tag{6.070}$$

其中，$\dot{\alpha}_1$，$\dot{\alpha}_2$，…，$\dot{\alpha}_p$ 为任意的标量 $\boldsymbol{h}_1$，$\boldsymbol{h}_2$，…，$\boldsymbol{h}_p$ 为刚体位移模态。将以上思想应用到桁架结构的几何分类上，做成表 6.2。

表 6.2　桁架结构分类

q、p	$p=0$	$p>0$
$q=0$	Ⅰ 静定稳定	Ⅲ 静定不稳定
$q>0$	Ⅱ 不静定稳定	Ⅳ 不静定不稳定

再从力学角度考虑，式 (6.027) 是基本公式，再次引用，即

$$\boldsymbol{A}^{\mathrm{T}}\boldsymbol{n}=\boldsymbol{f} \tag{6.071}$$

式 (6.071) 有解的充要条件为

$$[\boldsymbol{I}_n-\boldsymbol{A}^{\mathrm{T}}(\boldsymbol{A}^{\mathrm{T}})^{-}]\boldsymbol{f}=\boldsymbol{0} \tag{6.072}$$

由广义逆矩阵的定义 (2.002) 及式 (2.015) 有

$$\boldsymbol{A}^{\mathrm{T}}(\boldsymbol{A}^{\mathrm{T}})^{-}=\boldsymbol{A}^{\mathrm{T}}(\boldsymbol{A}^{-})^{\mathrm{T}}=(\boldsymbol{A}^{-}\boldsymbol{A})^{\mathrm{T}}=\boldsymbol{A}^{-}\boldsymbol{A}$$

$$\text{故 } [\boldsymbol{I}_n-\boldsymbol{A}^{-}\boldsymbol{A}]\boldsymbol{f}=\boldsymbol{0} \tag{6.073}$$

根据式 (6.067)，式 (6.073) 系数矩阵的秩为 $p=n-r$。这说明平衡方程成立时节点载荷与刚体运动自由度 p 有相同的基底矢量个数，即相同的约数。

下面再阐述自平衡应力。当节点载荷为零时，即 $\boldsymbol{f}=\boldsymbol{0}$，式 (6.071) 变为式 (6.030)。

$$\boldsymbol{A}^{\mathrm{T}}\boldsymbol{n}=\boldsymbol{0} \tag{6.074}$$

因为满足式 (6.073)，解存在。该解可以用任意矢量 $\boldsymbol{\beta}$ 表示为式 (6.075)，即

$$\boldsymbol{n}=[\boldsymbol{I}_m-(\boldsymbol{A}^{\mathrm{T}})^{-}\boldsymbol{A}^{\mathrm{T}}]\boldsymbol{\beta}=[\boldsymbol{I}_m-\boldsymbol{A}\boldsymbol{A}^{-}]\boldsymbol{\beta} \tag{6.075}$$

右边的系数矩阵的秩由式 (6.063) 可知 $q=m-r$，自平衡应力 $\boldsymbol{n}$ 有与不静定次数 q 相同的独立解。

$$[\boldsymbol{I}_m-\boldsymbol{A}\boldsymbol{A}^{-}]=[\boldsymbol{g}_1\quad \boldsymbol{g}_2\quad \cdots\quad \boldsymbol{g}_m] \tag{6.076}$$

线性无关的列矢量 $\boldsymbol{g}_1$，$\boldsymbol{g}_2$，…，$\boldsymbol{g}_q$ 为基底，式 (6.075) 可整理成式 (6.077)（数值解析中最好用标准正交系）。

$$\boldsymbol{n}=\beta_1\boldsymbol{g}_1+\beta_2\boldsymbol{g}_2+\cdots+\beta_q\boldsymbol{g}_q \tag{6.077}$$

其中$\boldsymbol{\beta}_1$，$\boldsymbol{\beta}_2$，…，$\boldsymbol{\beta}_q$为任意的标量，$\boldsymbol{g}_1$，$\boldsymbol{g}_2$，…，$\boldsymbol{g}_q$为自平衡应力模态。用上述结果可以从力学观点出发，按表 6.2 对桁架结构进行分类。

[例 6.3] 试求图 6.8 所示的桁架结构的刚体位移和自平衡应力。

求得式 (6.037) 给出的 $\boldsymbol{A}$ 的广义逆矩阵，即

$$\boldsymbol{A}^{-}=\begin{bmatrix}1\\0\end{bmatrix} \tag{6.078}$$

则有 rank($\boldsymbol{A}$) = 1，m = 1，n = 2。

$$p=1,\ q=0 \tag{6.079}$$

为了满足式 (6.061) 解存在的条件，则计算 $\boldsymbol{A}\boldsymbol{A}^{-}=[1]$，系数矩阵为 0（对应 $q=0$）。即伸长速度 i_a 为任意值时都有解。$p=1$ 说明有一个刚体位移模态，式 (6.069) 可写成

$$[\boldsymbol{I}_n-\boldsymbol{A}^{-}\boldsymbol{A}]=\begin{bmatrix}0&0\\0&1\end{bmatrix} \tag{6.080}$$

用式 (6.080) 的独立列矢量作出位移模态，式 (6.070) 变为

$$\begin{bmatrix}\dot{x}_1\\\dot{y}_1\end{bmatrix}=\begin{bmatrix}0\\1\end{bmatrix}\dot{\alpha}_1 \tag{6.081}$$

解式 (6.060)，其解为 $\dot{\boldsymbol{x}}=\boldsymbol{A}^{-}\dot{\boldsymbol{l}}+[\boldsymbol{I}_2-\boldsymbol{A}^{-}\boldsymbol{A}]\dot{\boldsymbol{\alpha}}$ ，式 (6.081) 解表示为

$$\begin{bmatrix}\dot{x}_1\\\dot{y}_1\end{bmatrix}=\begin{bmatrix}1\\0\end{bmatrix}i_a+\begin{bmatrix}0\\1\end{bmatrix}\dot{\alpha}_1 \tag{6.082}$$

即节点 1 的位移速度是由沿水平方向的伸长速度 i_a 和沿垂直方向的刚体位移速度 $\dot{\alpha}_1$ 组成的。

其次，自平衡方程有解的充要条件式 (6.073) 中代入式 (6.080)，即

$$\begin{bmatrix}0&0\\0&1\end{bmatrix}\begin{bmatrix}f_{1x}\\f_{1y}\end{bmatrix}=\begin{bmatrix}0\\0\end{bmatrix} \tag{6.083}$$

由式 (6.083)，$\boldsymbol{f}_{1y}=0$，在此条件下式 (6.071) 的解为

$$n_a=\begin{bmatrix}1 & 0\end{bmatrix}\begin{bmatrix}f_{1x}\\0\end{bmatrix}=f_{1x} \tag{6.084}$$

此时式 (6.075) 的系数矩阵为零，不存在自平衡应力。由于 $p = 1$，$q = 0$ 由表 6.2 可知该桁架结构是静定不稳定结构。

[例 **6.4**] 试求图 6.9 所示的桁架结构的刚体位移和自平衡应力。

求得式 (6.050) 给出的 $\boldsymbol{A}$ 的广义逆矩阵，即

$$\boldsymbol{A}^{-}=\frac{1}{2}\begin{bmatrix}1 & -1\\0 & 0\end{bmatrix} \tag{6.085}$$

则

$$\boldsymbol{AA}^{-}=\frac{1}{2}\begin{bmatrix}1 & -1\\-1 & 1\end{bmatrix},\quad \boldsymbol{A}^{-}\boldsymbol{A}=\begin{bmatrix}1 & 0\\0 & 0\end{bmatrix} \tag{6.086}$$

$$[\boldsymbol{I}_2-\boldsymbol{AA}^{-}]=\frac{1}{2}\begin{bmatrix}1 & 1\\1 & 1\end{bmatrix},\quad [\boldsymbol{I}_2-\boldsymbol{A}^{-}\boldsymbol{A}]=\begin{bmatrix}0 & 0\\0 & 1\end{bmatrix} \tag{6.087}$$

该桁架结构 rank($\boldsymbol{A}$) = 1、p = 1、q = 1，存在一个刚体位移和一个自平衡应力模态，由表 6.1 可知是不静定不稳定的桁架结构。抽出式 (6.087) 的线性无关列矢量，代入式 (6.070) 和 (6.077)，则刚体位移模态和自应力模态有式 (6.088) 和 (6.089)，即

$$\begin{bmatrix}\dot{x}_1\\\dot{y}_1\end{bmatrix}=\begin{bmatrix}0\\1\end{bmatrix}\dot{\alpha}_1 \tag{6.088}$$

$$\begin{bmatrix}n_a\\n_b\end{bmatrix}=\begin{bmatrix}1\\1\end{bmatrix}\beta_1 \tag{6.089}$$

由式 (6.089)，在这个桁架结构中可以导入张力 $n_a = n_b = \beta$。由式 (6.061) 解存在条件得

$$\frac{1}{2}\begin{bmatrix}1 & 1\\1 & 1\end{bmatrix}\begin{bmatrix}i_a\\i_b\end{bmatrix}=\begin{bmatrix}0\\0\end{bmatrix} \tag{6.090}$$

式 (6.090) 可写成 $\boldsymbol{i}_a+\boldsymbol{i}_b=0$，这说明杆件 a 的伸长值与杆件 b 的缩短值必须相同。满足式 (6.090) 时，式 (6.060) 的解为

$$\begin{bmatrix}\dot{x}_1\\\dot{y}_1\end{bmatrix}=\frac{1}{2}\begin{bmatrix}1 & -1\\0 & 0\end{bmatrix}\begin{bmatrix}i_a\\i_b\end{bmatrix}+\begin{bmatrix}0\\1\end{bmatrix}\dot{\alpha}_1 \tag{6.091}$$

平衡方程式 (6.071) 解存在条件式 (6.073)，由式 (6.087) 可得

$$\begin{bmatrix}0 & 0\\0 & 1\end{bmatrix}\begin{bmatrix}f_{1x}\\f_{1y}\end{bmatrix}=\begin{bmatrix}0\\0\end{bmatrix} \tag{6.092}$$

由式 (6.092)$f_{1y}=0$（该结构对沿铅垂方向的载荷没有支撑）。此时式 (6.071) 的解为

$$\begin{bmatrix}\boldsymbol{n}_a\\\boldsymbol{n}_b\end{bmatrix}=\frac{1}{2}\begin{bmatrix}1 & 0\\-1 & 0\end{bmatrix}\begin{bmatrix}f_{1x}\\0\end{bmatrix}+\begin{bmatrix}1\\1\end{bmatrix}\beta_1 \tag{6.093}$$

由载荷 f_{1x} 可知轴力 $n_a=\frac{1}{2}f_{1x}$，$\boldsymbol{n}_b=-\frac{1}{2}f_{1x}$。

6.2.3 微小刚体位移和有限刚体位移

开始先比较图 6.8 和图 6.9 的桁架结构。式 (6.081) 和式 (6.088) 给出的微小位移范围中产生相同的刚体位移模态。这称为“微小刚体位移”。但是，考虑到有限位移的范围，图 6.8 可能有刚体位移，图 6.9 从直观上看不存在刚体位移。本节中将有限位移范围内产生的刚体位移称为“有限刚体位移”，现在阐述其存在条件。

微小刚体位移存在为前提。即由式 (6.070) 得

$$\dot{\boldsymbol{x}}=\dot{\alpha}_1\boldsymbol{h}_1+\dot{\alpha}_2\boldsymbol{h}_2+\cdots+\dot{\alpha}_p\boldsymbol{h}_p \tag{6.094}$$

将式 (6.094) 代入式 (6.020)，利用式 (6.021)，可得

$$\boldsymbol{A}\ddot{\boldsymbol{x}}=-\ddot{\boldsymbol{\psi}}(\dot{\alpha}_1,\cdots,\dot{\alpha}_p) \tag{6.095}$$

式 (6.095) 解存在的条件，即 $\ddot{\boldsymbol{x}}$ 的存在条件为

$$[\boldsymbol{I}_m-\boldsymbol{A}\boldsymbol{A}^-]\ddot{\boldsymbol{\psi}}(\dot{\alpha}_1,\cdots,\dot{\alpha}_p)=\boldsymbol{0} \tag{6.096}$$

式 (6.096)$\dot{\alpha}_1$，…，$\dot{\alpha}_p$ 之间的关系式表示为，若 $\dot{\alpha}_1$，…，$\dot{\alpha}_p$ 中存在自动满足式(6.096)的量（如 $\dot{\alpha}_1\neq 0$，$1\leqslant i\leqslant p$），其对应的刚体位移模态($\boldsymbol{h}_p$) 就称为有限刚体位移。

[例 6.5] 试探究图 6.8 和图 6.9 的桁架结构是否存在有限刚体位移。

首先看图 6.8，将式 (6.081) 代入式 (6.042)，可得

$$\ddot{\boldsymbol{\psi}}_a = \frac{1}{l_a}(\dot{\alpha}_1)^2 \tag{6.097}$$

用式 (6.097) 作成式 (6.095) 有

$$\begin{bmatrix} 1 & 0 \end{bmatrix}\begin{bmatrix} \ddot{x}_1 \\ \ddot{y}_1 \end{bmatrix} = -\frac{1}{l_a}(\dot{\alpha}_1)^2 \tag{6.098}$$

解存在的条件有

$$[\boldsymbol{I}_1 - \boldsymbol{A}\boldsymbol{A}^-]\ddot{\boldsymbol{\psi}}_a = [1-1]\ddot{\boldsymbol{\psi}}_a = [0]\ddot{\boldsymbol{\psi}}_a = 0 \tag{6.099}$$

$\dot{\alpha}_1$ 的值刚好自动满足。即存在有限刚体位移 $\dot{\alpha}_1$。

下面再看图 6.9。将式 (6.088) 代入式 (6.056)，即

$$\ddot{\boldsymbol{\psi}} = \begin{bmatrix} \dfrac{1}{l_a} \\ \dfrac{1}{l_b} \end{bmatrix}(\dot{\alpha}_1)^2 \tag{6.100}$$

用式 (6.087) 做解的存在条件

$$[\boldsymbol{I}_2 - \boldsymbol{A}\boldsymbol{A}^-]\ddot{\boldsymbol{\psi}} = \frac{1}{2}\begin{bmatrix} 1 & 1 \\ 1 & 1 \end{bmatrix}\begin{bmatrix} \dfrac{1}{l_a} \\ \dfrac{1}{l_b} \end{bmatrix}(\dot{\alpha}_1)^2 = \begin{bmatrix} 0 \\ 0 \end{bmatrix} \tag{6.101}$$

由式 (6.101)，$\dfrac{1}{2}\left(\dfrac{1}{l_a}+\dfrac{1}{l_b}\right)(\dot{\alpha}_1)^2 = 0$，可知 $\dot{\alpha}_1 = 0$，即该桁架结构不存在有限刚体位移。

[例 6.6] 试求图 6.10(a) 所示桁架结构的有限刚体位移。

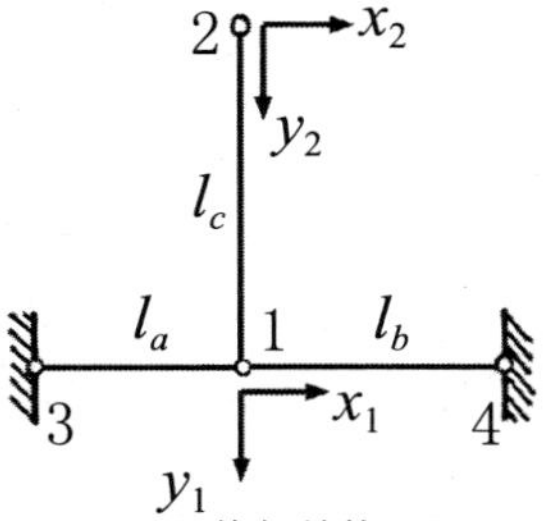

（a）桁架结构

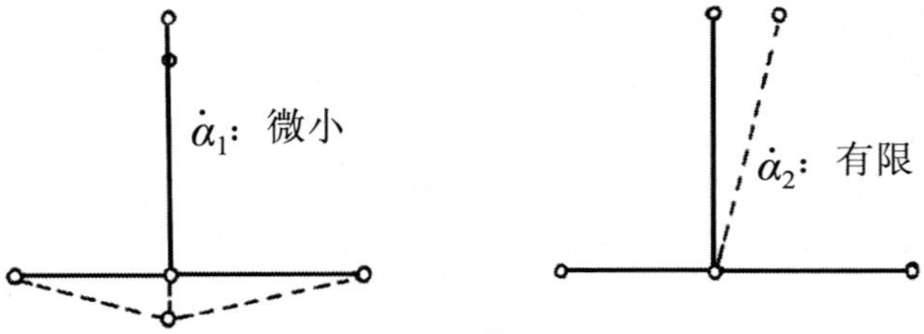

（b）刚体模态

图 6.10 微小刚体位移模态与有限刚体位移模态

由基本公式 (6.017)，可得

$$\begin{bmatrix} 1 & 0 & 0 & 0 \\ -1 & 0 & 0 & 0 \\ 0 & -1 & 0 & 1 \end{bmatrix} \begin{bmatrix} \dot{x}_1 \\ \dot{y}_1 \\ \dot{x}_2 \\ \dot{y}_2 \end{bmatrix} = \begin{bmatrix} \dot{l}_a \\ \dot{l}_b \\ \dot{l}_c \end{bmatrix} \tag{6.102}$$

作为准备

$$\operatorname{rank}(\boldsymbol{A}) = 2\text{，}\quad \boldsymbol{A}^{-} = \frac{1}{2}\begin{bmatrix} 1 & -1 & 0 \\ 0 & 0 & -1 \\ 0 & 0 & 0 \\ 0 & 0 & 1 \end{bmatrix} \tag{6.103}$$

$$\left[\boldsymbol{I}_3 - \boldsymbol{A}\boldsymbol{A}^{-}\right] = \frac{1}{2}\begin{bmatrix} 1 & 1 & 0 \\ 1 & 1 & 0 \\ 0 & 0 & 0 \end{bmatrix}\text{，}\quad \left[\boldsymbol{I}_4 - \boldsymbol{A}\boldsymbol{A}^{-}\right] = \frac{1}{2}\begin{bmatrix} 0 & 0 & 0 & 0 \\ 0 & 1 & 0 & 1 \\ 0 & 0 & 2 & 0 \\ 0 & 1 & 0 & 1 \end{bmatrix} \tag{6.104}$$

有 $m=3$、$n=4$、$p=2$、$q=1$，该结构存在两个微小刚体位移和一个自平衡应力模态。

由式 (6.104) 可以找出刚体位移基底矢量，由式 (6.070)，可得

$$\begin{bmatrix}\dot{x}_1\\ \dot{y}_1\\ \dot{x}_2\\ \dot{y}_2\end{bmatrix}=\begin{bmatrix}0\\1\\0\\1\end{bmatrix}\dot{\alpha}_1+\begin{bmatrix}0\\0\\1\\0\end{bmatrix},\quad \boldsymbol{h}_1=\begin{bmatrix}0\\1\\0\\1\end{bmatrix},\quad \boldsymbol{h}_2=\begin{bmatrix}0\\0\\1\\0\end{bmatrix} \tag{6.105}$$

将式 (6.105) 画成图，如图 6.10(b) 所示，下面再利用式 (6.022) 求 $\ddot{\boldsymbol{\psi}}$，即

$$\ddot{\boldsymbol{\psi}}=\begin{bmatrix}\ddot{\psi}_a\\ \ddot{\psi}_b\\ \ddot{\psi}_c\end{bmatrix}=\frac{1}{l}\begin{bmatrix}\dot{x}_1^{\ 2}+\dot{y}_1^{\ 2}\\ \dot{x}_1^{\ 2}+\dot{y}_1^{\ 2}\\ (\dot{x}_2-\dot{x}_1)^2+(\dot{y}_2-\dot{y}_1)^2\end{bmatrix} \tag{6.106}$$

把式 (6.105) 代入

$$\ddot{\boldsymbol{\psi}}=\frac{1}{l}\begin{bmatrix}\dot{\alpha}_1^{\ 2}\\ \dot{\alpha}_1^{\ 2}\\ \dot{\alpha}_2^{\ 2}\end{bmatrix} \tag{6.107}$$

式 (6.095) 是解存在条件做式 (6.096)。利用式 (6.104)，可得

$$\frac{1}{2l}\begin{bmatrix}1&1&0\\1&1&0\\0&0&0\end{bmatrix}\begin{bmatrix}\dot{\alpha}_1^{\ 2}\\ \dot{\alpha}_1^{\ 2}\\ \dot{\alpha}_2^{\ 2}\end{bmatrix}=\frac{1}{l}\begin{bmatrix}\dot{\alpha}_1^{\ 2}\\ \dot{\alpha}_1^{\ 2}\\ 0\end{bmatrix}=\begin{bmatrix}0\\0\\0\end{bmatrix} \tag{6.108}$$

由式 (6.108) 可知 $\dot{\alpha}_2$ 自动地满足解存在条件，$\boldsymbol{h}_2$ 为有限刚体位移。另一方面当 $\dot{\alpha}_1=0$，$\boldsymbol{h}_1$ 为微小刚体位移而不是有限刚体位移。

6.3 不稳定桁架结构的形态解析

6.3.1 单摆运动：从不稳定到稳定

具有有限刚体位移的不稳定结构会产生运动。让我们试图探究使其

运动的力以及会产生怎样的运动。

图 6.11(a) 所示的立方八面体桁架结构，其中杆件数 $b = 24$，节点数 $j = 12$，代入式 (6.001)，可知有 6 个自由度，是不稳定结构。该结构在某些点作用了力，使其运动形态变化如图 (a)→(b)→(c)→(d)→(e)，最终成为稳定结构。Fuller 把这个运动起名为“Jitterbug”。其意思是边摇摆边运动，这就是“单摆运动”的解释。

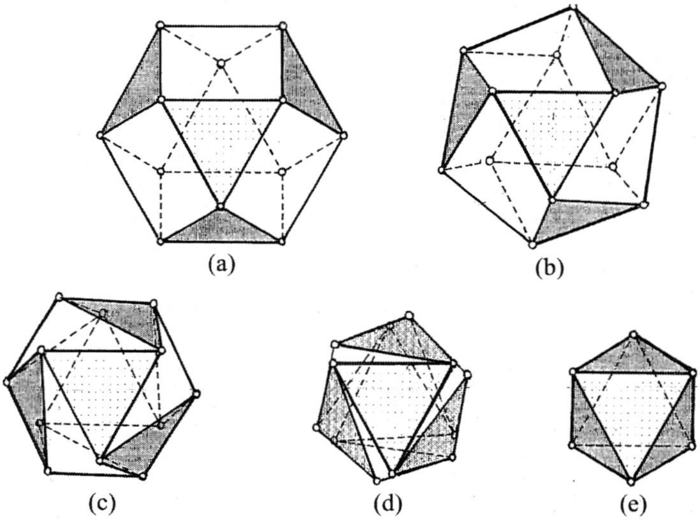

图 6.11 从立方八面体桁架到正八面桁架的单摆运动

若想解析这样的运动，以图 6.11(a) 为例，做刚度矩阵。但是因没有固定边界，刚度矩阵行列式值为零，计算逆矩阵时数值不稳定，对于计算机数值分析来说是较为难处理的。

单摆运动是因为刚体位移反复累积产生的。下面介绍这种特别的计算方法。

6.3.2 形态解析法

不稳定刚体桁架结构的杆件移动状态如图 6.12，杆件从初始状态 c_0 开始，现时刻状态为 c_i。现在令状态 c_i 开始位移增分，移动到状态 c_{i+1}。此时状态 c_{i+1} 的桁架节点位置矢量 $\boldsymbol{x}_{i+1}$ 与状态 c_i 时的位置矢量 $\boldsymbol{x}_i$ 之间的位移增分可以用 $\ddot{A}\boldsymbol{x}_i$ 表示，即

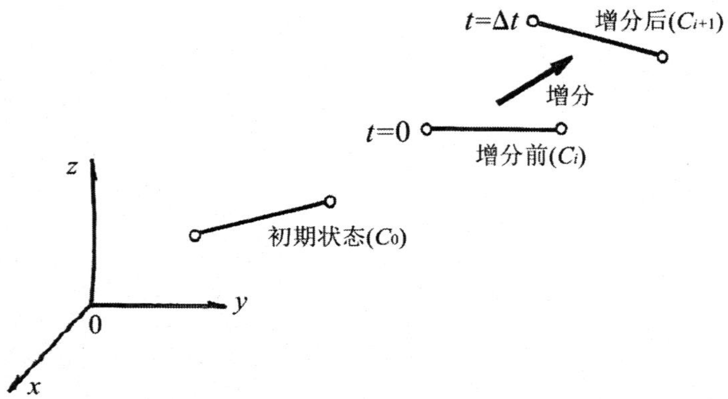

图 6.12 初期状态与增分前后的杆件状态变化

$$\boldsymbol{x}_{i+1}=\boldsymbol{x}_i+\Delta\boldsymbol{x}_i \tag{6.109}$$

c_i 的状态以 $t=0$ 作为基准状态，$\boldsymbol{x}_i$ 为时间 t 的函数。即 $\boldsymbol{x}_i=\boldsymbol{x}_i(t)$。将 $\boldsymbol{x}_i(t)$ 以麦克劳林展开

$$\boldsymbol{x}_i(t)=\boldsymbol{x}_i(0)+\dot{\boldsymbol{x}}_i(0)t+\frac{1}{2}\ddot{\boldsymbol{x}}_i(0)t^2+\cdots \tag{6.110}$$

当 $t=\Delta t$ 时变成 c_{i+1} 的状态，式 (6.109) 的位移增分为

$$\Delta\boldsymbol{x}_i=\dot{\boldsymbol{x}}_i(0)\Delta t+\frac{1}{2}\ddot{\boldsymbol{x}}_i(0)(\Delta t)^2+\cdots \tag{6.111}$$

由式 (6.111) 可知，要求 $\Delta\boldsymbol{x}_i$ 应先求出 $\dot{\boldsymbol{x}}_i(0)$，$\ddot{\boldsymbol{x}}_i(0)\cdots$。以下为了简单起见，将其写成 $\dot{\boldsymbol{x}}_i$，$\ddot{\boldsymbol{x}}_i\cdots$。$\dot{\boldsymbol{x}}_i$，$\ddot{\boldsymbol{x}}_i$ 可以通过式 (6.019) 和 (6.020) 求得。

首先阐述采用式 (6.010) 中取 Δt 的一阶项的解析方法。此时，增分位移 $\Delta\boldsymbol{x}_i$ 为

$$\Delta\boldsymbol{x}_i=\dot{\boldsymbol{x}}_i\Delta t \tag{6.112}$$

式 (6.019) 的解可以由式 (6.070) 得到，其基底矢量为 $\boldsymbol{h}_1$，…，$\boldsymbol{h}_p$

$$\dot{\boldsymbol{x}}_i=\dot{\boldsymbol{\alpha}}_1\boldsymbol{h}_1+\dot{\boldsymbol{\alpha}}_2\boldsymbol{h}_2+\cdots+\dot{\boldsymbol{\alpha}}_p\boldsymbol{h}_p \tag{6.113}$$

式 (6.113) $\dot{\alpha}_1$，…，$\dot{\alpha}_p$ 确定后则 $\dot{\boldsymbol{x}}_i$ 可以定下来。可以得到式 (6.112) 相对应的 Δt 的位移增分 $\Delta\boldsymbol{x}_i$。

$\dot{\alpha}_1$，…，$\dot{\alpha}_p$ 的值可以用多种方法得到。其中一种与载荷值有关。不

稳定桁架节点作用载荷矢量用$\boldsymbol{f}$表示，通常$\boldsymbol{f}$的方向不变。如图 6.13 所示，初期状态 c_0 开始，经过不稳定的状态 c_i，最终到达稳定状态 c_f。此时，从 c_0 向 c_f，即从不稳定状态到稳定状态是需要条件的。在此，c_0、c_i、c_f 的状态用势能函数 Π 描述，有式 (6.114) 成立。

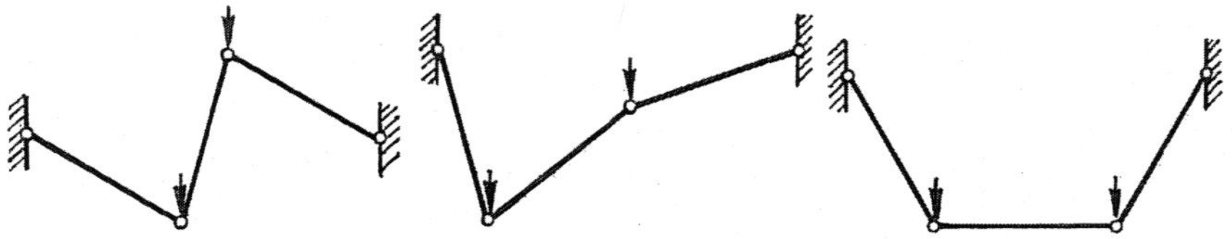

图 6.13 初期状态、中间状态和最终状态图

$$\Pi(c_0) > \cdots > \Pi(c_i) > \cdots > \Pi(c_f) \tag{6.114}$$

c_f 的状态势能取极小值。计算过程中要使用势能函数，用势能减小的方向作为位移进行的方向。

从 c_i 到 c_{i+1} 的增分过程势能相应的变化 $\Delta\Pi(c_i)$ 有式成立，即

$$\Pi\ (c_i)\ = \Pi(c_i) + \Delta\Pi\ (c_i) \tag{6.115}$$

用式 (6.112)，可得

$$\Delta\Pi(c_{i+1}) = -\dot{\boldsymbol{x}}^{\mathrm{T}}\boldsymbol{f}\Delta t \tag{6.116}$$

增分解析中由式 (6.113) 表示的刚体位移模态的系数 $\dot{\alpha}_1$，…，$\dot{\alpha}_p$ 的值也满足 $\Delta\Pi(c_i) < 0$，最终状态 $\boldsymbol{c}_f$ 时，势能停留在极值点，式 (6.117) 成立

$$\Delta\Pi(c_i) = -\dot{\boldsymbol{x}}^{\mathrm{T}}\boldsymbol{f}\Delta t = 0 \tag{6.117}$$

将式 (6.113) 代入式 (6.117)，即

$$\dot{\boldsymbol{x}}^{\mathrm{T}}\boldsymbol{f} = \left(\dot{\alpha}_1\boldsymbol{h}_1 + \cdots + \dot{\alpha}_p\boldsymbol{h}_p\right)^{\mathrm{T}}\boldsymbol{f} = 0 \tag{6.118}$$

在最终状态所有刚体位移模态都与载荷正交。式 (6.118) 就称为稳定化条件。

图 6.14 为具体例子。在状态 c_0、c_i 下 $\boldsymbol{h}^{\mathrm{T}}\boldsymbol{f} \neq 0$，在状态 c_f 下 $\boldsymbol{h}^{\mathrm{T}}\boldsymbol{f} = 0$。

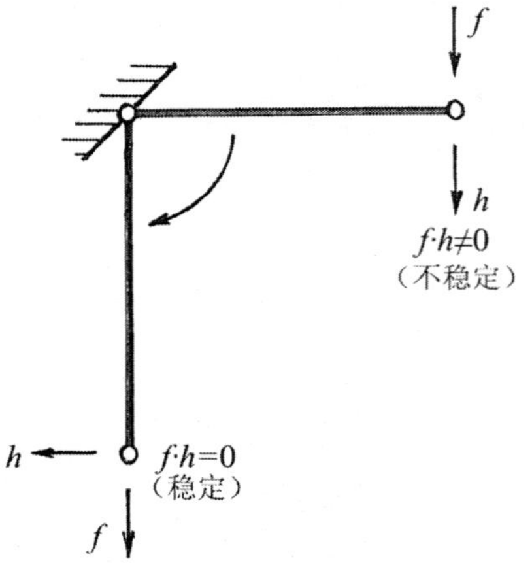

图 6.14 刚体位移与载荷矢量的正交性

下面阐述确定 $\dot{\alpha}_1$，…，$\dot{\alpha}_p$ 方法。若能使 $\dot{\alpha}_1$，…，$\dot{\alpha}_p$ 满足 $\Delta\Pi(c_i)<0$ 就可定下。这里说明在势能曲面上以最大梯度方向移行的确定方法。参考式 (6.118)，可得

$$\dot{\boldsymbol{x}}^{\mathrm{T}}\boldsymbol{f}=(\dot{\alpha}_1,\cdots,\dot{\alpha}_p)\begin{bmatrix}\boldsymbol{h}_1^{\mathrm{T}}\boldsymbol{f}\\ \vdots\\ \boldsymbol{h}_p^{\mathrm{T}}\boldsymbol{f}\end{bmatrix}=0 \tag{6.119}$$

$\boldsymbol{h}_1^{\mathrm{T}}\boldsymbol{f}$，…，$\boldsymbol{h}_p^{\mathrm{T}}\boldsymbol{f}$ 的比为各个刚体位移模态方向的功的比。在此，系数 $\dot{\alpha}_1$，…，$\dot{\alpha}_p$ 的值只取做功大小的比值，即

$$\begin{bmatrix}\dot{\alpha}_1\\ \vdots\\ \dot{\alpha}_p\end{bmatrix}=\dot{\alpha}\begin{bmatrix}\boldsymbol{h}_1^{\mathrm{T}}\boldsymbol{f}\\ \vdots\\ \boldsymbol{h}_p^{\mathrm{T}}\boldsymbol{f}\end{bmatrix} \tag{6.120}$$

此时式 (6.116) 可写成

$$\Delta\Pi(c_i)=-\{(\boldsymbol{h}_1^{\mathrm{T}}\boldsymbol{f})^2+\cdots+(\boldsymbol{h}_p^{\mathrm{T}}\boldsymbol{f})^2\}(\dot{\alpha}\Delta t) \tag{6.121}$$

上式中括号的值都是平方项，非负，当增分量 $(\dot{\alpha}\Delta t)$ 是正值时，$\Delta\Pi(c_i)<0$ 自动满足。

c_f 的稳定状态有 $\Delta\Pi(c_i)=0$，由式 (6.121)，可得

$$\boldsymbol{h}_1{}^{\mathrm{T}}\boldsymbol{f}=\cdots=\boldsymbol{h}_p{}^{\mathrm{T}}\boldsymbol{f}=0 \tag{6.122}$$

即越接近状态 c_f，式 (6.121) 的中括号内的值越小，c_f 处为零。

式 (6.120) 给出的值是在势能曲面上的 c_i 时点的最大梯度方向。在式 (6.119) 中 $\boldsymbol{h}_1{}^{\mathrm{T}}\boldsymbol{f}$，…，$\boldsymbol{h}_p{}^{\mathrm{T}}\boldsymbol{f}$ 的增分区间是常数，势能增量的梯度为

$$\operatorname{grad}(\Delta\Pi(\dot{\alpha}_1,\cdots,\dot{\alpha}_p))=\begin{bmatrix}\dfrac{\partial\Delta\Pi}{\partial\dot{\alpha}_1}\\ \vdots\\ \dfrac{\partial\Delta\Pi}{\partial\dot{\alpha}_p}\end{bmatrix}=\begin{bmatrix}\boldsymbol{h}_1{}^{\mathrm{T}}\boldsymbol{f}\\ \vdots\\ \boldsymbol{h}_p{}^{\mathrm{T}}\boldsymbol{f}\end{bmatrix} \tag{6.123}$$

式 (6.123) 的右边的矢量与式 (6.120) 一样。即说明 $\dot{\alpha}_1$，…，$\dot{\alpha}_p$ 按式 (6.120) 选定后，沿最快下降方向上逐步移行。

在此对二维及三维的不稳定链联接结构进行形态解析。

图 6.15 是有 5 个自由节点的二维不稳定链联接结构，各节点上作用相同铅垂方向载荷。该解析从 c_0 到 c_f 共分 40 步。图 6.16 以 $\Delta\Pi(c_f)=0$ 的值为基准，表示势能的变化。可以看出由 c_0 到 c_f 是比较陡的移行曲线。

在三维链结构解析中，如图 6.17 所示采用有 33 个自由节点数的不稳定链结构。各杆件作用着铅垂方向的单位体积力。图 6.17 显示了稳定化移行过程，图 6.18 显示了势能的变化。

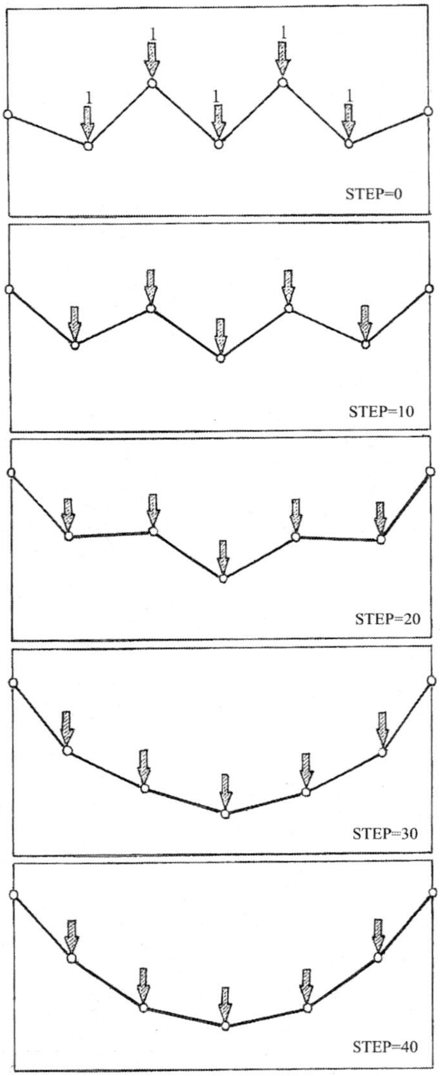

图 6.15 平面链结构的稳定化移行过程

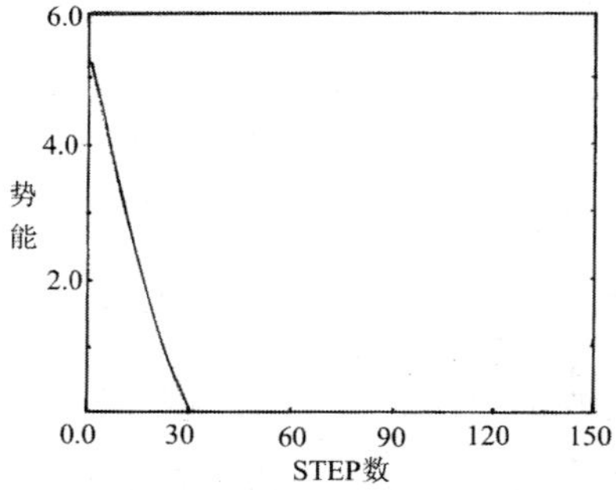

图 6.16 势能随移行阶段的变化图

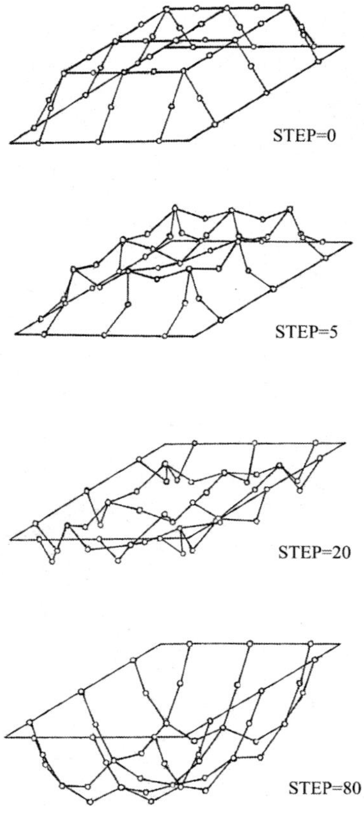

图 6.17 空间链结构的稳定化移行过程

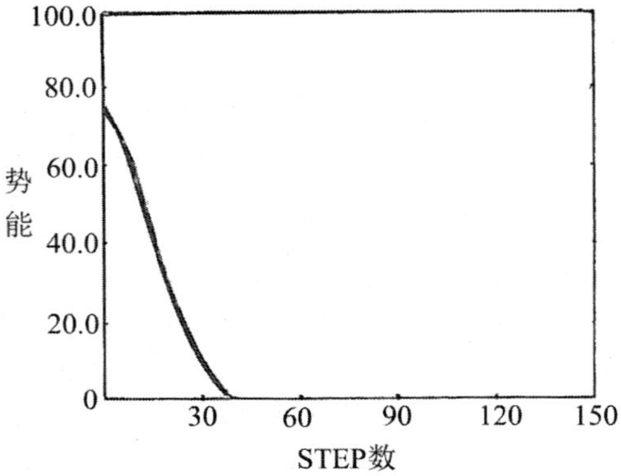

图 6.18 势能随移行阶段的变化图

6.3.3 导入高次项解析法

首先以具体的例子说明。图 6.8 所示的桁架结构，c_0 为初期形态，试求进一步的形态 c_1，再次引入基本公式，由式 (6.040) 和 (6.041) 可得

$$\begin{bmatrix}1 & 0\end{bmatrix}\begin{bmatrix}\dot{x}_1 \\ \dot{y}_1\end{bmatrix}=0 \tag{6.124}$$

$$\begin{bmatrix}1 & 0\end{bmatrix}\begin{bmatrix}\ddot{x}_1 \\ \ddot{y}_1\end{bmatrix}+\begin{bmatrix}\dfrac{\dot{x}_1}{l_a} & \dfrac{\dot{y}_1}{l_a}\end{bmatrix}\begin{bmatrix}\dot{x}_1 \\ \dot{y}_1\end{bmatrix}=0 \tag{6.125}$$

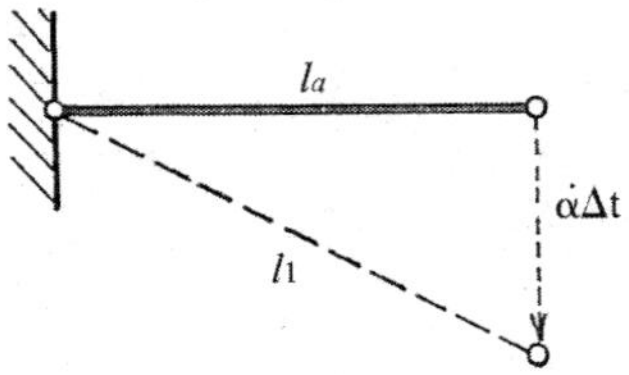

图 6.19 一次项增分

根据式 (6.081) 和式 (6.124) 的解有

$$\begin{bmatrix}\dot{x}_1 \\ \dot{y}_1\end{bmatrix}=\begin{bmatrix}0 \\ 1\end{bmatrix}\dot{\alpha}_1,\quad \boldsymbol{h}_1=\begin{bmatrix}0 \\ 1\end{bmatrix} \tag{6.126}$$

对于载荷矢量有

$$\boldsymbol{f}=\begin{bmatrix}0\\1\end{bmatrix} \tag{6.127}$$

此时，式 (6.120) 的 $\boldsymbol{h}_1^{\mathrm{T}}\boldsymbol{f}$ 等于 1，而 $\dot{\alpha}_1=\dot{\alpha}$，式 (6.112) 的位移增分为

$$\Delta\boldsymbol{x}_1=\begin{bmatrix}0\\1\end{bmatrix}(\dot{\alpha}\Delta t) \tag{6.128}$$

给定了 $\dot{\alpha}\Delta t$ 时 $\boldsymbol{c}_1$ 状态如图 6 .19 所示 (描述极端地夸大)，求此时的杆长 $l_1=\sqrt{l_a{}^2+(\dot{\alpha}\Delta t)^2}$ ，$l_1>l_a$。虽然认为材料是刚性的，无伸长，但数值解析的误差，使精度变差。要提高解析精度有几种方法：(a) 尽可能减小增分的幅度 $\dot{\alpha}\Delta t$；(b) 位移增分式 (6.111) 取高阶项等。在此阐述采用二阶项的方法。

试看图 6.8 所示桁架结构，将式 (6.126) 的结果代入式 (6.125)，且移到右边，有

$$\begin{bmatrix}1 & 0\end{bmatrix}\begin{bmatrix}\ddot{x}_1\\\ddot{y}_1\end{bmatrix}=-\frac{1}{l_a}\dot{\alpha}^2 \tag{6.129}$$

求式 (6.129) 的特解，即

$$\begin{bmatrix}\ddot{x}_1\\\ddot{y}_1\end{bmatrix}=-\begin{bmatrix}1\\0\end{bmatrix}\frac{1}{l_a}\dot{\alpha}^2 \tag{6.130}$$

由式 (6.130)，采用式 (6.011) 的第二项后

$$\Delta\boldsymbol{x}_1=\begin{bmatrix}0\\1\end{bmatrix}(\dot{\alpha}\Delta t)-\begin{bmatrix}1\\0\end{bmatrix}\frac{1}{2l_a}(\dot{\alpha}\Delta t)^2 \tag{6.131}$$

如图 6.20 所示，从 $\boldsymbol{c}_0$ 到 $\boldsymbol{c}_1$ 的移行中仅有角度 θ 变化，此时

$$\Delta\boldsymbol{x}_1=-l_a(1-\cos\theta)\approx-l_a(1-1+\frac{1}{2}\theta^2)=-\frac{l_a}{2}\theta^2 \tag{6.132}$$

$$\Delta\boldsymbol{y}_1=l_a\sin\theta\approx l_a\theta \tag{6.133}$$

由式 (6.131) 的右边第一项得 $l\theta=\dot{\alpha}\Delta t$。将其代入式 (6.132) 得 $\Delta\boldsymbol{x}_i=-(\dot{\alpha}\Delta t)^2/2l_a$，与式 (6.131) 右边第二项一致。

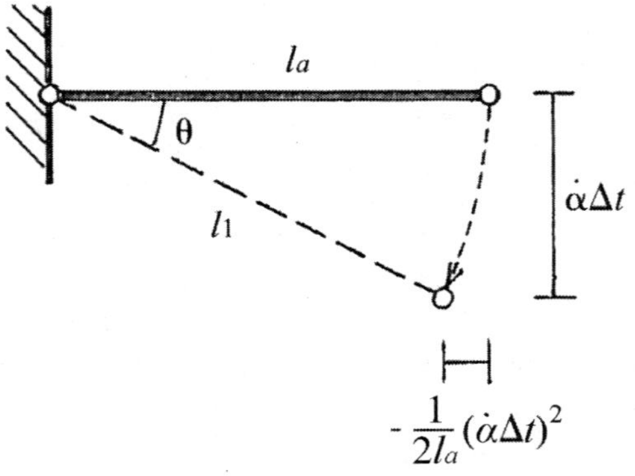

图 6.20 采用到二次项为止时的增分

下面说明加入二阶项时的解析方法。由式 (6.111) 得

$$\Delta \boldsymbol{x}_i = \dot{\boldsymbol{x}}_i \Delta t + \frac{1}{2}\ddot{\boldsymbol{x}}_i(\Delta t)^2 \tag{6.134}$$

由式 (6.113) 和式 (6.120)

$$\dot{\boldsymbol{x}}_i = \{(\boldsymbol{h}_1^{\mathrm{T}}\boldsymbol{f})\boldsymbol{h}_1 + \cdots + (\boldsymbol{h}_p^{\mathrm{T}}\boldsymbol{f})\boldsymbol{h}_p\}\dot{\alpha} \tag{6.135}$$

将式 (6.135) 代入式 (6.020)，利用式 (6.021) 得

$$\boldsymbol{A}\ddot{\boldsymbol{x}}_i = -\ddot{\boldsymbol{\psi}}(\dot{\alpha}) \tag{6.136}$$

将式 (6.136) 的解存在条件变成式 (6.096)，求满足有限刚体位移条件的解。

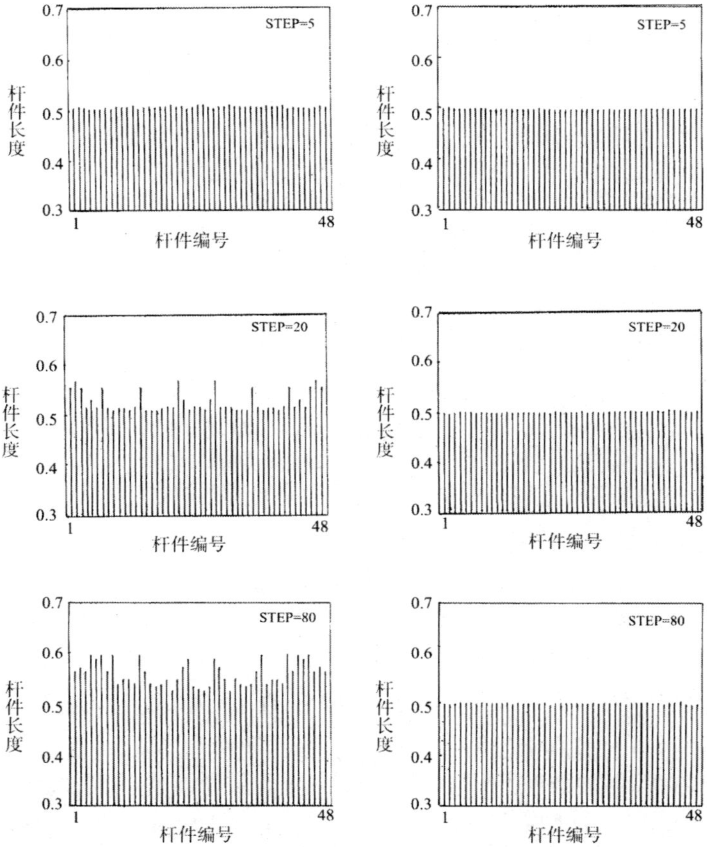

(a) 一次项　　(b) 一次项和二次项

图 6.21 步骤数与杆件长度的变化

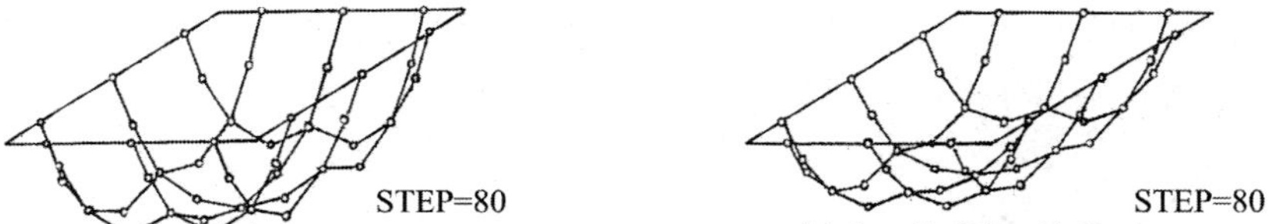

(a) 仅取一次项　　(b) 取一次项和二次项

图 6.22 最终形态的比较

$$\ddot{\boldsymbol{x}}_i = -\boldsymbol{A}^{-}\ddot{\boldsymbol{\psi}}(\dot{\alpha}) + [\boldsymbol{I}_n - \boldsymbol{A}^{-}\boldsymbol{A}]\ddot{\boldsymbol{\alpha}} \tag{6.137}$$

在此 $\ddot{\boldsymbol{\alpha}}$ 为任意矢量。包含 $\ddot{\boldsymbol{\alpha}}$ 的通解部分表示了加速度，在准静态时位移变化为零。利用式 (6.022) 后

$$\ddot{\boldsymbol{\psi}}(\dot{\alpha}) = \overline{\boldsymbol{\psi}}\dot{\alpha}^2 \tag{6.138}$$

其中，$\overline{\boldsymbol{\psi}}$ 在增分区间内是个常矢量。将式 (6.135) 和式 (6.138) 代入式 (6.134) 得

$$\Delta \boldsymbol{x}_i = \{(\boldsymbol{h}_1^{\mathrm{T}}\boldsymbol{f})\boldsymbol{h}_1 + \cdots + (\boldsymbol{h}_p^{\mathrm{T}}\boldsymbol{f})\boldsymbol{h}_p\}(\dot{\alpha}\Delta \boldsymbol{t}) - \frac{1}{2}\boldsymbol{A}^{-}\overline{\boldsymbol{\psi}}(\dot{\alpha}\Delta \boldsymbol{t})^2 \tag{6.139}$$

$(\dot{\alpha}\Delta t)$ 给定时，就可得到 $\Delta \boldsymbol{x}_i$。

图 6.17 显示了三维链结构的数值分析结果。图 6.21 是步数和杆件长度图线，开始状态杆件长取 0.5。(a) 只取一次项，随着步数的增加杆件变长。(b) 取一阶、二阶项，杆件长度不随步数增加，保持 0.5。图 6.22 比较了最终状态，(a) 杆件变长了，互相顶着。

6.4 索结构的形态分析

6.4.1 不伸长变形

索和膜是弯曲刚度非常小的结构材料，因此在伸长方向的微小应变（极端的情况下是应变为零，即没有伸缩的不伸长变形）的范围内有很大的形态变化，也称为大变形。为此，索和膜对应载荷分布而变化形态。大变形通常多为非线性，得到解析解很困难。但是也有考虑不伸长变形的条件组合进去再解析求解的，这些问题在考虑大变形现象的基础上得到的解是非常宝贵的财富。

L.Euler 根据杆的弹性问题在不伸长变形的条件下求解形态是最初的具有纪念性的例子，是大变形问题的出发点。

膜结构中，在整个膜上有等张力的形态作为基本形态而被采用。对于给定的边界在各个方向都是等张力的曲面，在给定的领域内具有极小的面积，称为极小曲面。对于给定边界求极小曲面的问题称为 Plateau 问题，是以研究表明张力性质的实验者 Joseph Plateau 的名字命名的。

解析索、膜结构不伸长变形的有力武器是变分法。最有代表性的例子是求自重作用下的索形状的问题，索长作为附带条件由式 (6.140) 定式化

$$I\left[y(x)\right]=\int_{x_1}^{x_2} y\sqrt{1+(\frac{\mathrm{d}\,y}{\mathrm{d}\,x})^2}\,\mathrm{d}\,x+\lambda\left[\int_{x_1}^{x_2}\sqrt{1+(\frac{\mathrm{d}\,y}{\mathrm{d}\,x})^2}\,\mathrm{d}\,x-l\right] \tag{6.140}$$

其中，λ 是拉格朗日 (Lagrange) 待定常数，索长 l 为

$$l=\int_{x_1}^{x_2}\sqrt{1+(\frac{\mathrm{d}\,y}{\mathrm{d}\,x})^2}\,\mathrm{d}\,x \tag{6.141}$$

式 (6.140) 的驻值解是悬链线（Catenary 曲线），由式 (6.142) 给出

$$y(x)=a\cosh\left(\frac{x}{a}\right) \tag{6.142}$$

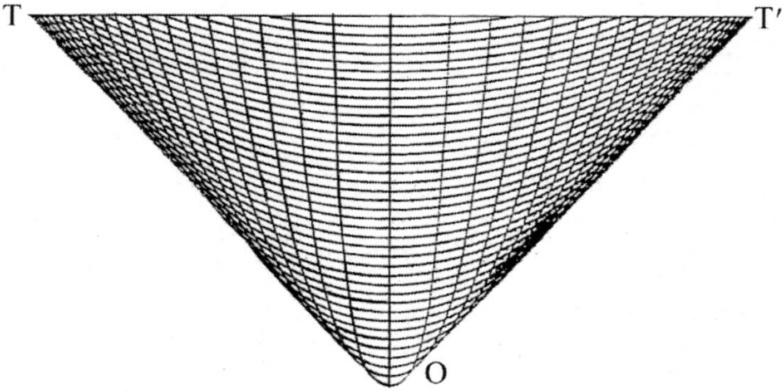

图 6.23 悬链线

其中，a 是常数。对各种各样的 a 值画出曲线，通过原点的直线 OT 和 OT′ 作为边界把悬链线分成存在区域和不存在区域（图 6.23）。小川在文献 [38] 中描述了抛物线 - 悬链线 - 跟踪曲线 - 悬垂面 - 螺旋斜面的美的关系。

以变分法为基础的有限元法是利用驻值解进行形态分析，许多问题从数值解析上得以实现。本节说明从不稳定状态出发，到停留状态的形态分析法。

6.4.2 几何学的关系式

索结构的形状用傅里叶级数表示。首先，不稳定状态（图 6.24）的形状用式 (6.143) 表示。

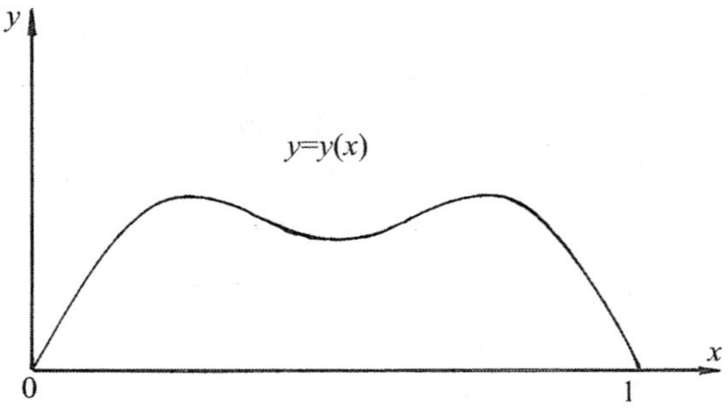

图 6.24 索形状

$$y=\sum_{i=1}^{n}W_i\sin i\pi x,\quad 0\leqslant x\leqslant 1 \tag{6.143}$$

曲线的长 l 为

$$l=\int_0^1\sqrt{1+\left(\frac{\mathrm{d}y}{\mathrm{d}x}\right)^2}\,\mathrm{d}x \tag{6.144}$$

将式 (6.143) 代入式 (6.144)，并将 $\sum\limits_{i=1}^{n}$ 简记为 $\sum\limits_{i}$，

$$l=\int_0^1\sqrt{1+\pi^2\sum_i\sum_j ijW_iW_j\cos i\pi x\cos j\pi x}\,\mathrm{d}x \tag{6.145}$$

此时长度 l 的微分 $\dot{l}$ 为

$$l=\pi^2\sum_i\left[\int_0^1\frac{i\cos i\pi x\sum\limits_j jW_j\cos j\pi x}{\sqrt{1+\pi^2\sum\limits_k\sum\limits_l klW_kW_l\cos k\pi x\cos l\pi x}}\mathrm{d}x\right]\dot{W}_i \tag{6.146}$$

式 (6.146) 的积分项 a_1，…，a_n，即

$$\frac{\dot{l}}{\pi^2}=a_1\dot{W}_1+\cdots+a_n\dot{W}_n \tag{6.147}$$

式 (6.147) 用矢量表示为

$$\frac{\dot{l}}{\pi^2}=\boldsymbol{A}^{\mathrm{T}}\dot{\boldsymbol{W}} \tag{6.148}$$

其中

$$\boldsymbol{A}=\begin{bmatrix}a_1\\ \vdots\\ a_n\end{bmatrix},\quad \dot{\boldsymbol{W}}=\begin{bmatrix}\dot{W}_1\\ \vdots\\ \dot{W}_n\end{bmatrix} \tag{6.149}$$

在稳定化移行过程中假定了不伸长变形 $\dot{l}=0$，式 (6.149) 为

$$\boldsymbol{A}^{\mathrm{T}}\dot{\boldsymbol{W}}=0 \tag{6.150}$$

式 (6.150) 与式 (6.019) 一致，上节的方法可以按其原样使用。特别地，式 (6.150) 的 $\boldsymbol{A}$ 矢量可以用广义逆矩阵的公式 (2.041) 计算其逆，即

$$\boldsymbol{A}^{-}=(\boldsymbol{A}^{\mathrm{T}}\boldsymbol{A})^{-1}\boldsymbol{A}^{\mathrm{T}}=\frac{1}{a_1{}^2+\cdots+a_n{}^2}\boldsymbol{A}^{\mathrm{T}} \tag{6.151}$$

式 (6.150) 的解为

$$\dot{\boldsymbol{W}}=[\boldsymbol{I}_n-(\boldsymbol{A}^{-})^{\mathrm{T}}\boldsymbol{A}^{\mathrm{T}}]\dot{\boldsymbol{\alpha}}=[\boldsymbol{I}_n-\boldsymbol{A}\boldsymbol{A}^{-}]\dot{\boldsymbol{\alpha}} \tag{6.152}$$

将 $[\boldsymbol{I}_{\mathrm{n}}-\boldsymbol{A}\boldsymbol{A}^{-}]$ 的线性无关列矢量标准正交化后得到 $\boldsymbol{h}_1$，…，$\boldsymbol{h}_p$，即

$$\dot{\boldsymbol{W}}=\dot{\alpha}_1\boldsymbol{h}_1+\cdots+\dot{\alpha}_p\boldsymbol{h}_p \tag{6.153}$$

其中，$\dot{\alpha}_1$，⋯，$\dot{\alpha}_p$ 为任意的标量，$\boldsymbol{h}_1$，⋯，$\boldsymbol{h}_p$ 为正交的刚体位移模态。因为 A 是列矢量，rank($\boldsymbol{A}$) = 1，通常有

$$p=n-1 \tag{6.154}$$

当 n = 1 时，傅里叶级数展开中只取一个模态，不伸长变形不可能存在如图 6.25 的情况。

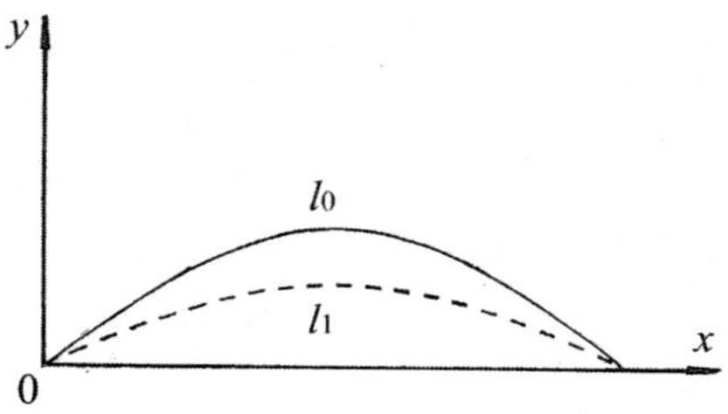

图 6.25 $l_0>l_1$ 不可能有不伸长变形

6.4.3 稳定化移行条件

外力 f 由式 (6.155) 给出

$$f=\sum_i F_i \sin i\pi x\text{，}\ 0\leqslant x\leqslant 1 \tag{6.155}$$

此时外力功的增分 $\Delta\Pi$ 为

$$\Delta\Pi=\int_0^1 f\Delta y\,\mathrm{d}x=\int_0^1\left(\sum_i F_i\sin i\pi x\right)\left(\sum_j \dot{W}_j\sin j\pi x\right)\Delta t\,\mathrm{d}x \tag{6.156}$$

$$=\left(\sum_i F_i\dot{W}_i\right)\frac{\Delta t}{2}$$

用矢量表示

$$\Delta\Pi=\dot{\boldsymbol{W}}^{\mathrm{T}}\boldsymbol{F}\frac{\Delta t}{2} \tag{6.157}$$

其中

$$\boldsymbol{F}=\begin{bmatrix}F_1\\ \vdots\\ F_n\end{bmatrix} \tag{6.158}$$

将式 (6.153) 代入式 (6.157)

$$\dot{W}^{\mathrm{T}}F=(\dot{\alpha}_1h_1+\cdots+\dot{\alpha}_ph_p)^{\mathrm{T}}F=(\dot{\alpha}_1,\cdots,\dot{\alpha}_p)\begin{bmatrix}h_1^{\mathrm{T}}F\\ \vdots\\ h_p^{\mathrm{T}}F\end{bmatrix} \tag{6.159}$$

式 (6.120) 的最优移行条件为

$$\begin{bmatrix}\dot{\alpha}_1\\ \vdots\\ \dot{\alpha}_p\end{bmatrix}=\dot{\alpha}\begin{bmatrix}\boldsymbol{h}_1^{\mathrm{T}}\boldsymbol{F}\\ \vdots\\ \boldsymbol{h}_p^{\mathrm{T}}\boldsymbol{F}\end{bmatrix} \tag{6.160}$$

将式 (6.160) 代入式 (6.153)，得

$$\dot{\boldsymbol{W}}=\dot{\alpha}\left(\boldsymbol{h}_1^{\mathrm{T}}\boldsymbol{F}\boldsymbol{h}_1+\cdots+\boldsymbol{h}_p^{\mathrm{T}}\boldsymbol{F}\boldsymbol{h}_p\right) \tag{6.161}$$

此时，从 c_i 到 c_{i+1} 的移行为

$$\boldsymbol{W}_{i+1}=\boldsymbol{W}_i+\dot{\boldsymbol{W}}\Delta t \tag{6.162}$$

6.4.4 高次项导入

再次引入式 (6.148)

$$\frac{\dot{l}}{\pi^2}=\boldsymbol{A}^{\mathrm{T}}\dot{\boldsymbol{W}} \tag{6.163}$$

式 (6.163) 的微分为

$$\frac{\ddot{l}}{\pi^2}=\boldsymbol{A}^{\mathrm{T}}\ddot{\boldsymbol{W}}+\dot{\boldsymbol{A}}^{\mathrm{T}}\dot{\boldsymbol{W}} \tag{6.164}$$

不伸长变形时 $\ddot{l}=0$

$$\boldsymbol{A}^{\mathrm{T}}\ddot{\boldsymbol{W}}=-\dot{\boldsymbol{A}}^{\mathrm{T}}\dot{\boldsymbol{W}} \tag{6.165}$$

$\boldsymbol{A}$ 是列矢量，由式 (6.151) 可知 $\boldsymbol{A}^{-}\boldsymbol{A}=1$，有解的条件下，

$[\boldsymbol{I}_1-(\boldsymbol{A}^{\mathrm{T}})^{-}\boldsymbol{A}^{\mathrm{T}}](\dot{\boldsymbol{A}}^{\mathrm{T}}\dot{\boldsymbol{W}})=[\boldsymbol{I}_1-\boldsymbol{A}^{-}\boldsymbol{A}](\dot{\boldsymbol{A}}^{\mathrm{T}}\dot{\boldsymbol{W}})=0$ 自动满足。式 (6.165) 相应的特解为

$$\ddot{\boldsymbol{W}}=-(\boldsymbol{A}^{\mathrm{T}})^{-}(\dot{\boldsymbol{A}}^{\mathrm{T}})\dot{\boldsymbol{W}} \tag{6.166}$$

其中

$$\dot{\boldsymbol{A}}=\begin{bmatrix}\dot{\alpha}_1\\ \vdots\\ \dot{\alpha}_n\end{bmatrix} \tag{6.167}$$

式 (6.167) 的元素为

$$\begin{aligned}\dot{\alpha}_i=&\int_0^1\frac{i\cos i\pi x\sum_j jW_j\cos j\pi x}{\sqrt{1+\pi^2\sum_k\sum_l klW_kW_l\cos k\pi x\cos l\pi x}}\mathrm{d}x\\&-\pi^2\int_0^1\frac{i\cos i\pi x\sum_j\sum_p\sum_q jpq\dot{W}_jW_pW_q}{\left(1+\pi^2\sum_k\sum_l klW_kW_l\cos k\pi x\cos l\pi x\right)^{\frac{3}{2}}}\cos j\pi x\cos p\pi x\cos q\pi x\,\mathrm{d}x\end{aligned} \tag{6.168}$$

使用式 (6.161) 和式 (6.166)，从 c_i 到 c_{i+1} 的移行为

$$\boldsymbol{W}_{i+1}=\boldsymbol{W}_i+\dot{\boldsymbol{W}}(\Delta t)+\frac{1}{2}\ddot{\boldsymbol{W}}(\Delta t)^2 \tag{6.169}$$

在此，给出 $n=5$ 时的数值解析示例。初始形状与外力分布有三种情况。

情况 1：初始形状 $y = 0.1\sin 5\pi x$，外力分布 $f = \sin \pi x$。

情况 2：初始形状 $y = 0.1\sin 5\pi x$，外力分布 $f = \sin \pi x + 0.3\sin 3\pi x$。

情况 3：初始形状 $y = 0.1\sin 5\pi x$，外力分布 $f = \sin 2\pi x$。

图 6.26、图 6.27 和图 6.28 分别是情况 1、情况 2 和情况 3 的结果，每个状态分十步。式 (6.146) 和式 (6.168) 的数值积分用台形公式分 100 份计算。最初状态的长度为 l_0，采用一次项时最终状态长度为 l_1，采用二次项时最终状态长度为 l_2，得

$$l_1/l_0 = 1.0115\text{，}\ l_2/l_1 = 1.0006\text{，}\ l_0 = 1.45 \qquad (6.170)$$

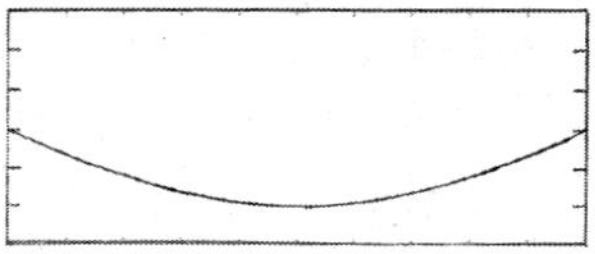

(a) 外力分布

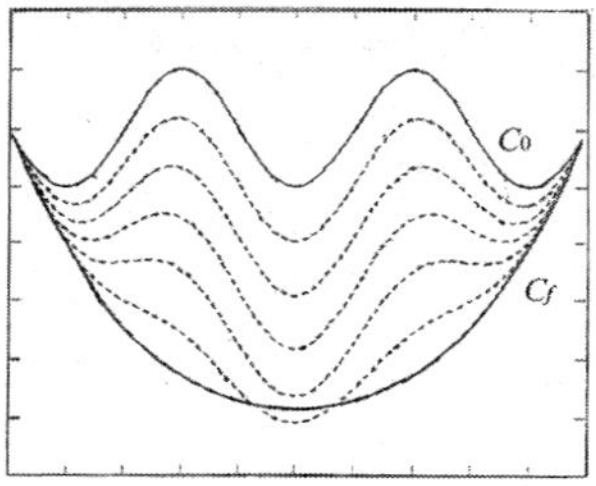

(b) 形态变化

图 6.26 索结构的稳定化移行过程 (情况 1)

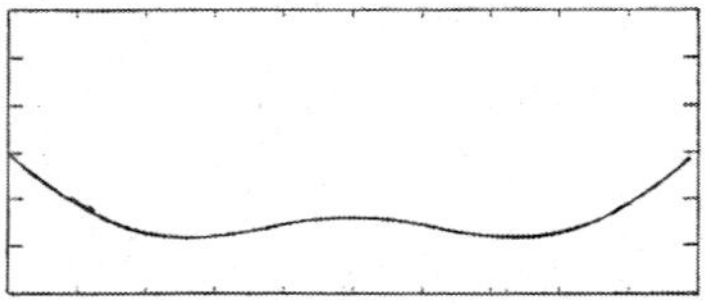

(a) 外力分布

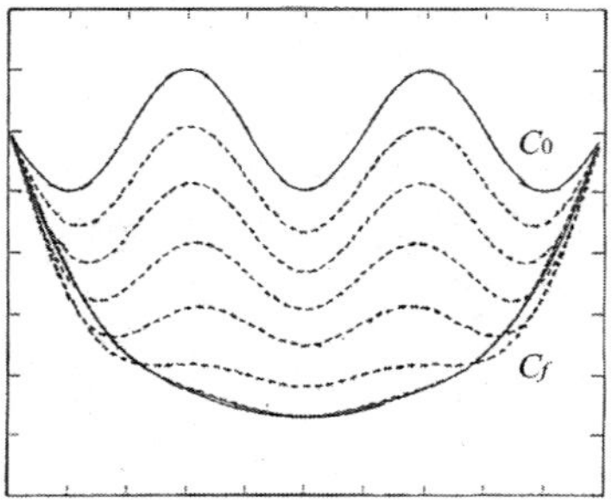

(b) 形态变化

图 6.27 索结构的稳定化移行过程 (情况 2)

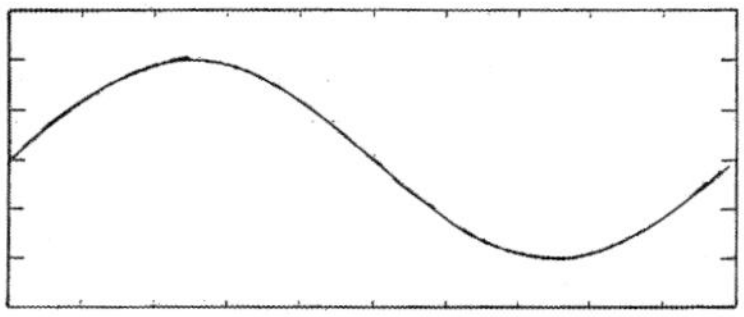
(a) 外力分布

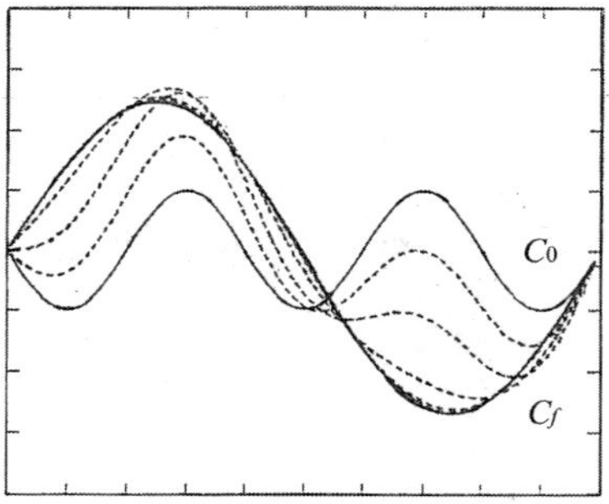

(b) 形态变化

图 6.28 索结构的稳定化移行过程 (情况 3)

6.5 膜和平板结构的稳定化移行分析

直到 6.4 节，对杆件和索进行了几何关系的公式化形态分析。而两种结构的几何关系归结为式 (6.017)，即

$$\boldsymbol{A}\dot{x} = \dot{\boldsymbol{l}} \tag{6.171}$$

得到式 (6.171) 的形状后，不管哪种构件都可以按 6.3 节所述的方法分析。杆件和索都是一维构件。在此进行二维构件膜和平板结构的几何关系公式化，展示稳定化移行分析的具体例子。

6.5.1 膜结构

直角坐标系 $O-xyz$ 中，初始形态为

$$z = z(x, y) \tag{6.172}$$

用傅里叶级数表示，即

$$z = \sum_i \sum_j W_{ij} \sin i\pi x \sin j\pi y, \ 0 \leqslant x, \ y \leqslant 1 \tag{6.173}$$

表面积 S 为

$$S = \int_0^1 \int_0^1 \sqrt{1 + (\frac{\partial z}{\partial x})^2 + (\frac{\partial z}{\partial y})^2} \mathrm{d}x \mathrm{d}y \tag{6.174}$$

将式 (6.173) 代入式 (6.174) 有

$$S = \int_0^1 \int_0^1 B \,\mathrm{d}x \mathrm{d}y \tag{6.175}$$

其中

$$\boldsymbol{B}=[1+\pi^2\sum_i\sum_j\sum_k\sum_l ikW_{ij}W_{kl}\cos i\pi x\cos k\pi x\sin j\pi y\sin l\pi y \\ +\pi^2\sum_i\sum_j\sum_k\sum_l jlW_{ij}W_{kl}\sin i\pi x\sin k\pi x\cos j\pi y\cos l\pi y]^{\frac{1}{2}} \tag{6.176}$$

以 $\boldsymbol{W}_{ij}$ 为未知量做表面积 S 的微分有

$$\frac{\dot{S}}{\pi^2}=\sum_i\sum_j\dot{W}_{ij}\int_0^1\int_0^1\frac{1}{\sqrt{B}}[i\cos i\pi x\sin j\pi y\sum_k\sum_l kW_{kl}\cos k\pi x\sin l\pi y \\ +j\sin i\pi x\cos l\pi y\sum_k\sum_l lW_{kl}\sin k\pi x\cos j\pi y]\mathrm{d}x\mathrm{d}y \tag{6.177}$$

将式 (6.177) 进行数值积分，整理得

$$\frac{\dot{S}}{\pi^2}=a_{11}\dot{W}_{11}+a_{12}\dot{W}_{21}+a_{21}\dot{W}_{12}+\cdots+a_{nn}\dot{W}_{nn} \tag{6.178}$$

式 (6.178) 用矩阵表示

$$\frac{1}{\pi^2}\dot{S}=\boldsymbol{a}^{\mathrm{T}}\dot{\boldsymbol{W}} \tag{6.179}$$

令 $\dot{\boldsymbol{l}}=\dot{S}/\pi^2$， $\boldsymbol{A}=\boldsymbol{a}^{\mathrm{T}}$， $\dot{\boldsymbol{x}}=\dot{\boldsymbol{W}}$，式 (6.179) 就变为式 (6.171)。

外力的形状用傅里叶级数表示，即

$$F=F(x,y)=\sum_i\sum_j F_{ij}\sin i\pi x\sin j\pi y \tag{6.180}$$

为求外力做功增分 $\varDelta\Pi$，给出形状变化增分 $\varDelta z$，即

$$\varDelta z=\sum_k\sum_l\dot{W}_{kl}\sin k\pi x\sin l\pi y(\varDelta t) \tag{6.181}$$

则

$$\begin{aligned}\varDelta\Pi&=\int_0^1\int_0^1 F\varDelta z\,\mathrm{d}x\,\mathrm{d}y\\&=\int_0^1\int_0^1\left[\sum_i\sum_j\sum_k\sum_l F_{ij}\dot{W}_{kl}\sin i\pi x\sin j\pi y\sin k\pi x\sin l\pi y\right]\mathrm{d}x\,\mathrm{d}y\varDelta t\\&=\left(\sum_i\sum_j\sum_k\sum_l b_{ijkl}F_{ij}\dot{W}_{kl}\right)\varDelta t\end{aligned} \tag{6.182}$$

式 (6.182) 中，b_{ijkl} 可由数值积分求得。式 (6.182) 整理后，得

$$\Delta\Pi = \dot{\boldsymbol{W}}^{\mathrm{T}}\boldsymbol{F}\frac{\Delta t}{4} \tag{6.183}$$

其中

$$\dot{\boldsymbol{W}}^{\mathrm{T}} = (\dot{W}_{11}\dot{W}_{12}\dot{W}_{21}\cdots\dot{W}_{nn}) \tag{6.184}$$

$$\boldsymbol{F}^{\mathrm{T}} = (F_{11}F_{12}F_{21}\cdots F_{nn}) \tag{6.185}$$

式 (6.183) 与式 (6.157) 相对应，可用相同的方法分析稳定化移行。

在此，图 6.29 给出了矩形膜的稳定化移行解析结果 ($n = 3$)。图 6.30 和 6.31 的 (a) 是载荷分布，(b) 是稳定化移行时的形态，(c) 为最终稳定形态。

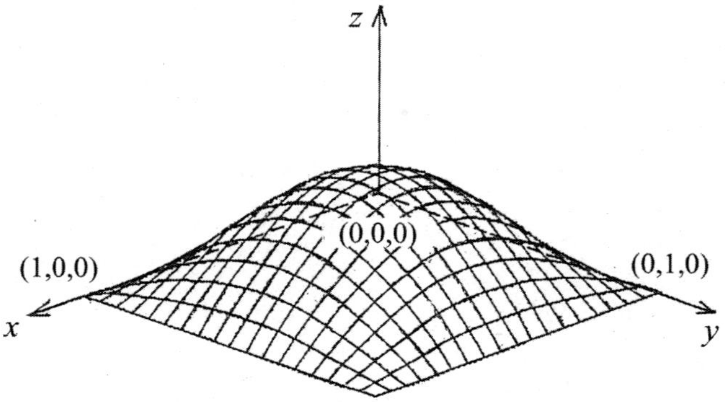

图 6.29 矩形膜

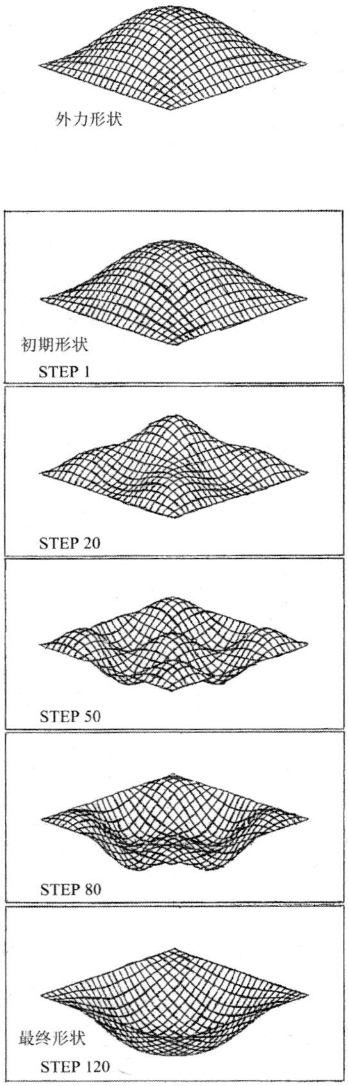

图 6.30 矩形膜稳定化移行过程

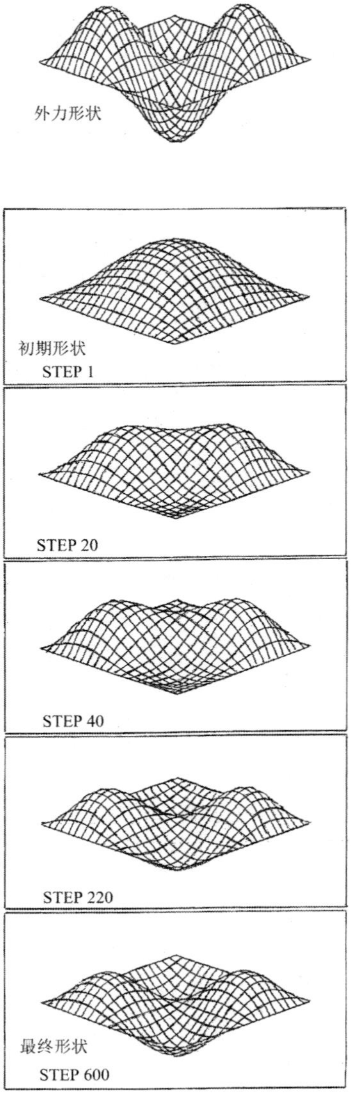

图 6.31 矩形膜稳定化移行过程

6.5.2 平板结构

所谓不稳定平板结构即指几个平板由能自由转动的关节相连构成的

结构。该平板结构可用两根正交的杆代替（图 6.32）。平板只允许面内方向变形，两个方向的平均伸缩和剪切变形可以用两根杆的交叉角变化表示（图 6.33）。

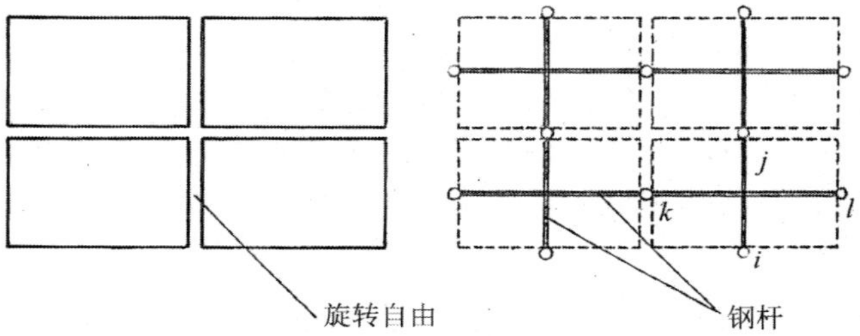

图 6.32 不稳定平板结构和模型化

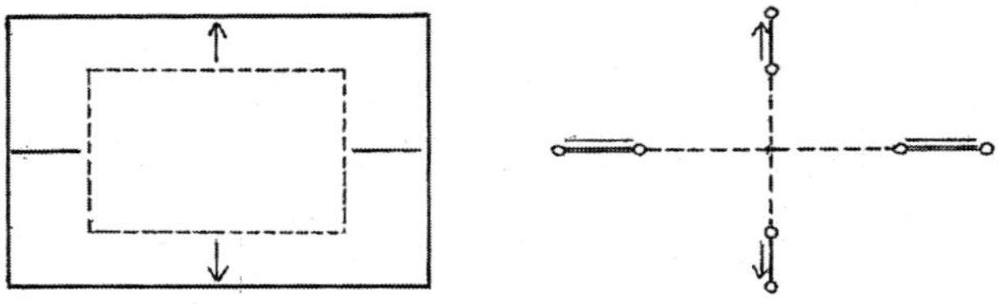

(a) 面内伸缩变形

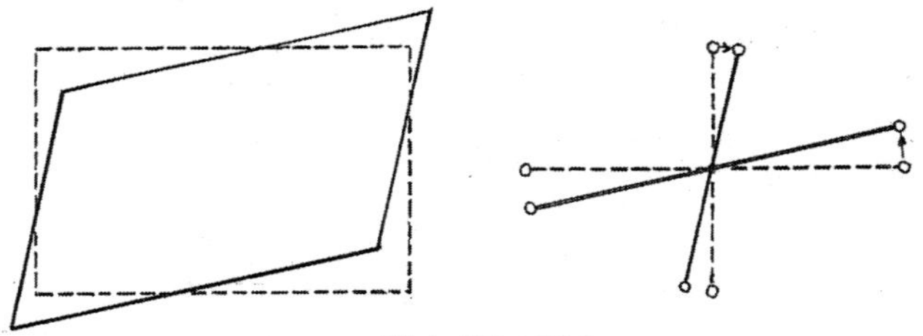

(b) 面内剪切变形

图 6.33 伸缩和剪切变形的形态

一个平板若按图 6.34 所示配置，各节点坐标由式 (6.186) 给出

$$\boldsymbol{x}_i=\begin{bmatrix}x_i\\y_i\\z_i\end{bmatrix},\quad \boldsymbol{x}_j=\begin{bmatrix}x_j\\y_j\\z_j\end{bmatrix},\quad \boldsymbol{x}_k=\begin{bmatrix}x_k\\y_k\\z_k\end{bmatrix},\quad \boldsymbol{x}_l=\begin{bmatrix}x_l\\y_l\\z_l\end{bmatrix} \tag{6.186}$$

$\overrightarrow{ij}$ 及 $\overrightarrow{kl}$ 用 $\boldsymbol{a}$ 和 $\boldsymbol{b}$ 矢量表示

$$\boldsymbol{a} = \boldsymbol{x}_j - \boldsymbol{x}_i, \quad \boldsymbol{b} = \boldsymbol{x}_l - \boldsymbol{x}_k \tag{6.187}$$

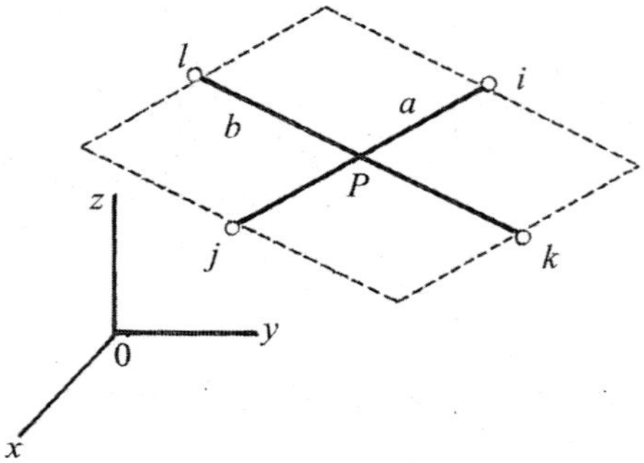

图 6.34 坐标系和平板模型

a、b 的长度为 l_a、l_b，即

$$l_a = [\boldsymbol{a}^{\mathrm{T}}\boldsymbol{a}]^{\frac{1}{2}}, \quad l_b = [\boldsymbol{b}^{\mathrm{T}}\boldsymbol{b}]^{\frac{1}{2}} \tag{6.188}$$

a、b 的角度为 Ψ_{ab}

$$\cos\psi_{ab} = \theta_{ab} = \frac{\boldsymbol{a}\cdot\boldsymbol{b}}{|\boldsymbol{a}||\boldsymbol{b}|} = \frac{\boldsymbol{a}\cdot\boldsymbol{b}}{l_a l_b} \tag{6.189}$$

矩形板时 $\psi_{ab} = \dfrac{\pi}{2}$，式 (6.190) 成立

$$\theta_{ab} = 0 \tag{6.190}$$

对式 (6.188) 和式 (6.189) 微分后

$$\dot{l}_a = \frac{1}{2}[\boldsymbol{a}^{\mathrm{T}}\boldsymbol{a}]^{-\frac{1}{2}}(\dot{\boldsymbol{a}}^{\mathrm{T}}\boldsymbol{a} + \boldsymbol{a}^{\mathrm{T}}\dot{\boldsymbol{a}}) = \frac{\boldsymbol{a}^{\mathrm{T}}\dot{\boldsymbol{a}}}{l_a} \tag{6.191}$$

$$\dot{l}_b = \frac{\boldsymbol{b}^{\mathrm{T}}\dot{\boldsymbol{b}}}{l_b} \tag{6.192}$$

$$\dot{\theta}_{ab} = \left[\frac{\boldsymbol{b}^{\mathrm{T}}}{l_a l_b} - \frac{\theta_{ab}\boldsymbol{a}^{\mathrm{T}}}{l_a^2}\right]\dot{\boldsymbol{a}} + \left[\frac{\boldsymbol{a}^{\mathrm{T}}}{l_a l_b} - \frac{\theta_{ab}\boldsymbol{a}^{\mathrm{T}}}{l_b^2}\right]\dot{\boldsymbol{b}} \tag{6.193}$$

矩形板中式 (6.190) 成立，代入式 (6.193)，有

$$\dot{\theta}_{ab} = \frac{\boldsymbol{b}^{\mathrm{T}}}{l_a l_b}\dot{\boldsymbol{a}} + \frac{\boldsymbol{a}^{\mathrm{T}}}{l_a l_b}\dot{\boldsymbol{b}} \tag{6.194}$$

式 (6.191)、式 (6.192) 和式 (6.194) 表示为矩阵

$$\begin{bmatrix} \dot{l}_a \\ \dot{l}_b \\ \dot{\theta}_{ab} \end{bmatrix} = \begin{bmatrix} \dfrac{\boldsymbol{a}^{\mathrm{T}}}{l_a} & \boldsymbol{0}^{\mathrm{T}} \\ \boldsymbol{0}^{\mathrm{T}} & \dfrac{\boldsymbol{b}^{\mathrm{T}}}{l_b} \\ \dfrac{\boldsymbol{b}^{\mathrm{T}}}{l_a l_b} & \dfrac{\boldsymbol{a}^{\mathrm{T}}}{l_a l_b} \end{bmatrix} \begin{bmatrix} \dot{\boldsymbol{a}} \\ \dot{\boldsymbol{b}} \end{bmatrix} \tag{6.195}$$

将式 (6.187) 代入式 (6.195)，整理得

$$\begin{bmatrix} \dot{l}_a \\ \dot{l}_b \\ \dot{\theta}_{ab} \end{bmatrix} = \begin{bmatrix} -\dfrac{\boldsymbol{a}^{\mathrm{T}}}{l_a} & \dfrac{\boldsymbol{a}^{\mathrm{T}}}{l_a} & \boldsymbol{0}^{\mathrm{T}} & \boldsymbol{0}^{\mathrm{T}} \\ \boldsymbol{0}^{\mathrm{T}} & \boldsymbol{0}^{\mathrm{T}} & -\dfrac{\boldsymbol{b}^{\mathrm{T}}}{l_b} & \dfrac{\boldsymbol{b}^{\mathrm{T}}}{l_b} \\ -\dfrac{\boldsymbol{b}^{\mathrm{T}}}{l_a l_b} & \dfrac{\boldsymbol{b}^{\mathrm{T}}}{l_a l_b} & -\dfrac{\boldsymbol{a}^{\mathrm{T}}}{l_a l_b} & \dfrac{\boldsymbol{a}^{\mathrm{T}}}{l_a l_b} \end{bmatrix} \begin{bmatrix} \dot{\boldsymbol{x}}_i \\ \dot{\boldsymbol{x}}_j \\ \dot{\boldsymbol{x}}_k \\ \dot{\boldsymbol{x}}_l \end{bmatrix} \tag{6.196}$$

式 (6.196) 的左边为零矢量时，表明两根杆既无伸缩，交叉角又无变化的几何关系式。

在平板结构中钢杆 ij 及 kl 必须一直保持在同一平面上。该条件通过图 6.34 所示两杆 ij 及 kl 在 P 点相交来保证，即

$$\boldsymbol{x}_i + \boldsymbol{x}_j = \boldsymbol{x}_k + \boldsymbol{x}_l \tag{6.197}$$

对式 (6.197) 微分

$$\dot{\boldsymbol{x}}_i + \dot{\boldsymbol{x}}_j = \dot{\boldsymbol{x}}_k + \dot{\boldsymbol{x}}_l \tag{6.198}$$

将式 (6.198) 组合到式 (6.196) 中

$$\begin{bmatrix} \dot{l}_a \\ \dot{l}_b \\ \dot{\theta}_{ab} \\ \mathbf{0}^{\mathrm{T}} \end{bmatrix} = \begin{bmatrix} -\dfrac{\boldsymbol{a}^{\mathrm{T}}}{l_a} & \dfrac{\boldsymbol{a}^{\mathrm{T}}}{l_a} & \mathbf{0}^{\mathrm{T}} & \mathbf{0}^{\mathrm{T}} \\ \mathbf{0}^{\mathrm{T}} & \mathbf{0}^{\mathrm{T}} & -\dfrac{\boldsymbol{b}^{\mathrm{T}}}{l_b} & \dfrac{\boldsymbol{b}^{\mathrm{T}}}{l_b} \\ -\dfrac{\boldsymbol{b}^{\mathrm{T}}}{l_a l_b} & \dfrac{\boldsymbol{b}^{\mathrm{T}}}{l_a l_b} & -\dfrac{\boldsymbol{a}^{\mathrm{T}}}{l_a l_b} & \dfrac{\boldsymbol{a}^{\mathrm{T}}}{l_a l_b} \\ \boldsymbol{I} & \boldsymbol{I} & -\boldsymbol{I} & -\boldsymbol{I} \end{bmatrix} \begin{bmatrix} \dot{x}_i \\ \dot{x}_j \\ \dot{x}_k \\ \dot{x}_l \end{bmatrix} \tag{6.199}$$

式 (6.199) 与式 (6.171) 是相对应的基本公式。

在此，图 6.35 和图 6.36 分别表示了沿铅垂载荷作用下的不稳定平板结构稳定化移行的分析结果。

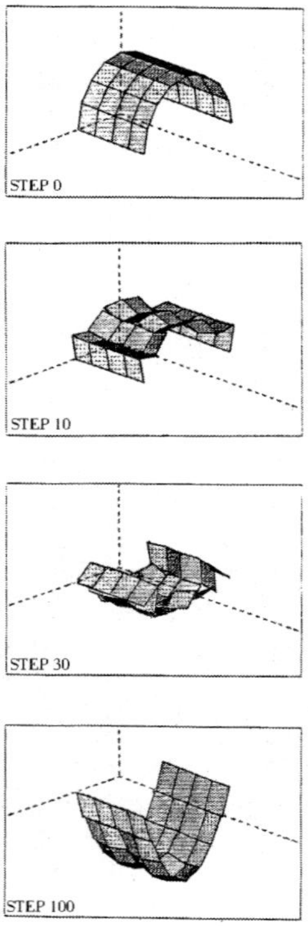

图 6.35 圆筒形状 (32 块板)
的稳定化移行过程

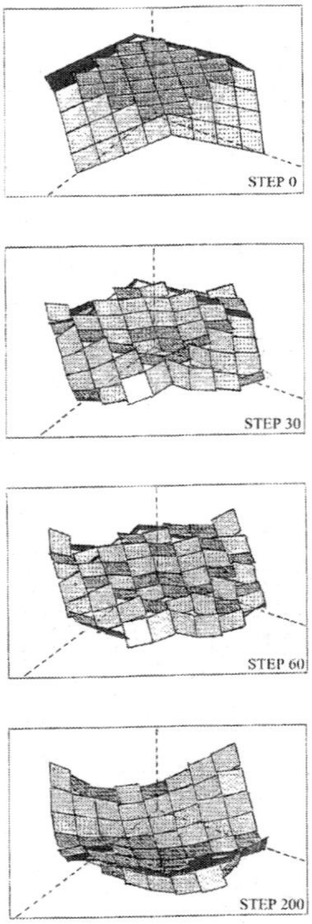

图 6.36 台形形状 (64 块板)
的稳定化移行过程

6.6 自平衡应力导入产生的几何刚度

在微小位移范围内存在刚体位移的不稳定结构的稳定化的方法之一是导入自平衡应力。本节阐述杆件结构如何构成几何刚度（由自平衡应力产生的刚度）。

式 (6.028) 的增分方程，再次引入，即

$$\boldsymbol{A}^{\mathrm{T}}\dot{n}+\dot{\boldsymbol{A}}^{\mathrm{T}}n=\dot{f} \tag{6.200}$$

左边的第一项及第二项换成 $\boldsymbol{K}_E\dot{x}$ 和 $\boldsymbol{K}_G\dot{x}$

$$\boldsymbol{f}=(\boldsymbol{K}_E+\boldsymbol{K}_G)\dot{x} \tag{6.201}$$

其中，$\boldsymbol{K}_E$ 为弹性刚度矩阵，$\boldsymbol{K}_G$ 为几何刚度矩阵。

下面推导杆件 a 的弹性刚度矩阵和几何刚度矩阵。由式 (6.024) 得

$$\begin{bmatrix}-\lambda_a\\ \lambda_a\end{bmatrix}n_a=\begin{bmatrix}f_a\\ f_{ja}\end{bmatrix} \tag{6.202}$$

两边对 t 微分

$$\begin{bmatrix}-\lambda_a\\ \lambda_a\end{bmatrix}\dot{n}_a+\begin{bmatrix}-\dot{\lambda}_a\\ \dot{\lambda}_a\end{bmatrix}n_a=\begin{bmatrix}\dot{f}_i\\ \dot{f}_j\end{bmatrix} \tag{6.203}$$

式 (6.203) 与式 (6.200) 相对应。首先考虑左边第一项。杆件 a 的胡克定律 $\dot{\boldsymbol{n}}_a=\dfrac{\boldsymbol{EA}}{l_a}\dot{l}_a$（$\boldsymbol{E}$ 为杨氏模量，$\boldsymbol{A}$ 为截面积），由式 (6.013) 得

$$\begin{aligned}\begin{bmatrix}-\lambda_a\\ \lambda_a\end{bmatrix}\dot{\boldsymbol{n}}_a&=\begin{bmatrix}-\lambda_a\\ \lambda_a\end{bmatrix}\frac{EA}{l_a}\lambda_a^{T}(\dot{x}_j-\dot{x}_i)\\&=\begin{bmatrix}-\lambda_a\\ \lambda_a\end{bmatrix}\frac{EA}{l_a}\begin{bmatrix}-\lambda_a^{T} & \lambda_a^{T}\end{bmatrix}\begin{bmatrix}\dot{x}_i\\ \dot{x}_j\end{bmatrix}\end{aligned} \tag{6.204}$$

杆件 a 的弹性刚度矩阵

$$(\boldsymbol{K}_E)_a=\frac{EA}{l_a}\begin{bmatrix}\lambda_a\lambda_a^{\mathrm{T}} & -\lambda_a\lambda_a^{\mathrm{T}}\\ -\lambda_a\lambda_a^{\mathrm{T}} & \lambda_a\lambda_a^{\mathrm{T}}\end{bmatrix} \tag{6.205}$$

下面，考虑式 (6.203) 的左边第二项。由式 (6.015) 得

$$\dot{\lambda}_a = \frac{1}{l_a}(\dot{x}_j - \dot{x}_i) - \frac{\dot{l}_a}{l_a^{\ 2}}(x_j - x_i) \tag{6.206}$$

用式 (6.012) 和 (6.013) 变形后，有

$$\dot{\lambda}_a = \frac{1}{l_a}\begin{bmatrix} -\boldsymbol{I} + \lambda_a \lambda_a^{\mathrm{T}} & \boldsymbol{I} - \lambda_a \lambda_a^{\mathrm{T}} \end{bmatrix} \begin{bmatrix} \dot{x}_i \\ \dot{x}_j \end{bmatrix} \tag{6.207}$$

将式 (6.207) 代入式 (6.203) 的左边第二项，求杆件 a 的几何刚度矩阵

$$(\boldsymbol{K}_G)_a = \frac{x_a}{l_a}\begin{bmatrix} \boldsymbol{I} - \lambda_a \lambda_a^{\mathrm{T}} & -\boldsymbol{I} + \lambda_a \lambda_a^{\mathrm{T}} \\ -\boldsymbol{I} + \lambda_a \lambda_a^{\mathrm{T}} & \boldsymbol{I} - \lambda_a \lambda_a^{\mathrm{T}} \end{bmatrix} \tag{6.208}$$

[例 6.7] 求图 6.9 所示不稳定平面桁架结构的弹性刚度矩阵和几何刚度矩阵。

作为准备，先求出自平衡应力，由式 (6.089) 得

$$\begin{bmatrix} n_a \\ n_b \end{bmatrix} = \begin{bmatrix} 1 \\ 1 \end{bmatrix} \beta_1 \tag{6.209}$$

由式 (6.048)，方向余弦矢量 $\boldsymbol{\lambda}_a^{\mathrm{T}} = \begin{pmatrix} -1 & 0 \end{pmatrix}$，$\boldsymbol{\lambda}_b^{\mathrm{T}} = \begin{pmatrix} 1 & 0 \end{pmatrix}$，把这些值代入式 (6.205) 和式 (6.208) 可得 (其中 $i = 1$)

$$(\boldsymbol{K}_E)_a = \frac{EA_a}{l_a}\begin{bmatrix} 1 & 0 \\ 0 & 0 \end{bmatrix},\ (\boldsymbol{K}_E)_b = \frac{EA_b}{l_b}\begin{bmatrix} 1 & 0 \\ 0 & 0 \end{bmatrix} \tag{6.210}$$

$$(\boldsymbol{K}_G)_a = \frac{\beta_1}{l_a}\begin{bmatrix} 0 & 0 \\ 0 & 1 \end{bmatrix},\ (\boldsymbol{K}_G)_b = \frac{\beta_1}{l_b}\begin{bmatrix} 0 & 0 \\ 0 & 1 \end{bmatrix} \tag{6.211}$$

当 $l_a = l_b$，$A_a = A_b$ 时，增分方程为

$$\begin{bmatrix} \dot{f}_{x1} \\ \dot{f}_{y1} \end{bmatrix} = \left(\frac{EA}{l}\begin{bmatrix} 2 & 0 \\ 0 & 0 \end{bmatrix} + \frac{\beta_1}{l}\begin{bmatrix} 0 & 0 \\ 0 & 2 \end{bmatrix} \right) \begin{bmatrix} \dot{d}_{x1} \\ \dot{d}_{y1} \end{bmatrix} \tag{6.212}$$

由式 (6.212)，导入自平衡应力，就知 y_1 方向的刚性增加到 $2\beta_1 / l$。

习题

6.1 推导平面桁架结构的麦克斯韦公式。

6.2 回答图示平面桁架的各个问题。

(1) 作平面桁架相对应的式 (6.017)、式 (6.018)、式 (6.024) 和式 (6.028)。

(2) 作刚性杆的相应公式，用其结果求 $\ddot{\boldsymbol{\psi}}$ 和 $\dot{\boldsymbol{\phi}}$。

(3) 求 p 和 q，判断该桁架结构属于哪一类。

(4) 求刚体位移模态。

(5) 写出 (4) 的刚体位移模态在有限位移时的表示式。

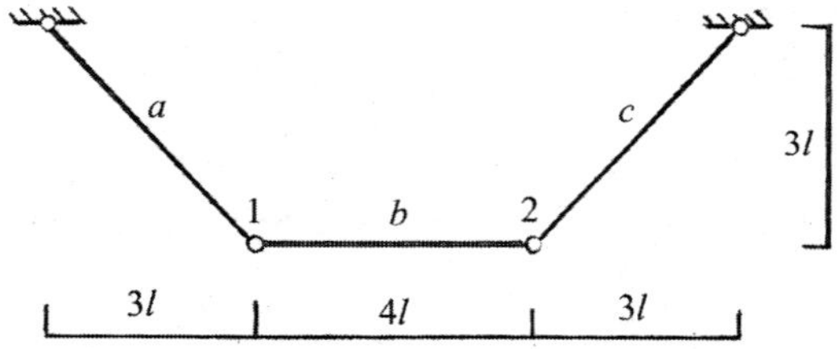

图 6.37 平面桁架示意图

6.3 图示平面桁架结构用电炉加热，随着时间的过去，测量节点 1 的位移为 $x(t) = 0.05t + 0.01t^2$，$y(t) = 0.1t + 0.005t^2$，$l_a = l_b = 1$。求杆件 a 的伸长 $\Delta l_a(t)$，另外求 x、y 中的刚体位移成分。

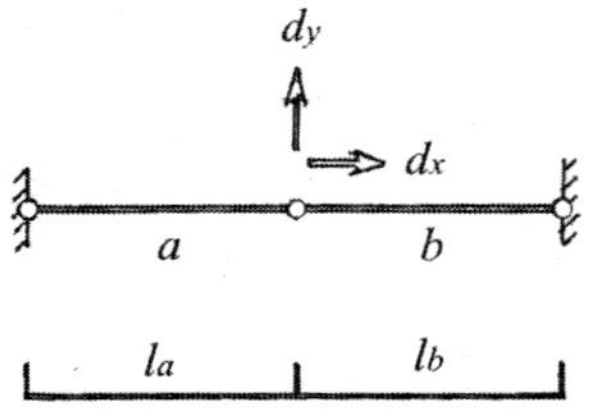

图 6.38 桁架简图

6.4 考式 (6.066) 和 (6.069)，求给定刚体位移速度 $\dot{\boldsymbol{x}} = \dot{\alpha}_1 \boldsymbol{h}_1 + \cdots + \dot{\alpha}_n \boldsymbol{h}_n$ 与节点载荷的 $\boldsymbol{f}$ 功率。讨论平衡方程 (6.027) 的有解条件和 (6.073) 的力

学意义。

6.5 求图示不稳定桁架结构的刚体位移模态和自平衡应力模态。

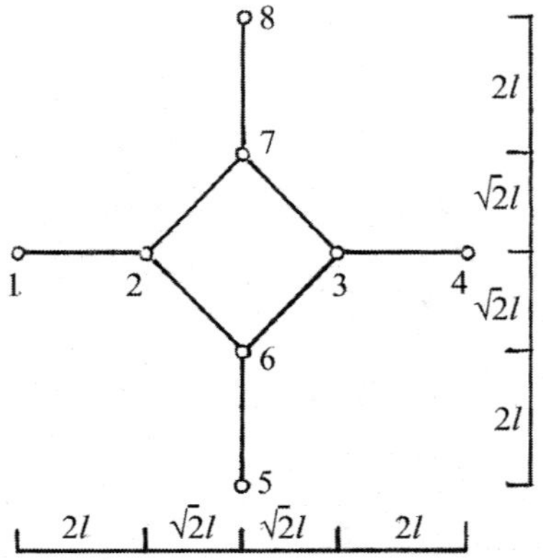

图 6.39 不稳定桁架结构示意图

6.6 求图 6.10 所示不稳定平面桁架结构的弹性刚度矩阵和几何刚度矩阵。令 $l_a = l_b = l_c = l$。

7　具有约束条件的结构的形态解析

在结构物的形态设计中，有两类问题：(a) 确定变形问题；(b) 确定拓扑位置问题。图 7.1 用桁架结构作为具体的例子来阐述，所有的桁架结构都具有相同的相位。本章关心的是在给定的外力下确定拓扑位置的问题。

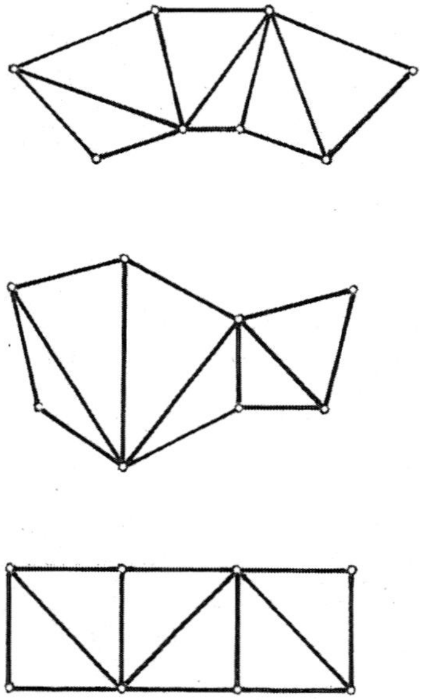

图 7.1　同一相位的桁架结构

在形态分析方法中有梅谷的生长变形法[54]，尾田的图形变换法[55]，中桐等的敏感度分析法[56]，濑口等的逆变分原理方法[56,60,63]等。形态分析时的目标函数有寻求最小重量和最大刚度、等应力或变形能密度。在此，我们研究指定位移模态在外力作用下的形状确定问题，应力模态就是所说的形态分析。

指定位移模态时的具体例子，如图 7.2 所示：把精密机器放到平板 A–A 上，A–A 到地面 B–B 的距离为 H。平板 A–A 上放置精密机器，平板会变形，变形后依旧保持平面。即从变形前的位置 A–A 到变形后对应位置 A′–A′ 的位移 Δ 应保持 A′–A′ 仍为平面的关系，这就是设计 A–A 到 B–B 的结构应满足的约束条件。

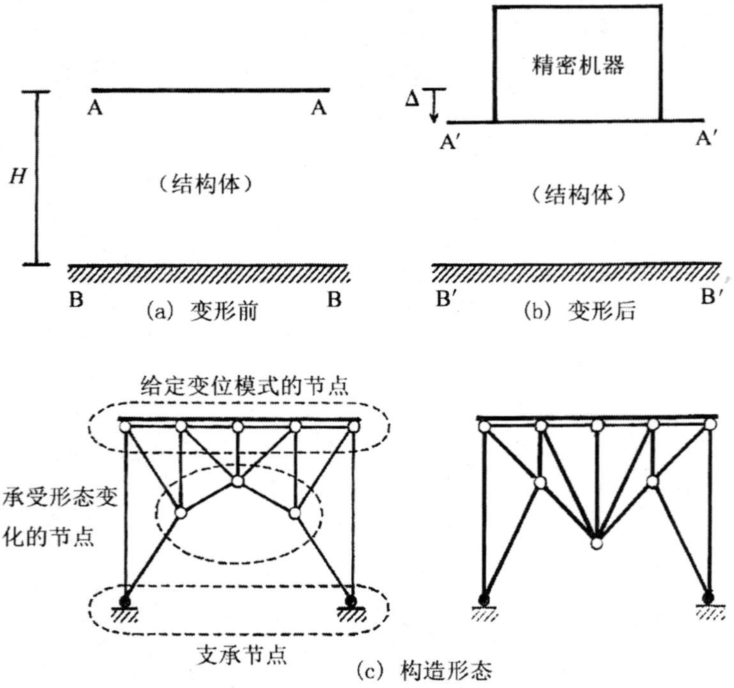

图 7.2 支撑结构的设计

考虑图 7.3 的两个桁架结构。令节点 i 的 X，Y 方向的位移为 $DX(i)$ 和 $DY(i)$。上弦节点 1、2 和 3 的铅垂方向位移为 $DY(1)$、$DY(2)$ 和 $DY(3)$。此时，约束条件是变形后节点 1、2 和 3 仍在同一直线上，即 $DY(1) = DY(2) = DY(3) = h$。如图 7.3 所示，这些桁架结构的上弦节点作用了同一铅垂方向的外力。该图所显示的形态是在外力作用下节点 1、2 和 3 的铅垂方向位移如图 7.4 所示，不满足约束条件。若变换 4 节点坐标值，即让 $Y(4)$ 变化，使桁架结构的形态变化，满足约束条件，下面讨论有没有这样的结构。图 7.5 显示了随 $Y(4)$ 的变化 $\Delta D = 0$，第一类在 $\boldsymbol{A}$ 点得到。此时的形态如图 7.6 所示；另一方面，第二类的情况下不存在纵轴的值为零的点。即第二类没有解。

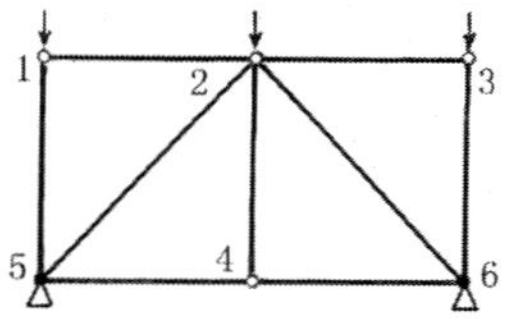

(a) 类型-1

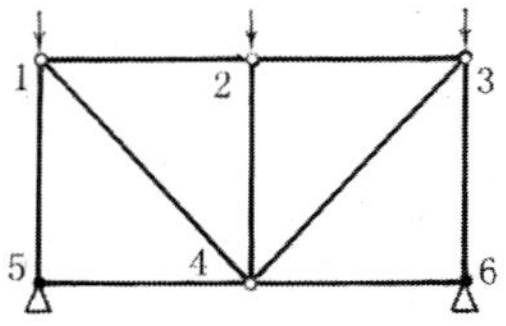

(b) 类型-2

图 7.3 两种桁架结构

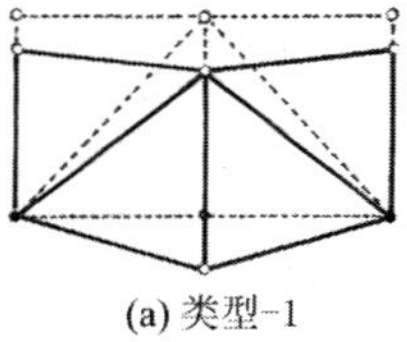

(a) 类型-1

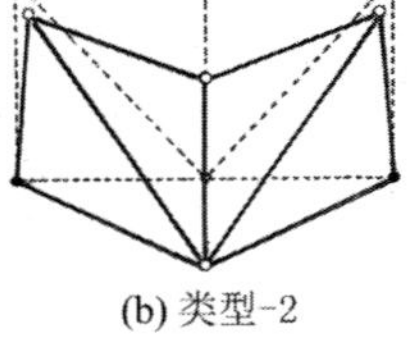

(b) 类型-2

图 7.4 位移模式

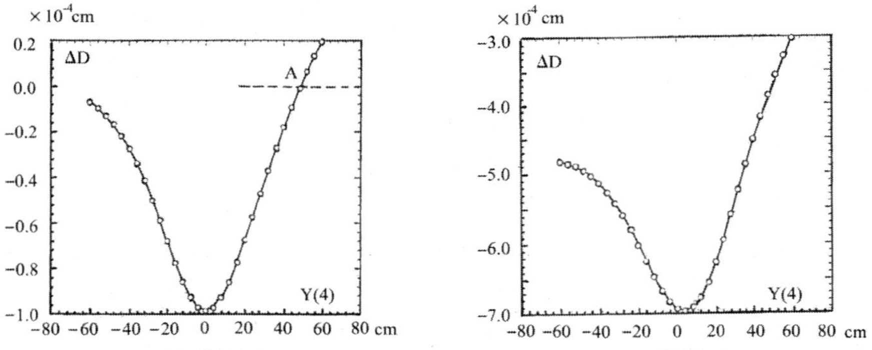

(a) 类型-1　　　(b) 类型-2

图 7.5 *Y*(4) 与 *ΔD* 的关系

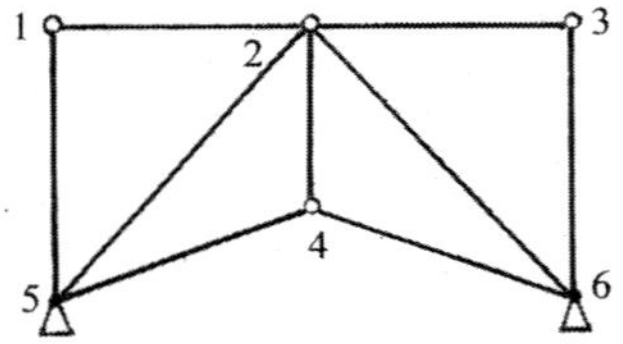

图 7.6 第一类 (Type−1) 的解形态

以上具体例子说明形态解析中表现形态的坐标位置和坐标整数（用傅里叶级数表示形态时的代数）作为未知数时有很强的非线性，因此，有必要使下述两个问题公式化：

(1) 解的存在条件；

(2) 求解的方法。

7.1 有位移约束的形态分析

现在给出用位移矢量 $\boldsymbol{d}$ ，应变矢量 $\boldsymbol{\varepsilon}$ 应力矢量 $\boldsymbol{\sigma}$，外力矢量 $\boldsymbol{f}$ 表示的基本公式。

$$\text{几何方程：}\boldsymbol{\varepsilon}=\boldsymbol{A}\boldsymbol{d} \tag{7.001}$$

$$\text{物理方程：}\boldsymbol{\sigma}=\boldsymbol{E}\boldsymbol{\varepsilon} \tag{7.002}$$

$$\text{平衡方程：}\boldsymbol{f}=\boldsymbol{B}\boldsymbol{\sigma}\text{，}\ \boldsymbol{B}=\boldsymbol{A}^{\mathrm{T}} \tag{7.003}$$

若 m 为几何方程数，n 为平衡条件数，$\boldsymbol{A}$、$\boldsymbol{E}$、$\boldsymbol{B}$ 分别是 $(m，n)$ 型，

(m，m) 型，(n，m) 型系数矩阵。若 m 为线性无关几何方程数，n 为线性无关的平衡方程度，则 $\boldsymbol{A}$、$\boldsymbol{B}$ 为满秩矩阵且满足

$n \geqslant m$ 时

$$\mathrm{rank}(\boldsymbol{A}) = \mathrm{rank}(\boldsymbol{B}) = m \tag{7.004}$$

$n < m$ 时

$$\mathrm{rank}(\boldsymbol{A}) = \mathrm{rank}(\boldsymbol{B}) = n \tag{7.005}$$

通常有式 (7.006) 成立

$$\mathrm{rank}(\boldsymbol{E}) = m \tag{7.006}$$

与表 6.1 相对应，$p = n - r$，$q = m - r$，$n \geqslant m$ 时为静定结构，$n < m$ 时不静定结构，$n > m$ 为不稳定结构。

由式 (7.001) 和 (7.002) 得

$$\boldsymbol{\sigma} = \boldsymbol{S}\boldsymbol{d}\,,\quad \boldsymbol{S} = \boldsymbol{E}\boldsymbol{A} \tag{7.007}$$

把式 (7.007) 代入式 (7.003) 得

$$\boldsymbol{f} = \boldsymbol{K}\boldsymbol{d}\,,\quad \boldsymbol{K} = \boldsymbol{B}\boldsymbol{E}\boldsymbol{A} = \boldsymbol{A}^{\mathrm{T}}\boldsymbol{E}\boldsymbol{A} \tag{7.008}$$

表示形态的坐标参数用 $\boldsymbol{x}$、$\boldsymbol{A}$、$\boldsymbol{B}$ 就是 x 的函数。在形态分析中使形态发生变化的未知坐标用参数 $\boldsymbol{x}_f$ 表示，$\boldsymbol{A}$、$\boldsymbol{B}$、$\boldsymbol{K}$ 都是 $\boldsymbol{x}_f$ 的函数（图 7.3 中 $Y(4)$ 就是 $\boldsymbol{x}_f$），即

$$\boldsymbol{A} = \boldsymbol{A}(\boldsymbol{x}_f)\,,\quad \boldsymbol{B} = \boldsymbol{B}(\boldsymbol{x}_f)\,,\quad \boldsymbol{K} = \boldsymbol{K}(\boldsymbol{x}_f) \tag{7.009}$$

受到位移模态约束的位移矢量用 $\boldsymbol{d}_1$ 表示，式 (7.008) 由下面的分块矩阵写成

$$\begin{bmatrix} \boldsymbol{f}_1 \\ \boldsymbol{f}_2 \end{bmatrix} = \begin{bmatrix} \boldsymbol{K}_{11} & \boldsymbol{K}_{12} \\ \boldsymbol{K}_{21} & \boldsymbol{K}_{22} \end{bmatrix} \begin{bmatrix} \boldsymbol{d}_1 \\ \boldsymbol{d}_2 \end{bmatrix} \tag{7.010}$$

$\boldsymbol{d}_1$ 和 $\boldsymbol{d}_2$ 的自由度数用 h 及 f 表示，总自由度由 n 表示

$$n = h + f \tag{7.011}$$

给定的位移模态取 $\boldsymbol{d}_0$，有

$$\boldsymbol{d}_1 = \alpha \boldsymbol{d}_0 \tag{7.012}$$

其中 α 为未知参数。$\boldsymbol{d}_0$ 是给定的，位移 $\boldsymbol{d}_1$ 的未知数变成 h 减 1，全体未知量为

$$r=1+f \tag{7.013}$$

由式 (7.012) 可得

$$\boldsymbol{K}_{11}\boldsymbol{d}_1=\boldsymbol{K}_{11}\alpha\boldsymbol{d}_0,\quad \boldsymbol{K}_{21}\boldsymbol{d}_1=\boldsymbol{K}_{21}\alpha\boldsymbol{d}_0 \tag{7.014}$$

令

$$\boldsymbol{h}_1=\boldsymbol{K}_{11}\boldsymbol{d}_0,\quad \boldsymbol{h}_2=\boldsymbol{K}_{21}\boldsymbol{d}_0 \tag{7.015}$$

式 (7.010) 变成如下形式

$$\begin{bmatrix}\boldsymbol{h}_1 & \boldsymbol{K}_{12}\\ \boldsymbol{h}_2 & \boldsymbol{K}_{22}\end{bmatrix}\begin{bmatrix}\alpha\\ \boldsymbol{d}_2\end{bmatrix}=\begin{bmatrix}\boldsymbol{f}_1\\ \boldsymbol{f}_2\end{bmatrix} \tag{7.016}$$

整理式 (7.016) 写成简单形式

$$\boldsymbol{L}\boldsymbol{u}=\boldsymbol{f} \tag{7.017}$$

式 (7.017) 的系数矩阵是 (n，r) 型长方阵，是与式 (7.009) 相对应的 $\boldsymbol{x}_f$ 的函数，即

$$\boldsymbol{L}=\boldsymbol{L}(\boldsymbol{x}_f) \tag{7.018}$$

从以上分析可给出含有位移模态约束条件的形态分析公式，即：

“求满足式 (7.016) 的 $\boldsymbol{x}_f$、α、$\boldsymbol{d}_2$。”

式 (7.016) 是非线性方程，不可能求的直接解。为此必须进行繁杂的数值解析。7.3 节中将介绍数值解析法，在此进行必要的准备。

由式 (7.016) 得

$$\boldsymbol{X}_1(\boldsymbol{x}_f,\alpha,\boldsymbol{d}_2)=\alpha\boldsymbol{h}_1(\boldsymbol{x}_f)+\boldsymbol{K}_{12}(\boldsymbol{x}_f)\boldsymbol{d}_2-\boldsymbol{f}_1=\boldsymbol{0} \tag{7.019}$$

$$\boldsymbol{X}_2(\boldsymbol{x}_f,\alpha,\boldsymbol{d}_2)=\alpha\boldsymbol{h}_2(\boldsymbol{x}_f)+\boldsymbol{K}_{22}(\boldsymbol{x}_f)\boldsymbol{d}_2-\boldsymbol{f}_2=\boldsymbol{0} \tag{7.020}$$

把未知数 $\boldsymbol{x}_f$、α 和 $\boldsymbol{d}_2$ 归纳成 $\boldsymbol{X}$，用式 (7.017) 可得下式

$$\boldsymbol{X}(\boldsymbol{x})=\boldsymbol{L}\boldsymbol{u}-\boldsymbol{f}=\boldsymbol{0} \tag{7.021}$$

式 (7.021) 是求 $\boldsymbol{X}$ 的基本方程。式 (7.021) 进行求解为直接法。

下面，从式 (7.016) 消去 α 和 $\boldsymbol{d}_2$，只剩 $\boldsymbol{x}_f$ 未知数，该方法为间接法。

$\boldsymbol{x}_f$ 变化时，用广义逆矩阵 $\boldsymbol{L}$ 表示的式 (7.017) 的有解充分必要条件为 [式 (3.09)]

$$[\boldsymbol{I}_n-\boldsymbol{L}\boldsymbol{L}^-]\boldsymbol{f}=\boldsymbol{0} \tag{7.022}$$

式 (7.022) 的左边写 $\boldsymbol{X}(\boldsymbol{x}_f)$，即

$$\boldsymbol{X}(\boldsymbol{x}_f)=[\boldsymbol{I}_n-\boldsymbol{L}(\boldsymbol{x}_f)\boldsymbol{L}^{-}(\boldsymbol{x}_f)]\boldsymbol{f} \tag{7.023}$$

由式 (7.019)，关于 $\overline{\boldsymbol{x}}_f$ 的解变成

$$\boldsymbol{X}(\overline{\boldsymbol{x}}_f)=\boldsymbol{0} \tag{7.024}$$

由式 (7.024) 可知以位移模态为约束条件的形态分析就是求满足式 (7.024) 的 $\overline{\boldsymbol{x}}_f$，以此公式化整个求解过程。把 $\overline{\boldsymbol{x}}_f$ 用 X 置换

$$\boldsymbol{X}(\boldsymbol{x})=\boldsymbol{0} \tag{7.025}$$

7.2 应力模态为约束条件的形态分析

式 (7.001) ~ 式 (7.003) 消去 $\boldsymbol{d}$，$\boldsymbol{\varepsilon}$，作 $\boldsymbol{\sigma}$ 与 $\boldsymbol{f}$ 的关系式。由式 (7.008) 得 $\boldsymbol{d}=\boldsymbol{K}^{-1}\boldsymbol{f}$，把式 (7.025) 代入式 (7.007) 得

$$\boldsymbol{\sigma}=\boldsymbol{G}\boldsymbol{f}\ ,\quad \boldsymbol{G}=\boldsymbol{S}\boldsymbol{K}^{-1} \tag{7.026}$$

当 $|\boldsymbol{K}|=0$ 时 $\boldsymbol{K}^{-1}$ 用 $\boldsymbol{K}^{-}$ 代替即可。因系数矩阵 $\boldsymbol{G}$ 是 $\boldsymbol{x}_f$ 的函数，应力模态约束条件影响的应力矢量 $\boldsymbol{\sigma}_1$，式 (7.026) 变为

$$\begin{bmatrix}\boldsymbol{\sigma}_1\\ \boldsymbol{\sigma}_2\end{bmatrix}-[\boldsymbol{G}(\boldsymbol{x}_f)]\begin{bmatrix}\boldsymbol{f}_1\\ \boldsymbol{f}_2\end{bmatrix}=\boldsymbol{0} \tag{7.027}$$

给定应力模态为 $\boldsymbol{\sigma}_0$

$$\boldsymbol{\sigma}_1=\beta\boldsymbol{\sigma}_0 \tag{7.028}$$

这里 $\boldsymbol{\beta}$ 是未知数。把式 (7.028) 代入式 (7.027) 得

$$\boldsymbol{X}(\boldsymbol{x}_f,\beta,\boldsymbol{\sigma}_2)=\begin{bmatrix}\beta\boldsymbol{\sigma}_0\\ \boldsymbol{\sigma}_2\end{bmatrix}-[\boldsymbol{G}(\boldsymbol{x}_f)]\begin{bmatrix}\boldsymbol{f}_1\\ \boldsymbol{f}_2\end{bmatrix}=0 \tag{7.029}$$

未知数 $\boldsymbol{x}_f$、$\boldsymbol{\beta}$ 和 $\boldsymbol{\sigma}_2$ 归纳整理，并用 x 表示，式 (7.029) 变为

$$\boldsymbol{X}(\boldsymbol{x})=\boldsymbol{0} \tag{7.030}$$

式 (7.030) 就是应力模态为约束条件的形态分析的直接法的基本公式。

7.3 数值解析法

式 (7.021)、式 (7.025) 和式 (7.030) 这些基本公式都是以 x（ x_i，$i=1$，

2，…，N 个元素的矢量）为未知数的 M 个非线性方程

$$\boldsymbol{X}(\boldsymbol{x})=\boldsymbol{0} \tag{7.031}$$

解析式 (7.031) 可用 Newton-Raphson 法求解。s 作为步数，从 $\boldsymbol{x}^{(s)}$ 开始的增分为

$$\boldsymbol{x}^{(s+1)}=\boldsymbol{x}^{(s)}+\Delta\boldsymbol{x}^{(s)} \tag{7.032}$$

$\boldsymbol{x}^{(s+1)}$ 作为式 (7.031) 的解，有

$$\boldsymbol{X}(\boldsymbol{x}^{(s+1)})=\boldsymbol{X}(\boldsymbol{x}^{(s)}+\Delta\boldsymbol{x}^{(s)})=\boldsymbol{0} \tag{7.033}$$

泰勒 (Taylor) 展开省略高阶项

$$\boldsymbol{X}(\boldsymbol{x}^{(s+1)})=\boldsymbol{X}(\boldsymbol{x}^{(s)})+\left[\frac{\partial\boldsymbol{X}}{\partial\boldsymbol{x}}\right]\Delta\boldsymbol{x}^{(s)}=\boldsymbol{0} \tag{7.034}$$

在此 $i=1$，…，N，$j=1$，…，M

$$^{M}\left[\,^{N}\frac{\partial\boldsymbol{X}}{\partial\boldsymbol{x}}\right]=\left[\frac{\partial\boldsymbol{X}_j}{\partial\boldsymbol{x}_i}\right] \tag{7.035}$$

整理式 (7.034) 和式 (7.035)，用 Newton-Raphson 法线性化后基本公式变成

$$\left[\frac{\partial\boldsymbol{X}}{\partial\boldsymbol{x}}\right]\Delta\boldsymbol{x}^{(s)}=-[\boldsymbol{X}(\boldsymbol{x}^{(s)})] \tag{7.036}$$

通常的问题是 M 与 N 不等，解式 (7.036) 时要用广义逆矩阵。

式 (7.036) 简化成

$$\boldsymbol{Z}^{(s)}\Delta\boldsymbol{x}^{(s)}=\boldsymbol{R}^{(s)} \tag{7.037}$$

式 (7.037) 的解存在条件由式 (3.009) 可知

$$[\boldsymbol{I}_M-(\boldsymbol{Z}^{(s)})(\boldsymbol{Z}^{(s)})^{-}]\boldsymbol{R}^{(s)}=\boldsymbol{0} \tag{7.038}$$

满足式 (7.038) 时，式 (7.037) 的解为

$$\Delta\boldsymbol{x}^{(s)}=[\boldsymbol{Z}^{(s)}]^{-}\boldsymbol{R}^{(s)}+(\boldsymbol{I}_n-\boldsymbol{Z}^{-}\boldsymbol{Z})\alpha \tag{7.039}$$

使用 Newton-Raphson 法迭代计算公式为

$$\boldsymbol{x}^{(s+1)}=[\boldsymbol{Z}^{(s)}]^{-}\boldsymbol{R}^{(s)}+\boldsymbol{x}^{(s)} \tag{7.040}$$

不满足式 (7.038) 时，在式 (7.039) 中用 $\Delta\boldsymbol{x}^{(s)}$ 的最小二乘法求最优

近似解，式 (7.040) 也可以进行迭代计算。这就变成了用最优近似解解反复迭代确定初始形态问题。迭代时因 $\boldsymbol{R}^{(s)}=\mathbf{0}$ 式 (7.038) 自动满足。

7.1 节中所说具有位移模态约束条件的间接法适用于形态分析。基本方程由式 (7.025) 得

$$\boldsymbol{X}(\boldsymbol{x})=[\boldsymbol{I}_n-\boldsymbol{L}(\boldsymbol{x})\boldsymbol{L}^{-}(\boldsymbol{x})]\boldsymbol{f} \tag{7.041}$$

为了求得 $\boldsymbol{Z}^{(s)}$ 有必要计算 $\boldsymbol{L}^{-}(\boldsymbol{x})$ 的微分系数，用式 (7.010) 和式 (7.012) 做下面的准备

$$\boldsymbol{L}=\begin{bmatrix}\boldsymbol{K}_{11} & \boldsymbol{K}_{12}\\ \boldsymbol{K}_{21} & \boldsymbol{K}_{22}\end{bmatrix}\begin{bmatrix}\boldsymbol{d}_0 & \boldsymbol{O}\\ \boldsymbol{O} & \boldsymbol{I}_f\end{bmatrix}=\boldsymbol{KM} \tag{7.042}$$

因为 $\boldsymbol{d}_0$ 是列向量，M 个线性无关列向量是一个 $\boldsymbol{d}_0$ 和 $\boldsymbol{f}$ 个 $\boldsymbol{I}_f$，即式 (7.013) 给出的 $r=1+f$。稳定结构 $|\boldsymbol{K}|\neq 0$，因此

$$\operatorname{rank}(\boldsymbol{K})=n\,,\qquad \operatorname{rank}(\boldsymbol{M})=r \tag{7.043}$$

由矩阵积的秩的公式 (1.039) 和式 (1.040)，

$$\operatorname{rank}(\boldsymbol{L})=\operatorname{rank}(\boldsymbol{KM})\leqslant\operatorname{rank}(\boldsymbol{M})=r \tag{7.044}$$

$$\operatorname{rank}(\boldsymbol{K}^{-1}\boldsymbol{L})=\operatorname{rank}(\boldsymbol{M})\leqslant\operatorname{rank}(\boldsymbol{L})=\operatorname{rank}(\boldsymbol{KM}) \tag{7.045}$$

因此，$r\leqslant\operatorname{rank}(\boldsymbol{L})\leqslant r$，有

$$\operatorname{rank}(\boldsymbol{L})=r \tag{7.046}$$

$\boldsymbol{L}$ 为 $(n，r)$ 型矩阵，且式 (7.046) 成立，使用式 (2.070) 后

$$\frac{\partial\boldsymbol{L}^{-1}}{\partial x_i}=-(\boldsymbol{L}^{\mathrm{T}}\boldsymbol{L})^{-1}\frac{\partial(\boldsymbol{L}^{\mathrm{T}}\boldsymbol{L})}{\partial x_i}(\boldsymbol{L}^{\mathrm{T}}\boldsymbol{L})^{-1}\boldsymbol{L}^{\mathrm{T}}+(\boldsymbol{L}^{\mathrm{T}}\boldsymbol{L})^{-1}\frac{\partial\boldsymbol{L}^{\mathrm{T}}}{\partial x_i} \tag{7.047}$$

将式 (7.041) 对 $\boldsymbol{x}_i$ 微分，由于 $\boldsymbol{I}_n$ 和 $\boldsymbol{f}$ 是常矢量

$$\frac{\partial\boldsymbol{X}}{\partial x_i}=\left[-\frac{\partial\boldsymbol{L}}{\partial x_i}\boldsymbol{L}^{-}-\boldsymbol{L}\frac{\partial\boldsymbol{L}^{-}}{\partial x_i}\right]\boldsymbol{f} \tag{7.048}$$

作为 $\boldsymbol{L}$ 的微分系数代入式 (7.047) 即可。式 (7.048) 是列矢量，该列矢量可以如下构造，即由式 (7.037) 系数矩阵 $\boldsymbol{Z}^{(s)}$ 求出

$$\boldsymbol{Z}^{(s)}=\left[\frac{\partial\boldsymbol{X}(\boldsymbol{x}^{(s)})}{\partial x_1}\quad\frac{\partial\boldsymbol{X}(\boldsymbol{x}^{(s)})}{\partial x_2}\quad\cdots\quad\frac{\partial\boldsymbol{X}(\boldsymbol{x}^{(s)})}{\partial x_N}\right] \tag{7.049}$$

[例 7.1] 图 7.3 所示两个桁架，$DY(1) = DY(2) = DY(3)$ 是给定的位移模态，节点 4 的 Y 向坐标为未知量 $\boldsymbol{x}_f$，求初始形态。

图 7.7 是在未进行形态分析时作为式 (7.023) 和 (7.024) 的验证，给定 $Y(4)$ 求与 $|\boldsymbol{X}|$ 值的关系曲线。在第一类中 $Y(4) = 48.7\text{cm}$ 时 $|\boldsymbol{X}| = 0$，满足式 (7.024)。第二类无解，没有 $|\boldsymbol{X}| = 0$ 的值。下面利用式 (7.021) 进行形态分析。图 7.8 是步数和 $|\boldsymbol{X}|$ 的关系，图 7.9 是步数与 $Y(4)$ 的关系，步数 s = 10 左右开始收敛。

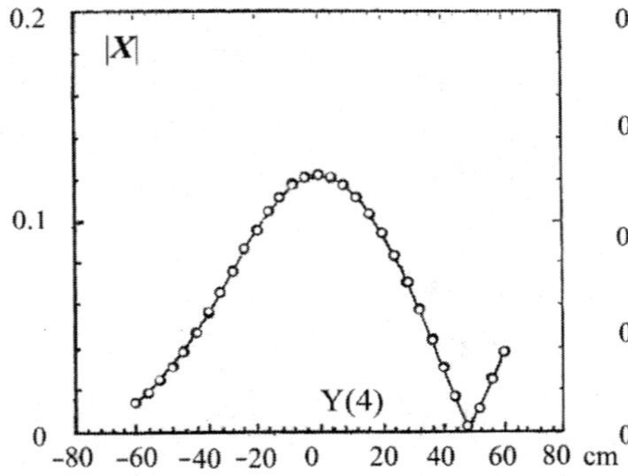

(a) 类型 -1

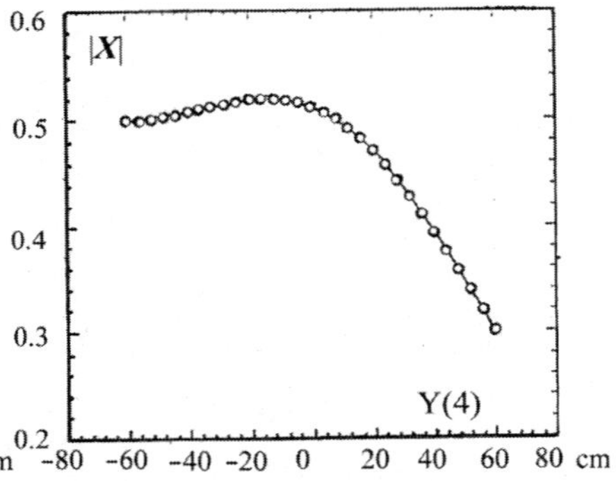

(b) 类型 -2

图 7.7 **$\boldsymbol{Y}$**(4) 与 $|\boldsymbol{X}|$ 关系

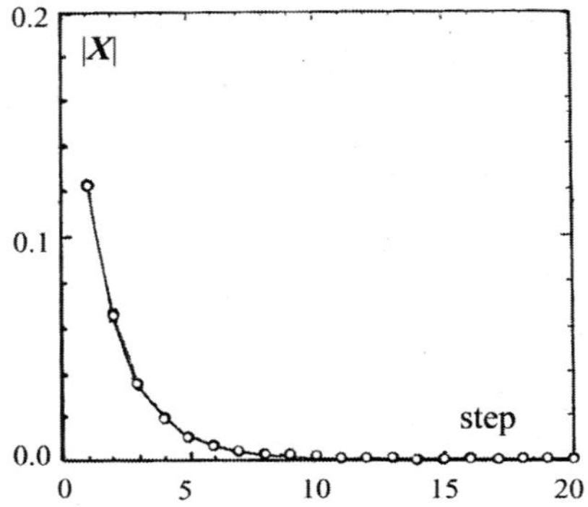

图 7.8 步数和 |**X**| 的关系

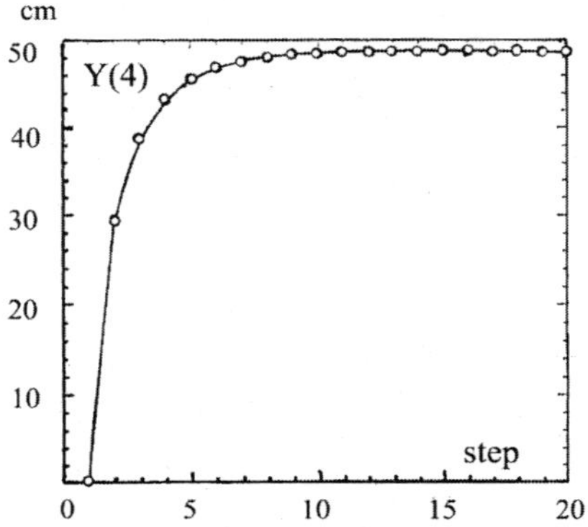

图 7.9 步数与 **Y**(4) 的关系

[例 7.2] 作为未知数多一些的例子，图 7.10 所示立体桁架结构的初始形态。节点 1 ~ 10 沿铅垂方向作用载荷，约束条件是上表面保持水平面。图 7.11 和式 7.12 显示了迭代情况，图 7.13 是解得到形态。

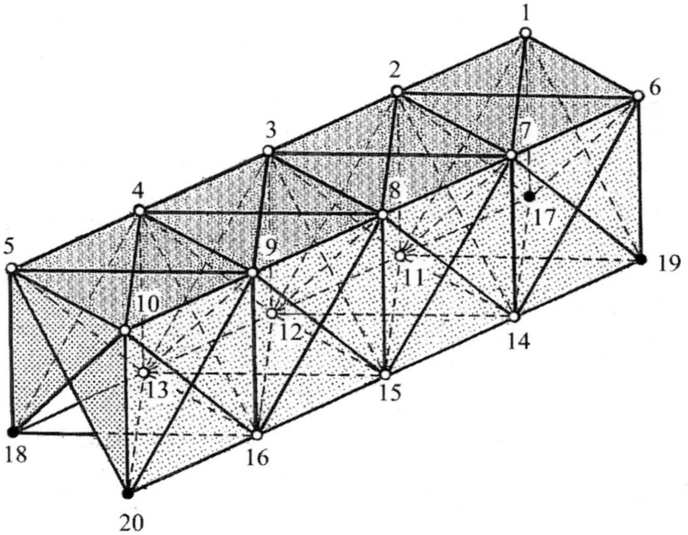

图 7.10 解析模型

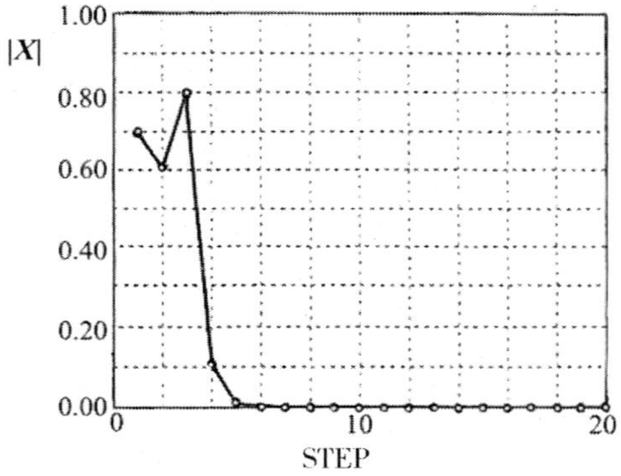

图 7.11 步数与 |X| 关系

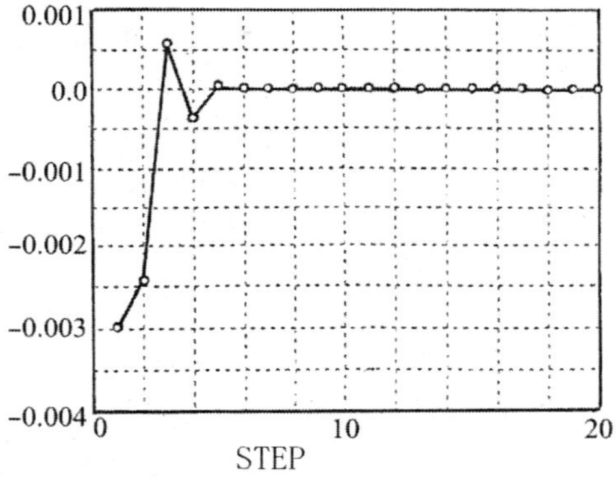

图 7.12 步数与节点 1 和节点 2 的铅垂方向位移差的关系

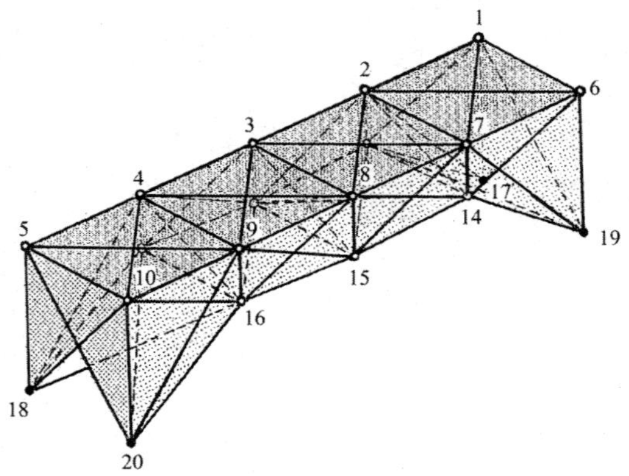

图 7.13 解形态

[例 **7.3**] 是具有应力约束条件的解析例子。在图 7.14 所示平面桁架结构的上弦节点作用铅垂载荷 100kgf，给定各桁架的应力如图所示。该形状为初始形状，进行迭代，得到的结果如图 7.15 所示（注：1kgf = 9.8N）。

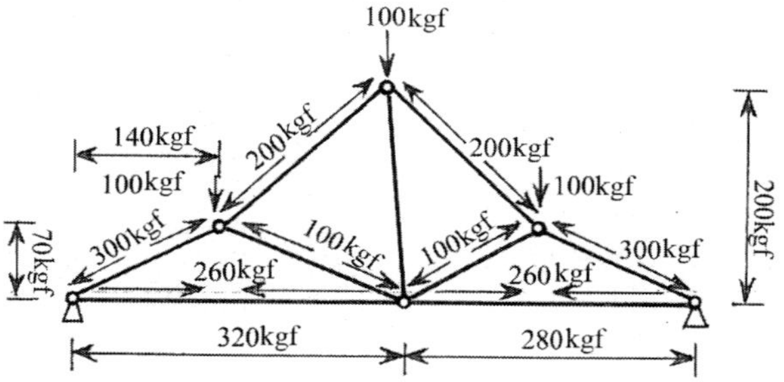

图 7.14 解析前的平面桁架结构

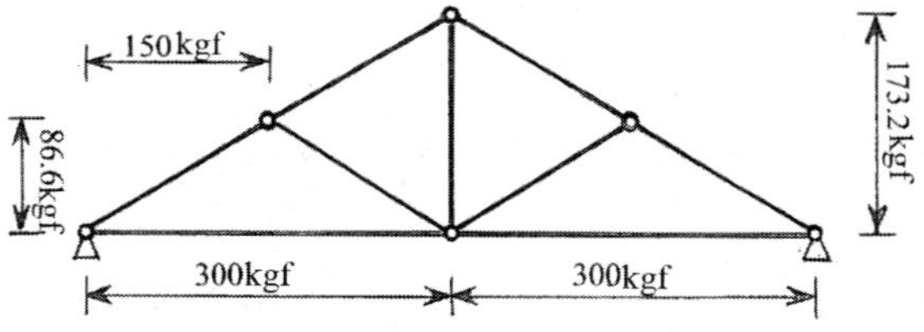

图 7.15 解析后的形状

[例 **7.4**] 不稳定桁架结构的解析例如图 7.16~ 图 7.19 所示。

图 7.16 所示，节点 1、2 作用载荷 (f_{1x}，f_{1y})、(f_{2x}，f_{2y}) 和轴力 N_{12}、N_{13} 和 N_{24}，约束条件由下式给出。

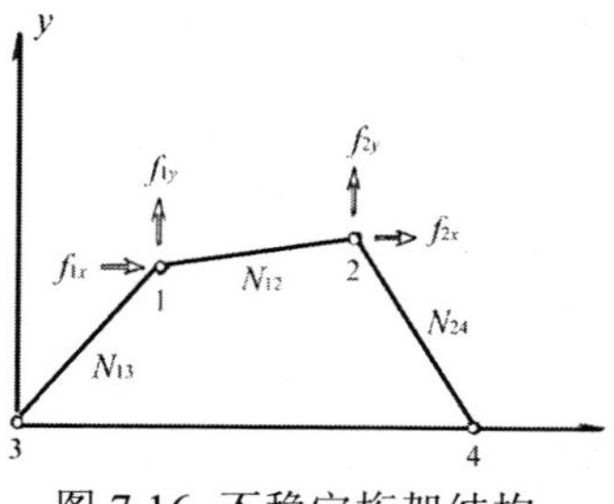

图 7.16 不稳定桁架结构

$$\frac{f_{1y}}{f_{1x}}=-\frac{f_{2y}}{f_{2x}}=-(2+\sqrt{3}),\quad N_{12}=N_{13}=N_{24}=2(2+\sqrt{3})\quad(7.050)$$

节点 1 和 2 的 x 坐标 $x_1=0.3$，$x_2=0.7$ 保持不变，对于 3 个不同的初始形状进行解析的结果如图 7.17~ 图 7.19 所示。

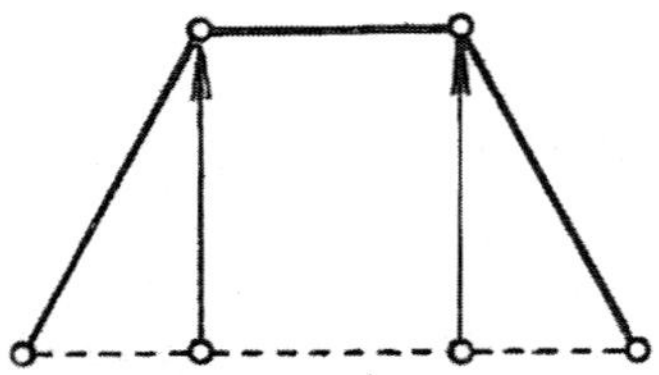

图 7.17 初始形状 ($y_1=y_2=0$)

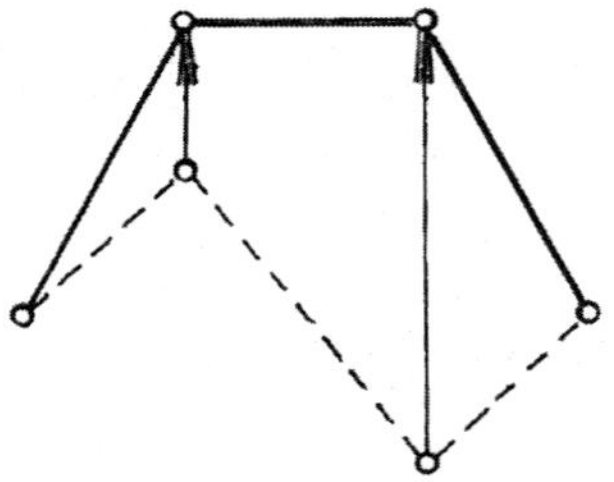

图 7.18 初始形状 ($y_1=0.1$， $y_2=-0.1$)

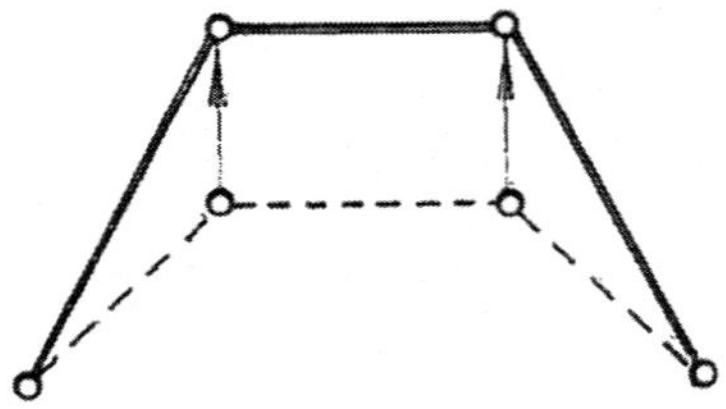

图 7.19 初始形状 ($y_1=0.1$， $y_2=0.1$)

[例 7.5] 在应力模态作为约束条件的形态分析中，解的唯一性不成立，以例说明有多组解。

在图 7.20 所示静定桁架结构中，作用荷载 f_{1x}、f_{1y}，节点 1 的坐标值 (x_1， y_1) 为未知量进行形态分析。由式 (6.024) 作平衡方程得

$$\begin{bmatrix} f_{1x} \\ f_{1y} \end{bmatrix} = \begin{bmatrix} \dfrac{x_1}{l_a} & \dfrac{x_1}{l_b} \\ \dfrac{y_1 - h}{l_a} & \dfrac{y_1 + h}{l_b} \end{bmatrix} \begin{bmatrix} N_a \\ N_b \end{bmatrix} \tag{7.051}$$

在此

$$l_a = \sqrt{{x_1}^2 + (y_1 - h)^2}, \quad l_b = \sqrt{{x_1}^2 + (y_1 + h)^2} \tag{7.052}$$

其中，$N_a = -N_b = \beta$，$f_{1x} = 0$，$f_{1x} = -\overline{f}$（$\overline{f} > 0$）

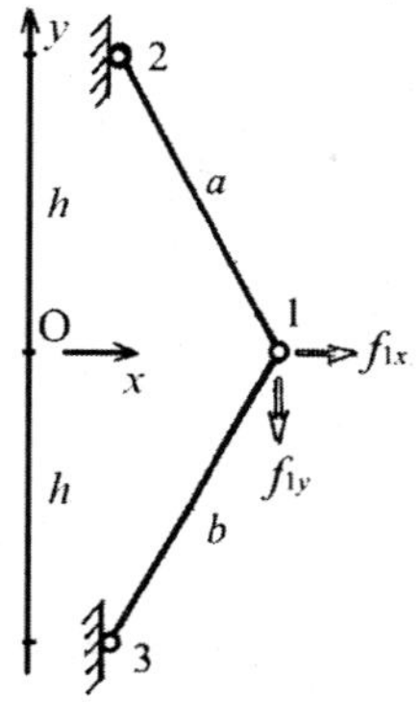

图 7.20 静定平面桁架结构

由式 (7.051)，平衡方程为

$$\begin{bmatrix} 0 \\ -\overline{f} \end{bmatrix} = \beta \begin{bmatrix} \dfrac{x_1}{l_a} & \dfrac{x_1}{l_b} \\ \dfrac{y_1 - h}{l_a} & \dfrac{y_1 + h}{l_b} \end{bmatrix} \begin{bmatrix} 1 \\ -1 \end{bmatrix} \tag{7.053}$$

从式 (7.053) 的第一行可得 $l_a = l_b$，由式 (7.052) 得 $y_1 = 0$。将 $y_1 = 0$ 代入式 (7.053)，整理第二行得 x_1 与 β 的关系得到下述方程

$$\sqrt{{x_1}^2 + h^2} = \frac{2h}{\overline{f}} \beta \tag{7.054}$$

图 7.21 表示了式 (7.054)。从上述结果可以看出 $N_a = N_b = -1$ 的应力模态作为约束条件的全部的 x_1 的解。轴力大小给定时（$\beta = \overline{\beta}$），如图所示，

有两个 x_1，特别是 $\beta=\overline{f}/2$ 时 $x_1=0$ ($N_a=\overline{f}/2$，$N_b=-\overline{f}/2$)。

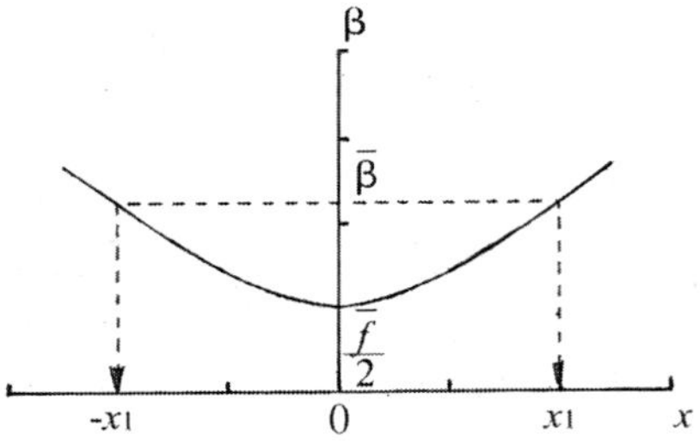

图 7.21 x_1 与 β 的关系

[例 7.6] 在例 7.5 中因涉及静定桁架结构，式 (7.053) 的系数矩阵非奇异。

式 (7.003) 和式 (7.026) 之间关系 $\boldsymbol{B}^{-1}=\boldsymbol{SK}^{-1}(\ |\boldsymbol{K}|\neq 0\ )$ 成立。因此例 7.5 中式 (7.003) 可作为基本公式使用。现讨论图 7.22 的超静定桁架结构。式 (7.003) 的系数矩阵 $\boldsymbol{B}$ 为

$$\boldsymbol{B}=\begin{bmatrix}\dfrac{x_1}{l_a} & \dfrac{x_1}{l_b} & \dfrac{x_1}{l_c}\\ \dfrac{y_1-h}{l_a} & \dfrac{y_1+h}{l_b} & \dfrac{y_1}{l_c}\end{bmatrix} \tag{7.055}$$

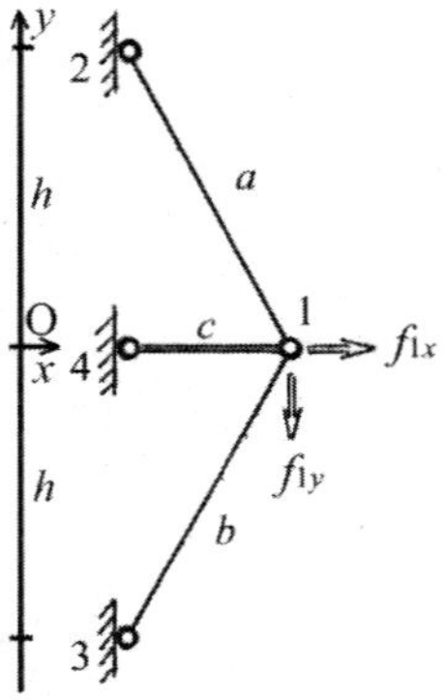

图 7.22 超静定平面桁架结构

这里 (x_1，y_1) 是节点 1 的坐标，未知数 l_a、l_b、l_c 分别为杆件 a、b

和 c 的长度，为使问题简单，只考虑 $f_{1x}=\overline{f}$，$f_{1y}=0$ 的对 x 轴对称的问题。此时 $N_a=N_b$，$y_1=0$。

$$N_a=N_b=N\,,\quad N_c=\varepsilon N,\quad \gamma l_c=l_a=l_b=l \tag{7.056}$$

式 (7.055) 变成

$$\boldsymbol{B}=\frac{1}{l}\begin{bmatrix} x_1 & x_1 & \gamma x_1 \\ -h & h & 0 \end{bmatrix} \tag{7.057}$$

式 (7.002) 的系数矩阵 $\boldsymbol{E}=\dfrac{EA}{l}\begin{bmatrix} 1 & 0 & 0 \\ 0 & 1 & 0 \\ 0 & 0 & \gamma \end{bmatrix}$（$E$ 为杨氏模量，A 为截面积），式 (7.008) 的刚度矩阵 $\boldsymbol{K}$ 为

$$\boldsymbol{K}=\boldsymbol{BEB}^{\mathrm{T}}=\frac{EA}{l^3}\begin{bmatrix} (2+\gamma^3)x_1^{\ 2} & 0 \\ 0 & 2h^2 \end{bmatrix} \tag{7.058}$$

用式 (7.007) 的 S 作成式 (7.026)，即

$$\begin{bmatrix} N \\ N \\ \varepsilon N \end{bmatrix}=l\begin{bmatrix} \dfrac{1}{(2+\gamma^3)x_1} & -\dfrac{1}{2h} \\ \dfrac{1}{(2+\gamma^3)x_1} & \dfrac{1}{2h} \\ \dfrac{\gamma^3}{(2+\gamma^3)x_1} & 0 \end{bmatrix}\begin{bmatrix} \overline{f} \\ 0 \end{bmatrix} \tag{7.059}$$

由式 (7.059) 有

$$\varepsilon=\gamma^2\,,\ N=\frac{1}{(2+\gamma^3)x_1}\overline{f} \tag{7.060}$$

从式 (7.056) 可知 $\gamma l_c=l$，即

$$(\gamma^2-1)x_1^{\ 2}=h^2 \tag{7.061}$$

γ 的范围为 $\gamma>1$。给定 γ 值后由式 (7.061) 求 x_1(图 7.23)，得到的 x_1 代入式 (7.060)，求出 N(图 7.24)。N 为指定输出时进行的形态解析，再

用图 7.24 求出 x_1 即可。

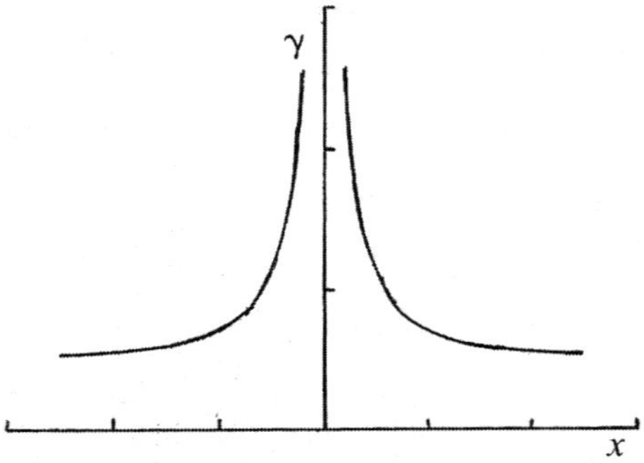

图 7.23 x 和 γ 的关系

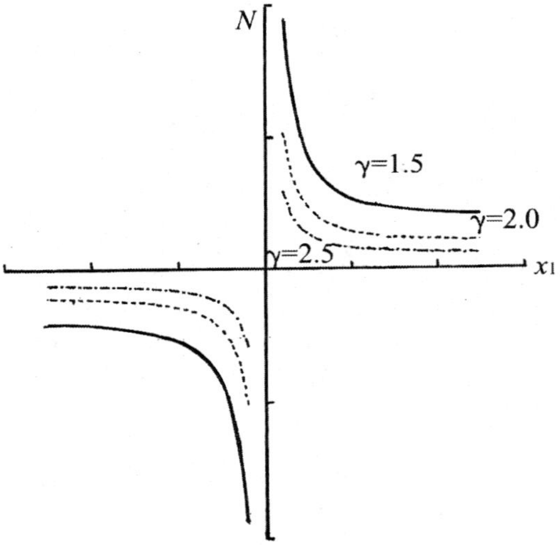

图 7.24 x_1 与 N 的关系

7.3 节中所述数值解析由式 (7.60) 给定了 N，用 Newton-Raphson 法解有关 x_1 的非线性方程。

为了理解上述情况，具有约束条件的结构的形态分析中，解的存在条件和解的唯一性条件等都是重要的研究内容，但是形态分析的基本公式有非常强的非线性，未知数的个数和基本方程的个数不同的情况很多，还有许多未解决的问题。

7.4 由 Bott-Duffin 逆矩阵给出的具有位移约束的结构分析解

我们对用 Bott-Duffin 逆矩阵解具有约束条件的方程组感兴趣。本节就讨论用由 Bott-Duffin 逆矩阵进行具有位移约束条件的结构分析。

7.4.1 基本方程

考虑式（7.062）和式（7.063）给出的具有约束条件的全势能函数的最小化问题。

$$\Pi = \frac{1}{2}\boldsymbol{d}^{\mathrm{T}}\boldsymbol{K}\boldsymbol{d} - \boldsymbol{f}^{\mathrm{T}}\boldsymbol{d} \tag{7.062}$$

$$\boldsymbol{A}\boldsymbol{d} = \boldsymbol{0} \tag{7.063}$$

其中：$\boldsymbol{d}$ 表示 n 维位移矢量，$\boldsymbol{K}$ 表示 $(n，n)$ 型刚度矩阵，$\boldsymbol{f}$ 表示 n 维外力矢量，$\boldsymbol{A}$ 表示 $(m，n)$ 型约束条件矩阵，n 表示自由度数，m 表示约束条件数 $(m < n)$。约束条件都相互独立。

$$\mathrm{rank}(\boldsymbol{A}) = m \tag{7.064}$$

具有约束条件式 (7.063) 的势能函数式 (7.062) 的最小化问题可用拉格朗日乘子法求解。导入拉格朗日乘子 $\boldsymbol{\lambda}$，就变成 $\boldsymbol{d}$ 和 $\boldsymbol{\lambda}$ 组成的 $(n + m)$ 个未知数的无约束最小化问题。此时势能函数为

$$\Pi_k = \frac{1}{2}\boldsymbol{d}^{\mathrm{T}}\boldsymbol{K}\boldsymbol{d} - \boldsymbol{f}^{\mathrm{T}}\boldsymbol{d} + \boldsymbol{\lambda}^{\mathrm{T}}\boldsymbol{A}\boldsymbol{d} \tag{7.065}$$

对 $\boldsymbol{d}$ 和 $\boldsymbol{\lambda}$ 的各元素微分，并置零，就得到 $\boldsymbol{d}$ 和 $\boldsymbol{\lambda}$ 为未知数的 $(n + m)$ 个联立方程，即

$$\boldsymbol{K}\boldsymbol{d} - \boldsymbol{f} + \boldsymbol{A}^{\mathrm{T}}\boldsymbol{\lambda} = \boldsymbol{0} \tag{7.066}$$

$$\boldsymbol{A}\boldsymbol{d} = \boldsymbol{0} \tag{7.067}$$

式 (7.066) 和式 (7.067) 推导时利用了 $\boldsymbol{K}^{\mathrm{T}} = \boldsymbol{K}$，这里令，

$$\boldsymbol{r} = \boldsymbol{A}^{\mathrm{T}}\boldsymbol{\lambda} \tag{7.068}$$

式 (7.066) 变成如下形式

$$\boldsymbol{K}\boldsymbol{d} + \boldsymbol{r} = \boldsymbol{f} \tag{7.069}$$

如上述由式 (7.062) 和式 (7.063) 给出的带附加约束条件的最小化问题归结为式 (7.067) 和式 (7.069) 给出的 $\boldsymbol{d}$ 和 $\boldsymbol{\lambda}$ 为未知数的联立方程求解问题。

在使用 Bott-Duffin 逆矩阵时要做一些准备，即说明 $\boldsymbol{d}$ 和 $\boldsymbol{\lambda}$ 的正交性。由式 (7.067) 得

$$\boldsymbol{d}^{\mathrm{T}}\boldsymbol{r}=\boldsymbol{d}^{\mathrm{T}}\boldsymbol{A}^{\mathrm{T}}\boldsymbol{\lambda}=(\boldsymbol{A}\boldsymbol{d})^{\mathrm{T}}\boldsymbol{\lambda}=0 \tag{7.070}$$

7.4.2 解析法

由式 (7.070)，基本方程式 (7.069) 就变成了式 (7.070)，即

$$\boldsymbol{Kd}+\boldsymbol{r}=\boldsymbol{f} \tag{7.071}$$

$$\boldsymbol{d}^{\mathrm{T}}\boldsymbol{r}=0 \tag{7.072}$$

$\boldsymbol{L}$ 是 n 维空间的部分空间，$L^{\perp}$ 是 n 维空间内与 $\boldsymbol{L}$ 相对立的正交余空间，由式 (7.002)$\boldsymbol{d}\in \mathrm{L}$，$\boldsymbol{r}\in L^{\perp}$。在此，$\boldsymbol{P}_L$ 是 $\boldsymbol{L}$ 上的正投影矩阵，$\boldsymbol{P}_{L^{\perp}}$ 是 $L^{\perp}$ 上的正投影矩阵，$\boldsymbol{g}$ 是 n 维空间内的矢量，有

$$\boldsymbol{d}=\boldsymbol{P}_L\boldsymbol{g} \tag{7.073}$$

$$\boldsymbol{r}=\boldsymbol{P}_{L^{\perp}}\boldsymbol{g} \tag{7.074}$$

$$\boldsymbol{P}_L+\boldsymbol{P}_{L^{\perp}}=\boldsymbol{I} \tag{7.075}$$

把式 (7.073) 和式 (7.074) 代入式 (7.071) 得

$$[\boldsymbol{KP}_L+\boldsymbol{P}_{L^{\perp}}]\boldsymbol{g}=\boldsymbol{f} \tag{7.076}$$

式 (7.076) 的系数矩阵是 n 维正方矩阵，非奇异时

$$\boldsymbol{g}=[\boldsymbol{KP}_L+\boldsymbol{P}_{L^{\perp}}]^{-1}\boldsymbol{f} \tag{7.077}$$

奇异时用广义逆矩阵

$$\boldsymbol{g}=[\boldsymbol{KP}_L+\boldsymbol{P}_{L^{\perp}}]^{-1}f+(I-[\boldsymbol{KP}_L+\boldsymbol{P}_{L^{\perp}}]^{-}[\boldsymbol{KP}_{\mathrm{L}}+\boldsymbol{P}_{\mathrm{L}^{\perp}}])\alpha \tag{7.078}$$

其中，$\boldsymbol{\alpha}$ 是任意矢量。式 (7.078) 是带有位移约束条件的不稳定结构的解。

将式 (7.077) 代入式 (7.073)，再由式 (7.071) 得

$$\boldsymbol{d}=\boldsymbol{P}_L[\boldsymbol{KP}_L+\boldsymbol{P}_{L^{\perp}}]^{-1}\boldsymbol{f} \tag{7.079}$$

$$\boldsymbol{r}=\boldsymbol{f}-\boldsymbol{Kd} \tag{7.080}$$

式 (7.009) 右边的系数矩阵为

$$\boldsymbol{K}_{(L)}{}^{(-1)}=\boldsymbol{P}_L[\boldsymbol{KP}_L+\boldsymbol{P}_{L^{\perp}}]^{-1} \tag{7.081}$$

把 $\boldsymbol{K}_{(L)}{}^{(-1)}$ 称为 Bott-Duffin 逆矩阵。用广义逆时

$$\boldsymbol{K}_{(L)}{}^{(-)}=\boldsymbol{P}_L[\boldsymbol{KP}_L+\boldsymbol{P}_{L^{\perp}}]^{-} \tag{7.082}$$

把 $\boldsymbol{K}_{(L)}{}^{(-)}$ 称为 Bott-Duffin 广义逆矩阵。

综上所述，若正投影阵 $\boldsymbol{P}_L$、$\boldsymbol{P}_{L^\perp}$ 已知，用 Bott-Duffin 广义逆矩阵，由式 (7.071)、(7.072) 可以比式 (7.079) 和式 (7.080) 更容易得到解。

7.4.3 Bott-Duffin 逆矩阵的数值解

Bott-Duffin 逆矩阵数值解法的关键是如何有效地形成 $\boldsymbol{P}_L$、$\boldsymbol{P}_{L^\perp}$。这里介绍借助于通常的求逆方法的算法。

把 n 维线性空间 $\boldsymbol{R}^n$ 分解成部分空间 $\boldsymbol{L}$ 和其正交余空间 $L^\perp$ 两值和

$$R^n = L \oplus L^\perp, \quad L \subset R^n, \quad L^\perp \subset R^n \tag{7.083}$$

$\boldsymbol{R}^n$ 的任意矢量 $\boldsymbol{z}$ 可由式 (7.084) 表示

$$\boldsymbol{z} = \boldsymbol{x} + \boldsymbol{y}, \quad \boldsymbol{x} \in L, \quad \boldsymbol{y} \in L^\perp \tag{7.084}$$

按照 $\boldsymbol{P}_L$ 投影到 $L^\perp$ 的方法投影到 L 上的投影矩阵为

$$\boldsymbol{x} = \boldsymbol{P}_L \boldsymbol{z} = \boldsymbol{P}_L(\boldsymbol{x} + \boldsymbol{y}) \tag{7.085}$$

由定义

$$\boldsymbol{P}_L \boldsymbol{x} = \boldsymbol{x}, \quad \boldsymbol{P}_L \boldsymbol{y} = \boldsymbol{0} \tag{7.086}$$

$\boldsymbol{L}$ 和 $L^\perp$ 的任意基底矢量

$$\boldsymbol{X} = [\boldsymbol{x}_1 \quad \cdots \quad \boldsymbol{x}_l], \quad \boldsymbol{Y} = [\boldsymbol{y}_1 \quad \cdots \quad \boldsymbol{y}_k] \tag{7.087}$$

这里，1 和 k 是 $\boldsymbol{L}$ 及 $L^\perp$ 的维数，$1 + k = n$。此时，$\boldsymbol{P}_L$ 由下式确定，即

$$\boldsymbol{P}_L \boldsymbol{x}_i = \boldsymbol{x}_i, \quad \boldsymbol{P}_L \boldsymbol{y}_j = \boldsymbol{0}, \quad i = 1, \cdots, l, \quad j = 1, \cdots, k \tag{7.088}$$

式 (7.088) 用矩阵表示后

$$\boldsymbol{P}_L[\boldsymbol{X} \quad \boldsymbol{Y}] = [\boldsymbol{X} \quad \boldsymbol{0}] \tag{7.089}$$

因为 $[\boldsymbol{X} \ \boldsymbol{Y}]$ 非奇异，故

$$\boldsymbol{P}_L = [\boldsymbol{X} \quad \boldsymbol{0}][\boldsymbol{X} \quad \boldsymbol{Y}]^{-1} \tag{7.090}$$

同样

$$\boldsymbol{P}_{L^\perp} = [\boldsymbol{0} \quad \boldsymbol{Y}][\boldsymbol{X} \quad \boldsymbol{Y}]^{-1} \tag{7.091}$$

作为式 (7.090)、式 (7.091) 的和

$$P_L + P_{L^\perp} = I_n \tag{7.092}$$

从式 (7.092) 可得到 $P_{L^\perp}$ 用下式形成更好。

$$P_{L^\perp} = I_n - P_L \tag{7.093}$$

下面看具体的例子。用 $e_r(r = 1, \cdots, n)$ 表示 R_n 的单位正交基底矢量。令部分空间 L 的单位正交基为 $e_i(i = 1, \cdots, l)$，部分空间余空间 $L^\perp$ 的单位正交基为 $e_j(j = 1 + l, \cdots, n)$ 表示。此时 X 和 Y 为

$$X = [e_1 \quad \cdots \quad e_l], \quad Y = [e_{l+1} \quad \cdots \quad e_n] \tag{7.094}$$

此时 $[X \ \ Y]$ 是 n 维单位矩阵，$[X \ \ Y] = [X \ \ Y]^{-1} = I_n$，由式 (7.090) 和式 (7.093) 得 P_L 和 $P_{L^\perp}$。

$$P_L = {}^{n}\begin{bmatrix} {}^{n}I_l & O \\ O & O \end{bmatrix}, \quad P_{L^\perp} = {}^{n}\begin{bmatrix} {}^{n}O & O \\ O & I_k \end{bmatrix} \tag{7.095}$$

由此可见，采用直角坐标系时可用式 (7.095)。有了 P_L 与 $P_{L^\perp}$ 后，Bott-Duffin 逆矩阵由式 (7.081) 就很容易求出。

作为下一节关心的 Bott-Duffin 逆矩阵的自动化生成法的准备，推导利用单位正交基底矢量作投影矩阵的公式。位移约束条件用式 (7.096) 表示

$$d_{\mathrm{i}} = 0, \quad i = 1, \cdots, m \tag{7.096}$$

这里，m 是受位移约束的位移元素的个数，即约束条件数。与式 (7.096) 相对应的约束条件为

$${}^{m}[{}^{m+l}I_m \quad O]\begin{bmatrix} d_i \\ d_j \end{bmatrix} = \mathbf{0}, \quad A = [I_m \quad O] \tag{7.097}$$

这里，$i = 1, \cdots, m$；$j = m + 1, \cdots, n$ $(n = m + 1)$，由式 (7.097)

$$d = \begin{bmatrix} \mathbf{0} \\ d_j \end{bmatrix} \tag{7.098}$$

从式 (7.072) 看，r 取如下形式

$$r = \begin{bmatrix} r_i \\ \mathbf{0} \end{bmatrix} \tag{7.099}$$

这是采用如下形式的部分空间 L 和 $L^{\perp}$ 的基底矢量

$$\boldsymbol{X}=[\boldsymbol{e}_{m+1} \quad \cdots \quad \boldsymbol{e}_{n}] \tag{7.100}$$

$$\boldsymbol{Y}=[\boldsymbol{e}_{1} \quad \cdots \quad \boldsymbol{e}_{m}] \tag{7.101}$$

把上式与式 (7.098) 和式 (7.099) 相比较，可知 $d \in L$， $r\in L^{\perp}$。由式 (7.090) 和式 (7.091)（注意 $\boldsymbol{X}$ 和 $\boldsymbol{Y}$ 是互逆的）有

$$\boldsymbol{P}_L=[\boldsymbol{O} \quad \boldsymbol{X}][\boldsymbol{Y} \quad \boldsymbol{X}]^{-1}=\begin{bmatrix}\boldsymbol{O} & \boldsymbol{O}\\ \boldsymbol{O} & \boldsymbol{I}_l\end{bmatrix},\quad l=n-m \tag{7.102}$$

$$\boldsymbol{P}_{L^{\perp}}=[\boldsymbol{Y} \quad \boldsymbol{O}][\boldsymbol{Y} \quad \boldsymbol{X}]^{-1}=\begin{bmatrix}\boldsymbol{I}_m & \boldsymbol{O}\\ \boldsymbol{O} & \boldsymbol{O}\end{bmatrix} \tag{7.103}$$

利用式 (7.102) 和式 (7.103) 构成 $\boldsymbol{P}_L\boldsymbol{d}$ 和 $\boldsymbol{P}_{L^{\perp}}\boldsymbol{r}$，得到式 (7.098) 和式 (7.099)。

下面对于约束条件矩阵由式 (7.097) 的形势给定的情况进行，具有位移约束的结构的解析法的公式推导。具体的例子如图 7.25 所示，与坐标轴平行的刚体放到支撑上。此时投影矩阵式 (7.102) 和 (7.103) 已知，式 (7.081) 的 Bott-Duffin 逆矩阵可如下解析，再次引用式 (7.081)，即

$$\boldsymbol{K}_{(L)}^{(-1)}=\boldsymbol{P}_L[\boldsymbol{K}\boldsymbol{P}_L+\boldsymbol{P}_{L^{\perp}}]^{-1} \tag{7.104}$$

其中

$$\boldsymbol{K}_p=\boldsymbol{K}\boldsymbol{P}_L+\boldsymbol{P}_{L^{\perp}} \tag{7.105}$$

刚度矩阵

$$\boldsymbol{K}=\begin{bmatrix}\boldsymbol{K}_{mm} & \boldsymbol{K}_{ml}\\ \boldsymbol{K}_{lm} & \boldsymbol{K}_{ll}\end{bmatrix} \tag{7.106}$$

如此分块后，由式 (7.102) 和式 (7.103) 把 $\boldsymbol{K}_p$ 表示成

$$\boldsymbol{K}_p=\begin{bmatrix}\boldsymbol{I}_m & \boldsymbol{K}_{ml}\\ \boldsymbol{O} & \boldsymbol{K}_{ll}\end{bmatrix} \tag{7.107}$$

求式 (7.107) 的逆矩阵，代入式 (7.104) 得

$$\boldsymbol{K}_{(L)}{}^{(-1)}=\begin{bmatrix}\boldsymbol{O} & \boldsymbol{O}\\ \boldsymbol{O} & \boldsymbol{K}_{ll}{}^{-1}\end{bmatrix} \tag{7.108}$$

把式 (7.108) 代入式 (7.079) 和式 (7.080)，d 与 r 就由式 (7.109) 和式 (7.110) 得到

$$\boldsymbol{d}=\begin{bmatrix}\boldsymbol{0}\\ \boldsymbol{K}_{ll}{}^{-1}\boldsymbol{f}_l\end{bmatrix} \tag{7.109}$$

$$\boldsymbol{r}=\begin{bmatrix}\boldsymbol{f}_m-\boldsymbol{K}_{ml}\boldsymbol{K}_{ll}{}^{-1}\boldsymbol{f}_l\\ \boldsymbol{O}\end{bmatrix} \tag{7.110}$$

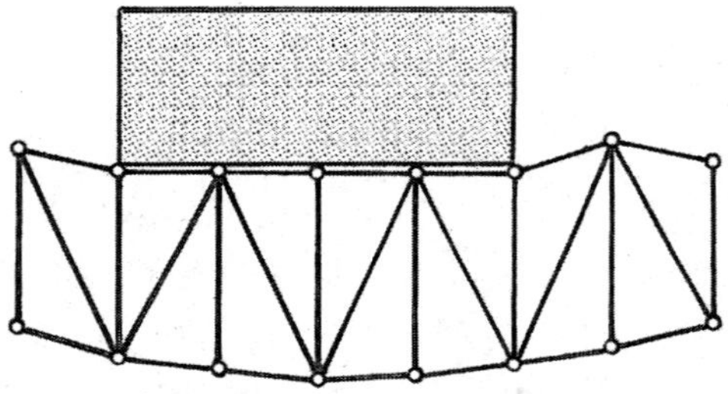

图 7.25 正交坐标轴方向的位移约束

这里

$$\boldsymbol{f}=\begin{bmatrix}\boldsymbol{f}_m\\ \boldsymbol{f}_l\end{bmatrix} \tag{7.111}$$

在此，把上述内容用简单的模型具体地说明。模型如图 7.26 所示 3 杆结构。节点 1 在导轨的限制下位移方向如图示规定。此时，与式 (7.071) 相对应的基本方程式成为

$$\text{(a)}\quad \begin{bmatrix}\dfrac{\sqrt{2}}{2}k & 0\\ 0 & \dfrac{2+\sqrt{2}}{2}k\end{bmatrix}\begin{bmatrix}d_x\\ d_y\end{bmatrix}+\begin{bmatrix}r_x\\ r_y\end{bmatrix}=\begin{bmatrix}f_x\\ f_y\end{bmatrix} \tag{7.112}$$

$$\text{(b)，(c)}\quad \begin{bmatrix} 2k & 0 \\ 0 & 0 \end{bmatrix}\begin{bmatrix} d_x \\ d_y \end{bmatrix}+\begin{bmatrix} r_x \\ r_y \end{bmatrix}=\begin{bmatrix} f_x \\ f_y \end{bmatrix} \tag{7.113}$$

其中 $k = EA / l$，E 表示杨氏模量，A 表示截面积，l 表示杆长。则约束条件有

$$\text{(a)，(b)}\quad [0\quad 1]\begin{bmatrix} d_x \\ d_y \end{bmatrix}=0, \quad \boldsymbol{A}=[0\quad 1] \tag{7.114}$$

$$\text{(c)}\quad [1\quad 0]\begin{bmatrix} d_x \\ d_y \end{bmatrix}=0, \quad \boldsymbol{A}=[1\quad 0] \tag{7.115}$$

与式 (7.114) 和式 (7.115) 对应的投影矩阵为

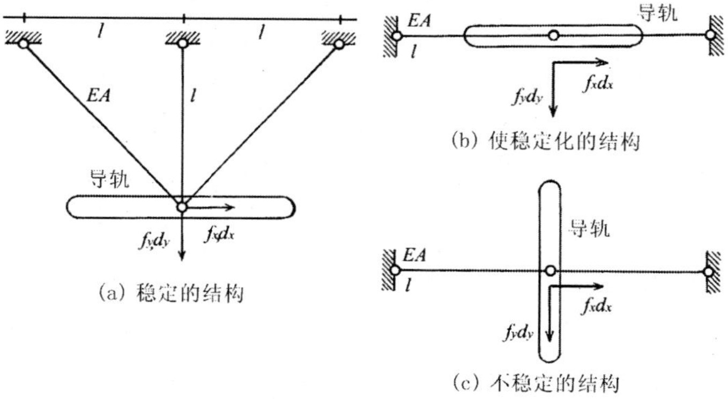

图 7.26 三杆结构

$$\text{(a)，(b)}\quad \boldsymbol{P}_L=\begin{bmatrix} 1 & 0 \\ 0 & 0 \end{bmatrix}, \quad \boldsymbol{P}_{L^\perp}=\begin{bmatrix} 0 & 0 \\ 0 & 1 \end{bmatrix} \tag{7.116}$$

$$\text{(c)}\quad \boldsymbol{P}_L=\begin{bmatrix} 0 & 0 \\ 0 & 1 \end{bmatrix}, \quad \boldsymbol{P}_{L^\perp}=\begin{bmatrix} 1 & 0 \\ 0 & 0 \end{bmatrix} \tag{7.117}$$

式 (7.116) 和式 (7.117) 用 Bott-Duffin 广义逆矩阵表示

$$\text{(a)}\quad \boldsymbol{K}_{(L)}{}^{(-1)}=\begin{bmatrix} \dfrac{\sqrt{2}}{k} & 0 \\ 0 & 0 \end{bmatrix} \tag{7.118}$$

$$\text{(b)}\quad \boldsymbol{K}_{(L)}{}^{(-1)} = \begin{bmatrix} \dfrac{1}{2k} & 0 \\ 0 & 0 \end{bmatrix} \tag{7.119}$$

$$\text{(c)}\quad \boldsymbol{K}_{(L)}{}^{(-)} = \begin{bmatrix} 0 & 0 \\ 0 & 0 \end{bmatrix} \tag{7.120}$$

(c) 的情况 $|\boldsymbol{K}_p| = 0$，变成 Bott-Duffin 逆矩阵，其解为

$$\text{(a)}\begin{bmatrix} d_x \\ d_y \end{bmatrix} = \begin{bmatrix} \dfrac{\sqrt{2}}{k} f_x \\ 0 \end{bmatrix}, \quad \begin{bmatrix} r_x \\ r_y \end{bmatrix} = \begin{bmatrix} 0 \\ f_y \end{bmatrix} \tag{7.121}$$

$$\text{(b)}\begin{bmatrix} d_x \\ d_y \end{bmatrix} = \begin{bmatrix} \dfrac{1}{2k} f_x \\ 0 \end{bmatrix}, \quad \begin{bmatrix} r_x \\ r_y \end{bmatrix} = \begin{bmatrix} 0 \\ f_y \end{bmatrix} \tag{7.122}$$

当求 (c) 时，有必要求式 (7.078) 的 $\boldsymbol{g}$。由式 (7.078)，有

$$\boldsymbol{g} = \begin{bmatrix} f_x \\ 0 \end{bmatrix} + \begin{bmatrix} 0 & 0 \\ 0 & 1 \end{bmatrix} \boldsymbol{\alpha} = \begin{bmatrix} f_x \\ 0 \end{bmatrix} + \boldsymbol{\alpha} \begin{bmatrix} 0 \\ 1 \end{bmatrix} \tag{7.123}$$

其中 $\boldsymbol{\alpha}$ 为任意的值。把式 (7.123) 代入式 (7.073) 和式 (7.074) 后

$$\text{(c)}\begin{bmatrix} d_x \\ d_y \end{bmatrix} = \begin{bmatrix} 0 \\ \boldsymbol{\alpha} \end{bmatrix}, \quad \begin{bmatrix} r_x \\ r_y \end{bmatrix} = \begin{bmatrix} f_x \\ 0 \end{bmatrix} \tag{7.124}$$

从以上结果可以看出 r 是反力。(b)、(c) 本来是不稳定结构，(b) 在约束条件下被稳定。(c) 为不稳定结构，铅垂方向的位移可为任意值，为了确定该值必须求解二次非线性基本方程式。

7.4.4 投影矩阵的自动化生成法

约束条件 $\boldsymbol{A}$ 给定时，如何自动地生成投影矩阵 $\boldsymbol{P}_L$、$\boldsymbol{P}_{L^\perp}$，本节叙述其方法，该方法使带有约束条件的基本方程式自动化解析成为可能。

并不是所有的约束条件矩阵都取式 (7.097) 的形式。如图 7.27 所示，试考虑刚体与正交坐标轴成 θ 角那样放置时的解析。参考图 7.27 进行位移的坐标变换。

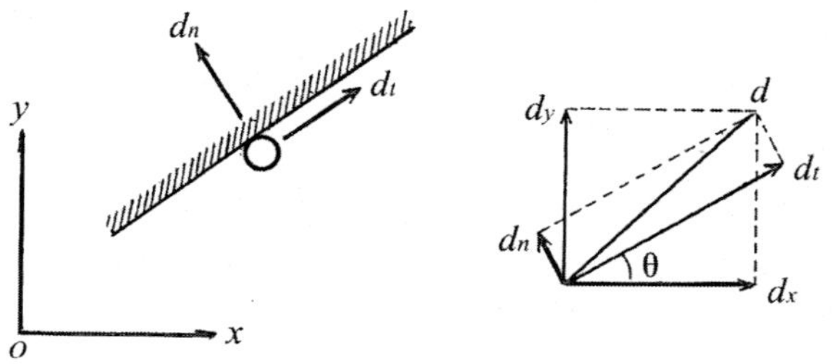

图 7.27 斜方向的位移约束

$$\begin{bmatrix} d_t \\ d_n \end{bmatrix} = \begin{bmatrix} \cos\theta & \sin\theta \\ -\sin\theta & \cos\theta \end{bmatrix} \begin{bmatrix} d_x \\ d_y \end{bmatrix} \tag{7.125}$$

由 $d_n = 0$ 得

$$-d_x \sin\theta + d_y \cos\theta = 0 \tag{7.126}$$

利用式 (7.126)，约束条件矩阵的一部分为

$$\begin{bmatrix} \cdots & -\sin\theta & \cos\theta & \cdots \end{bmatrix} \begin{bmatrix} \vdots \\ d_x \\ d_y \\ \vdots \end{bmatrix} = \mathbf{0} \tag{7.127}$$

这与式 (7.097) 的形式不一样。再看其他的例子。图 7.28 所示结构中，在水平力作用下，要求节点 2、4 和 6 的水平位移模态保持一定（位移控制的结构实验）。当位移模态矢量 $(d_{2x}\ \ d_{4x}\ \ d_{6x}) = (a_1\ a_2\ a_3)$ 时，约束条件矩阵的一部分为，即

$$\begin{bmatrix} \cdots & \dfrac{1}{a_1} & -\dfrac{1}{a_2} & \cdots & \cdots \\ \cdots & \dfrac{1}{a_1} & \cdots & -\dfrac{1}{a_3} & \cdots \end{bmatrix} \begin{bmatrix} \vdots \\ d_{2x} \\ d_{4x} \\ d_{6x} \\ \vdots \end{bmatrix} = 0 \tag{7.128}$$

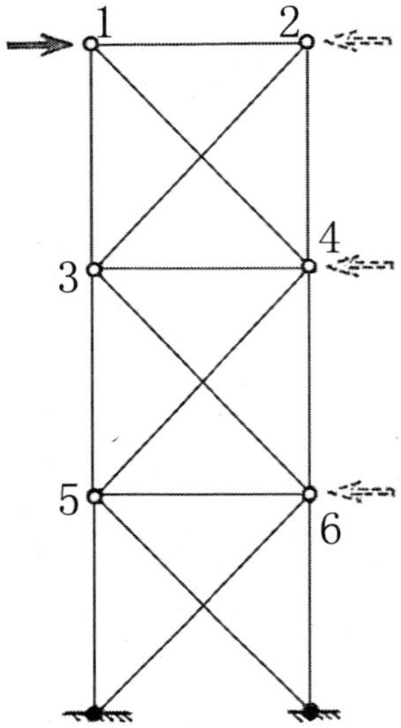

图 7.28 具有位移模态约束的塔状结构

以下叙述约束条件矩阵以一般的形式给出时的解析方法。约束条件矩阵 $\boldsymbol{A}$ 的大小为 $(m,\ n)$ 型，所有约束条件都正交。此时，式 (7.064) 成立，$\boldsymbol{A}$ 的秩为 m。由式 (1.066) 根据初等变换 $\boldsymbol{A}$ 可变成

$$ {}^{m}\overset{m}{\boldsymbol{P}}\,{}^{m}\overset{n}{\boldsymbol{A}}\,{}^{n}\overset{n}{\boldsymbol{Q}} = {}^{m}\overset{m}{\left[\,{}^{n}\boldsymbol{I}_{m} \quad \boldsymbol{O}\right]} \tag{7.129} $$

这里 $\boldsymbol{P}$ 和 $\boldsymbol{Q}$ 是初等交换阵的积形式的标准正交矩阵。利用 $\boldsymbol{P}$、$\boldsymbol{Q}$ 进行变量替换。

$$ \boldsymbol{d} = \boldsymbol{Q}\boldsymbol{u} \tag{7.130} $$

$$ \boldsymbol{\lambda} = \boldsymbol{P}^{\mathrm{T}}\boldsymbol{\mu} \tag{7.131} $$

$$ \boldsymbol{t} = \boldsymbol{Q}^{\mathrm{T}}\boldsymbol{r} \tag{7.132} $$

$$ \boldsymbol{q} = \boldsymbol{Q}^{\mathrm{T}}\boldsymbol{f} \tag{7.133} $$

将式 (7.130)~ 式 (7.133) 代入式 (7.071)，左乘 $\boldsymbol{Q}^{\mathrm{T}}$，得

$$ \boldsymbol{Q}^{\mathrm{T}}\boldsymbol{K}\boldsymbol{Q}\boldsymbol{u} + \boldsymbol{Q}^{\mathrm{T}}\boldsymbol{r} = \boldsymbol{Q}^{\mathrm{T}}\boldsymbol{f} \tag{7.134} $$

用式 (7.132) 和式 (7.133) 整理后得

$$ \boldsymbol{L}\boldsymbol{u} + \boldsymbol{t} = \boldsymbol{q} \tag{7.135} $$

其中

$$\boldsymbol{L}=\boldsymbol{Q}^{\mathrm{T}}\boldsymbol{K}\boldsymbol{Q} \tag{7.136}$$

将式 (7.130) 代入式 (7.067)，左乘 $\boldsymbol{P}$ 得

$$[\boldsymbol{PAQ}]\boldsymbol{u}=\boldsymbol{O} \tag{7.137}$$

由式 (7.129) 得

$$\boldsymbol{Bu}=\boldsymbol{O}, \quad \boldsymbol{B}=\begin{bmatrix}\boldsymbol{I}_m & \boldsymbol{O}\end{bmatrix} \tag{7.138}$$

现讨论式 (7.135) 的 $\boldsymbol{t}$ 和 $\boldsymbol{u}$ 的正交性。由式 (7.122) 和式 (7.124) 作 $\boldsymbol{u}^{\mathrm{T}}\boldsymbol{t}$，使用式 (7.070) 的关系，得

$$\boldsymbol{u}^{\mathrm{T}}\boldsymbol{t}=\boldsymbol{d}^{\mathrm{T}}(\boldsymbol{Q}^{-1})^{\mathrm{T}}\boldsymbol{Q}^{\mathrm{T}}\boldsymbol{r}=\boldsymbol{d}^{\mathrm{T}}\boldsymbol{r}=0 \tag{7.139}$$

由上述可知可以把式 (7.135) 和式 (7.138) 作为求 Bott-Duffin 逆矩阵的基本方程式。这时，式 (7.138) 的系数矩阵与式 (7.097) 一致。在式 (7.135) 的解法中可以使用式 (7.102) 和式 (7.103) 所给的投影矩阵，即

$$\boldsymbol{u}=\boldsymbol{L}_{(L)}{}^{(-1)}\boldsymbol{q} \tag{7.140}$$

$$\boldsymbol{t}=\boldsymbol{q}-\boldsymbol{Lu} \tag{7.141}$$

这里的 $\boldsymbol{L}_{(L)}{}^{(-1)}$ 由式 (7.102) 和式 (7.103) 的 $\boldsymbol{P}_L$ 和 $\boldsymbol{P}_{L^{\perp}}$ 求出。

$$\boldsymbol{L}_{(L)}{}^{(-1)}=\boldsymbol{P}_L(\boldsymbol{LP}_L+\boldsymbol{P}_{L^{\perp}})^{-1} \tag{7.142}$$

最后把式 (7.140) 和式 (7.141) 代入式 (7.130) 和式 (7.132) 求所有的 $\boldsymbol{d}$ 和 $\boldsymbol{r}$。

$$\boldsymbol{d}=\boldsymbol{Qu}, \quad \boldsymbol{r}=(\boldsymbol{Q}^{-1})^{\mathrm{T}}\boldsymbol{t} \tag{7.143}$$

下面给出膜结构的大变形分析作为数值算例。如图 7.29 所示，水平面上张紧的膜在外压 q 作用下，距离膜的上面 3m 处，有如图 7.30 所示刚体限制膜位移。膜与刚体接触后，铅垂方向位移受到约束。

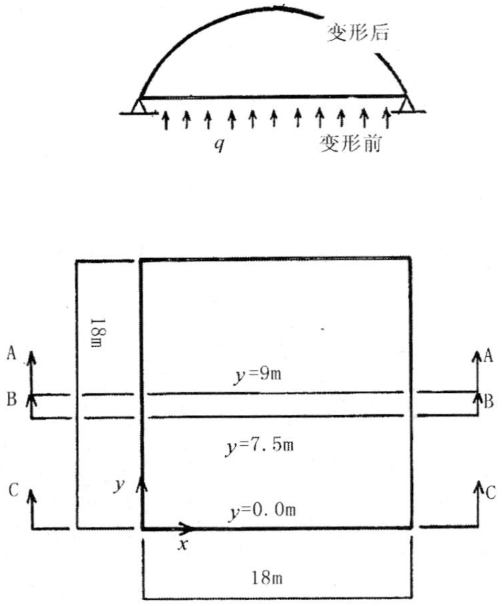

图 7.29 膜的形状和尺寸

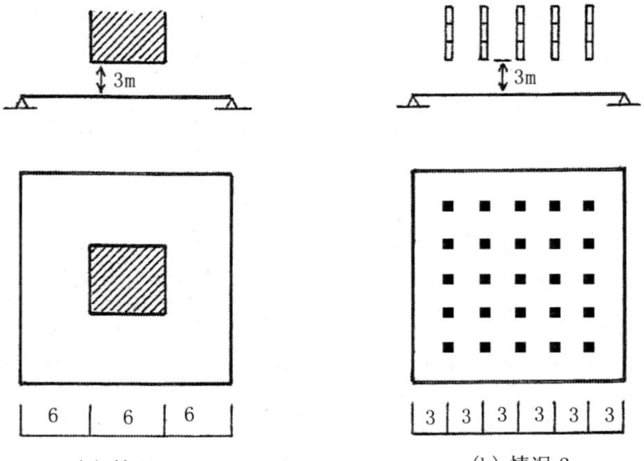

(a) 情况 1 (b) 情况 2

图 7.30 刚体的位置

图 7.31 给出了有限元模型，用切线刚度矩阵的增分方程进行数值分析。

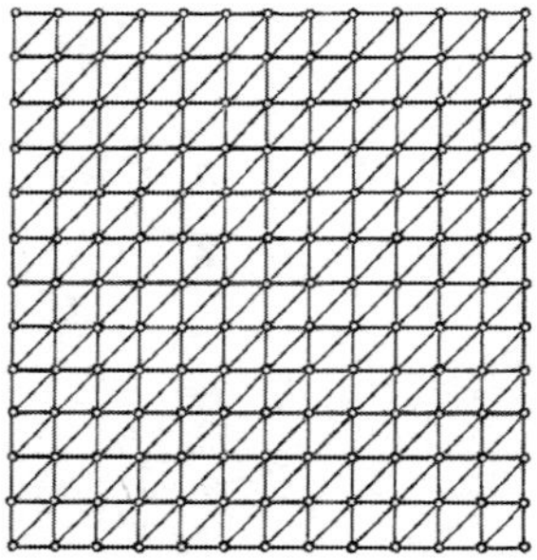

图 7.31 有限元单元划分

图 7.32、图 7.33 是情况 1、情况 2 的分析结果，(a) 为变形的进展，(b) 为反力分布，(c) 为整体变形和应力分布的变化，图中颜色深的应力水平高。

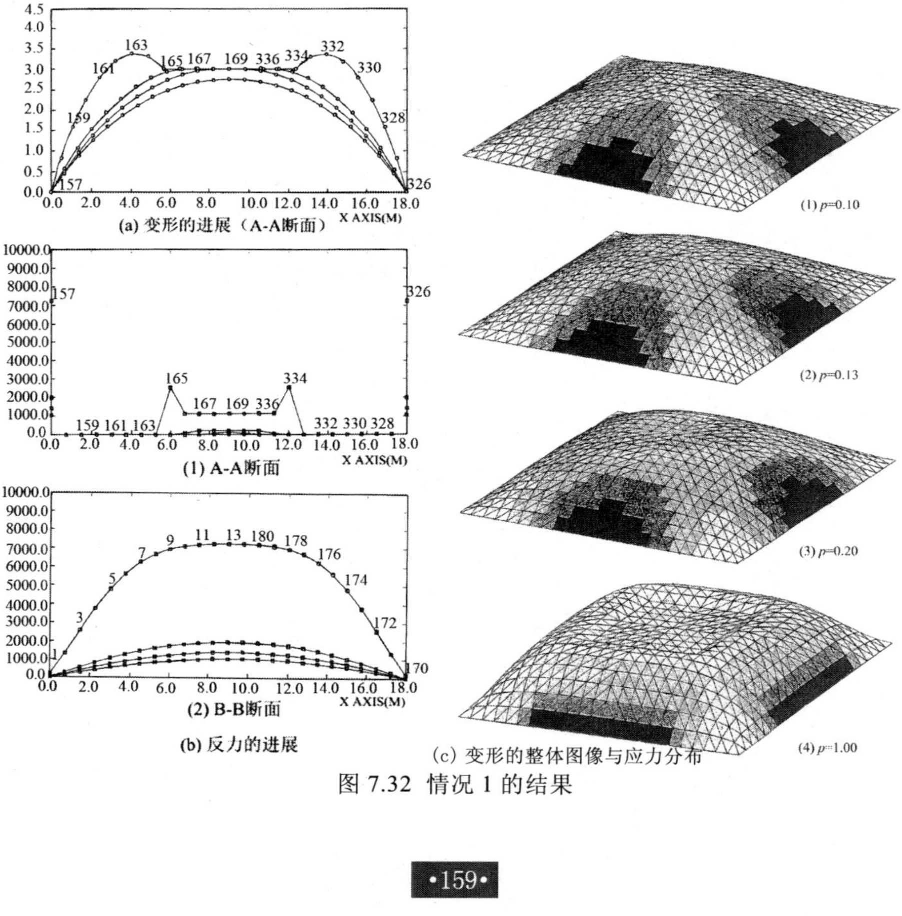

图 7.32 情况 1 的结果

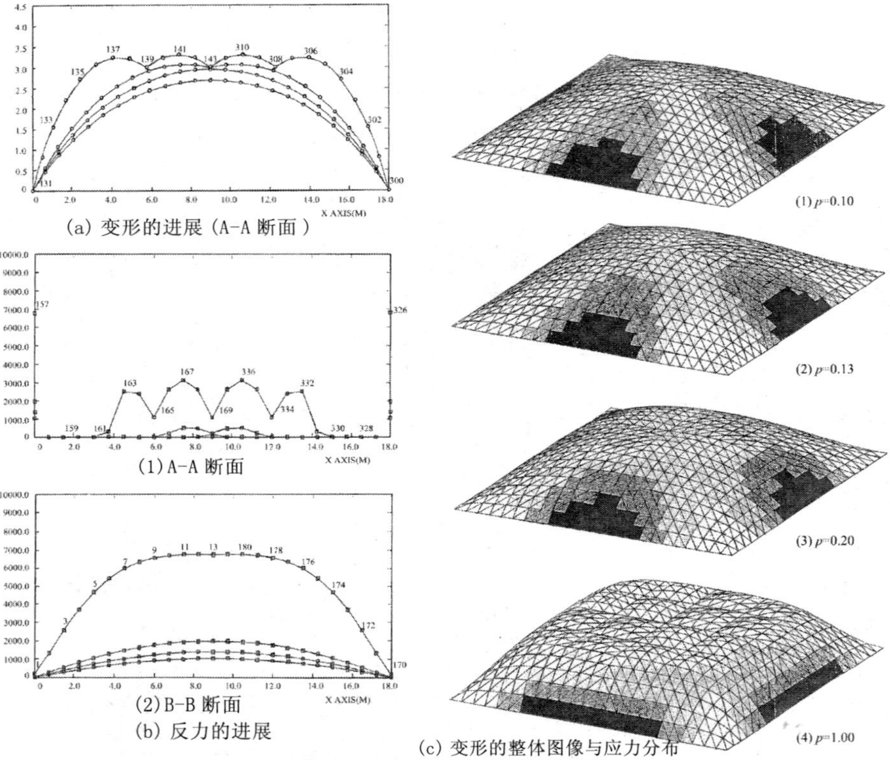

图 7.33 情况 2 的结果

习题

7.1 在图 7.2 所示例中，变形前、变形中和变形后节点 1、节点 2 和节点 3 总保持在同一直线上。像这样“变形前、中、后结构形状仍保持指定形状”的变形称为 Homologus 变形（保型）。下图所示平面桁架结构中，考虑节点 1 ~ 5 保持同一铅垂方向位移的 Homologus 变形。求满足这一变形要求的节点 7、节点 8、节点 9 的 y 坐标值（x 坐标值固定）。

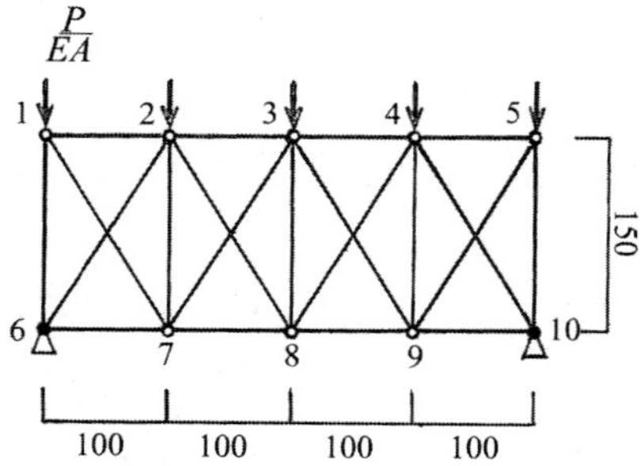

图 7.34 平面桁架示意图

7.2 静定结构时求证 $\boldsymbol{B}^{-1}=\boldsymbol{SK}^{-1}$。非静定情况怎样？

7.3 例 7.6 中求满足 $f_{1x}=0$，$f_{1y}=\overline{f}$，$N_c=0$ 的形态。

7.4 求图示桁架结构的位移。

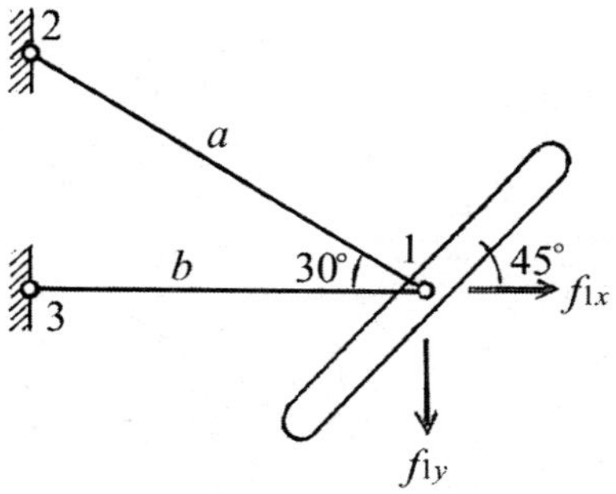

图 7.35 桁架结构

8 结构稳定过程中的平衡路径解析

首先研究图 8.1 中所示模型的性态。(a) 在柱上作用轴向的压力。在 $P < P_{cr}$ 的范围平衡形状为直线，当 $P > P_{cr}$ 时弯曲形状是稳定的平衡形状。即在点 A 由轴压型的抵抗形式变成弯曲型抵抗形式的分枝。柱、平板、圆筒壳在受到轴压时也有这样的屈曲形态，称为分歧屈曲。(b) 拱和球形壳等扁平形状的结构屈曲时的形态，载荷从零开始增加，显示了荷载渐减型的载荷 -- 位移关系，到达 A 点向 B 点移动时发生跳跃。这个形式的屈曲称为跳跃屈曲（或极限失稳，译者注）。

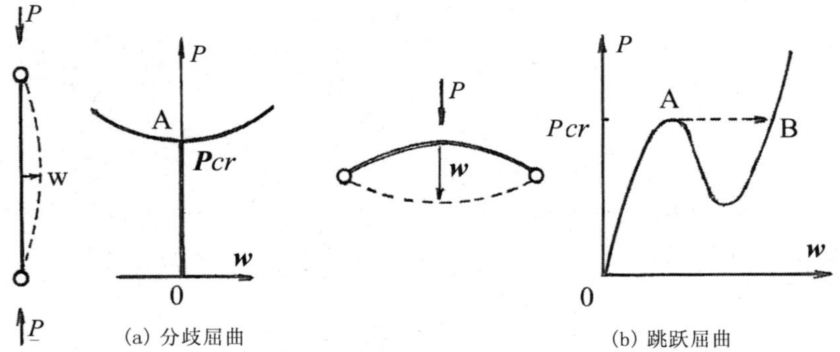

(a) 分歧屈曲　　(b) 跳跃屈曲

图 8.1 结构形状和屈曲形态

分歧屈曲和跳跃屈曲是受保守载荷的结构的基本失稳形态。在实际结构中为了掌握产生怎样的屈曲形态，必须详细研究载荷 – 位移曲线（所谓平衡路径），特别是分歧点 [如 (a) 的分叉点] 和极限点 [如 (b) 的极大点] 附近的平衡路径的解析是不可缺少的。但是，在屈曲点上，基本方程式的系数矩阵的行列式值为零。因此，屈曲点附近数值不稳定，因此为了求解下了很多功夫。位移增分法、摄动法和弧长法应运而生。使屈曲点的各性质能在理论上，数值分析上进行研究。

本章用广义逆矩阵方法研究这一问题。

8.1 增分方程与摄动方程

由有限元法、差分法、Galerkin 法（伽辽金法）等导出的载荷 - 位移关系式，即

$$F_r(D_1, D_2, \cdots, D_n, \Lambda) \equiv F_r(D_i, \Lambda) = 0 \tag{8.001}$$

其中 $r = 1$，…，n；D_i 为位移参数；Λ 为荷载系数，$i = 1$，…，n；n 为自由度。式 (8.001) 的具体例子将在 8.6 节给出。

如图 8.2 所示，已知平衡路径上点 I(D_i^0，Λ^0)，试求从这点开始增分 (d_i，λ) 在同一平衡路径上的点 II($D_i^0 + d_i$，$\Lambda^0 + \lambda$)。因为点 I 和点 II 都在平衡路径上，故 $D_i = D_i^0 + d_i$，$\Lambda = \Lambda^0 + \lambda$ 有

$$F_r^0 \equiv F_r\,(D_i^0, \Lambda^0) = 0 \tag{8.002}$$

$$F_r(D_i, \Lambda) \equiv F_r(D_i^0 + d_i, \Lambda^0 + \lambda) = 0 \tag{8.003}$$

以 (D_i^0，Λ^0) 为中心进行泰勒展开，即

$$\begin{aligned} &F_r\,(D_i^0 + d_i, \Lambda^0 + \lambda) \\ &= F_r^0 + \left[d_i \frac{\partial}{\partial D_i} + \lambda \frac{\partial}{\partial \Lambda}\right] F_r^0 + \frac{1}{2!}\left[d_i \frac{\partial}{\partial D_i} + \lambda \frac{\partial}{\partial \Lambda}\right]^{(2)} F_r^0 + \cdots = 0 \end{aligned} \tag{8.004}$$

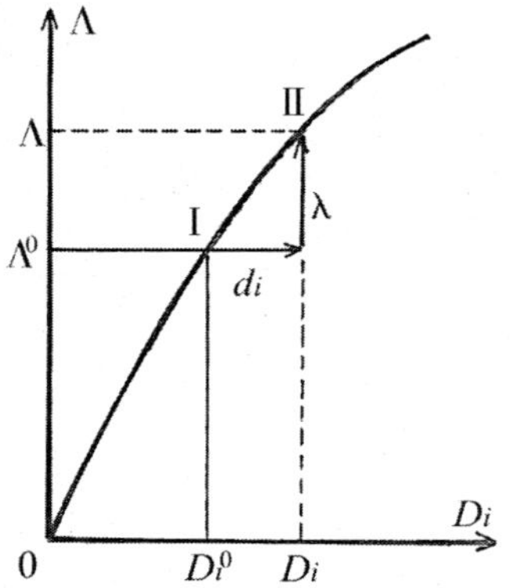

图 8.2 平衡路径和增分区间

将 (8.002) 和 (8.003) 代入式 (8.004)，详细地写成式 (8.005)，即

$$\sum_{i=1}^{n}\frac{\partial F_r^0}{\partial D_i}d_i+\frac{\partial F_r^0}{\partial \Lambda}\lambda$$
$$+\frac{1}{2}\left[\sum_{i=1}^{n}\sum_{j=1}^{n}\frac{\partial^2 F_r^0}{\partial D_i\partial D_j}d_i d_j+2\sum_{i=1}^{n}\frac{\partial^2 F_r^0}{\partial D_i\partial \Lambda}d_i\lambda+\frac{\partial^2 F_r^0}{\partial \Lambda^2}\lambda^2\right]+\cdots=0 \tag{8.005}$$

式 (8.005) 的 $\boldsymbol{d}_i$ 和 $\boldsymbol{\lambda}$ 相关的系数为

$$k_{ri}=\frac{\partial F_r^0}{\partial D_i}，\quad k_{rij}=\frac{1}{2}\frac{\partial^2 F_r^0}{\partial D_i\partial D_j}\quad，\quad k_{ri\lambda}=\frac{\partial^2 F_r^0}{\partial D_i\partial \Lambda}$$

$$\boldsymbol{f}_{r\lambda}=-\frac{\partial F_r^0}{\partial \Lambda}\quad，\qquad \boldsymbol{f}_{r\lambda\lambda}=-\frac{1}{2}\frac{\partial^2 F_r^0}{\partial \Lambda^2} \tag{8.006}$$

f_r 和 f_{rr} 的负号是为了归整公式而附加的。用这些系数后根据式 (8.005)，(d_i，λ) 作为未知数使增分方程变成

$$f_{\mathrm{r}}(d_i,\lambda)=\sum_{i=1}^{n}k_{ri}d_i+\sum_{i=1}^{n}\sum_{j=1}^{n}k_{rij}d_i d_j+\sum_{i=1}^{n}k_{ri\lambda}d_i\lambda-f_{\mathrm{r}\lambda}\lambda-f_{\mathrm{r}\lambda\lambda}\lambda^2=0 \tag{8.007}$$

为了求解式 (8.007)，采用任意参数 t，增分 (d_i，λ) 都是 t 的函数 $d_i(t)$ 和 $\lambda(t)$。$t=0$ 时，有

$$d_i(0)=0\,，\quad \lambda(0)=0 \tag{8.008}$$

$t=0$ 时，$(D_i, \Lambda)=(D_i^0, \Lambda^0)$，对 $d_i(t)$ 和 $\lambda(t)$ 进行迈克劳林展开，即

$$d_i(t)=\dot{d}_i t+\frac{1}{2}\ddot{d}_i t^2+\cdots \tag{8.009}$$

$$\lambda(t)=\dot{\lambda}t+\frac{1}{2}\ddot{\lambda}t^2+\cdots \tag{8.010}$$

式 (8.009) 和 (8.010) 中，若给定 t 值，可计算 $\dot{d}_i$，$\ddot{d}_i$ $\cdots$ $\dot{\lambda}$，$\ddot{\lambda}$ $\cdots$ (d_i, λ) 也就求出来了。最终 (D_i, Λ) 也可得到。将式 (8.009) 和 (8.010) 代入式 (8.007)，因为 t 可以取任意值，每次都使其值得零有如下摄动方程

$$\sum_{i=1}^{n}k_{ri}\dot{d}_i=f_{r\lambda}\dot{\lambda} \tag{8.011}$$

$$\sum_{i=1}^{n}k_{ri}\ddot{d}_i+2\left[\sum_{i=1}^{n}\sum_{j=1}^{n}k_{rij}\dot{d}_i\dot{d}_j+\sum_{i=1}^{n}k_{ri\lambda}\dot{d}_i\dot{\lambda}-\boldsymbol{f}_{r\lambda\lambda}\dot{\lambda}^2\right]=\boldsymbol{f}_{r\lambda}\ddot{\lambda} \tag{8.012}$$

式 (8.011) 和 (8.012) 矩阵表达为

$$\boldsymbol{K}\dot{\boldsymbol{d}}=\boldsymbol{f}\dot{\lambda} \tag{8.013}$$

$$\boldsymbol{K}\ddot{\boldsymbol{d}}+\boldsymbol{r}(\dot{\boldsymbol{d}},\dot{\lambda})=\boldsymbol{f}\ddot{\lambda} \tag{8.014}$$

式中，$\boldsymbol{K}$ 是增分区间的切线刚度矩阵，$\boldsymbol{f}$ 是荷载模式矢量。

8.2 屈曲点分类

切线刚度矩阵的行列式不为零时 $|\boldsymbol{K}|\neq 0$，解式 (8.013) 和 (8.014) 得

$$\dot{\boldsymbol{d}}=\boldsymbol{K}^{-1}\boldsymbol{f}\dot{\lambda} \tag{8.015}$$

$$\ddot{\boldsymbol{d}}=\boldsymbol{K}^{-1}\left(\boldsymbol{f}\ddot{\lambda}-\boldsymbol{r}(\dot{\boldsymbol{d}},\dot{\lambda})\right) \tag{8.016}$$

这里采用 t 作为载荷增量参数 λ 考虑，解载荷增分方程。此时，式 (8.017) 成立，即

$$t=\lambda,\quad \dot{\lambda}=\frac{d\lambda}{d\lambda}=1,\quad \ddot{\lambda}=\frac{d^2\lambda}{d\lambda^2}=0 \tag{8.017}$$

式 (8.017) 代入式 (8.015) 和 (8.016) 得

$$\dot{\boldsymbol{d}} = \boldsymbol{K}^{-1}\boldsymbol{f} \tag{8.018}$$

$$\ddot{\boldsymbol{d}} = -\boldsymbol{K}^{-1}\boldsymbol{r}(\dot{\boldsymbol{d}},1) \tag{8.019}$$

在此，$\boldsymbol{r}(\dot{d}, 1)$ 可从式 (8.018) 得到的 $\dot{d}$ 求出。将式 (8.018) 和 (8.019) 代入式 (8.009) 和 (8.010) 得

$$\boldsymbol{d}(\lambda) = \boldsymbol{K}^{-1}\left\{\boldsymbol{f}\lambda - \frac{1}{2}\boldsymbol{r}(\dot{\boldsymbol{d}},1)\lambda^2\right\} \tag{8.020}$$

利用式 (8.020)，若给定载荷参数的增分 λ，即可求 $d(\lambda)$，可以跟踪平衡路径，图 8.2 上的点 I 到点 II，此时的 λ 与 d 是一一对应的关系。

平衡路径上 $|\boldsymbol{K}| = 0$ 是屈曲点，此时，矩阵 $\boldsymbol{K}$ 的秩

$$\mathrm{rank}(\boldsymbol{K}) \leqslant n-1 \tag{8.021}$$

分歧点和极限点等单独产生时，即

$$\mathrm{rank}(\boldsymbol{K}) = n-1 \tag{8.022}$$

称为孤立屈曲点。$\mathrm{rank}(\boldsymbol{K}) \leqslant n-2$ 时，称为复合屈曲点。本节只涉及孤立屈曲点。符合屈曲点在 8.7 节讨论。

式 (8.013) 的解存在的条件和解可由式 (3.009) 和 (3.018) 得到

$$[\boldsymbol{I} - \boldsymbol{K}\boldsymbol{K}^-]\boldsymbol{f}\dot{\lambda} = \boldsymbol{o} \tag{8.023}$$

$$\dot{\boldsymbol{d}} = \boldsymbol{K}^-\boldsymbol{f}\dot{\lambda} + [\boldsymbol{I} - \boldsymbol{K}^-\boldsymbol{K}]\dot{\boldsymbol{\alpha}} \tag{8.024}$$

其中，$\dot{\boldsymbol{\alpha}}$ 是任意矢量。

首先使式 (8.023) 的解存在条件变形，变成容易理解的形式。根据广义逆定义式 (2.001) 和 (2.002) 可得

$$(\boldsymbol{K}\boldsymbol{K}^-)^{\mathrm{T}} = \boldsymbol{K}\boldsymbol{K}^- \tag{8.025}$$

$$(\boldsymbol{K}^-\boldsymbol{K})^{\mathrm{T}} = \boldsymbol{K}^-\boldsymbol{K} \tag{8.026}$$

在保守系中矩阵 $\boldsymbol{K}$ 是对称阵

$$\boldsymbol{K}^{\mathrm{T}} = \boldsymbol{K}, \quad (\boldsymbol{K}^-)^{\mathrm{T}} = \boldsymbol{K}^- \tag{8.027}$$

用式 (8.025)~(8.027) 得

$$\boldsymbol{K}^-\boldsymbol{K} = (\boldsymbol{K}^-)^{\mathrm{T}}\boldsymbol{K}^{\mathrm{T}} = (\boldsymbol{K}\boldsymbol{K}^-)^{\mathrm{T}} = \boldsymbol{K}\boldsymbol{K}^- \tag{8.028}$$

于是

$$[\boldsymbol{I}-\boldsymbol{K}\boldsymbol{K}^{-}]^{\mathrm{T}}=[\boldsymbol{I}-\boldsymbol{K}\boldsymbol{K}^{-}]^{\mathrm{T}} \tag{8.029}$$

将式 (8.029) 代入式 (8.023) 得

$$[\boldsymbol{I}-\boldsymbol{K}\boldsymbol{K}^{-}]^{\mathrm{T}}\boldsymbol{f}\dot{\lambda}=\boldsymbol{0} \tag{8.030}$$

由式 (2.020) 和 (8.022) 得

$$\mathrm{rank}(\boldsymbol{K}\boldsymbol{K}^{-})=n-1 \tag{8.031}$$

单位矩阵 $\boldsymbol{I}$ 的秩为 n，即

$$\mathrm{rank}(\boldsymbol{I}-\boldsymbol{K}\boldsymbol{K}^{-})=1 \tag{8.032}$$

矩阵 $[\boldsymbol{I}-\boldsymbol{K}\boldsymbol{K}^{-}]$ 有一个线性无关矢量，可用 $\boldsymbol{a}$ 来表示。

$$[\boldsymbol{I}-\boldsymbol{K}\boldsymbol{K}^{-}]=[\boldsymbol{I}-\boldsymbol{K}^{-}\boldsymbol{K}]=\left[\boldsymbol{a},\ \beta_2\boldsymbol{a},\ \cdots,\ \beta_n\boldsymbol{a}\right] \tag{8.033}$$

其中，β_1，…，β_n 是系数，将上式代入式 (8.030) 得

$$\begin{bmatrix}\boldsymbol{a}^{\mathrm{T}}\\ \beta_2\boldsymbol{a}^{\mathrm{T}}\\ \vdots\\ \beta_n\boldsymbol{a}^{\mathrm{T}}\end{bmatrix}\boldsymbol{f}\dot{\lambda}=\begin{bmatrix}\boldsymbol{a}^{\mathrm{T}}\boldsymbol{f}\\ \beta_2\boldsymbol{a}^{\mathrm{T}}\boldsymbol{f}\\ \vdots\\ \beta_n\boldsymbol{a}^{\mathrm{T}}\boldsymbol{f}\end{bmatrix}\dot{\lambda}=\boldsymbol{0} \tag{8.034}$$

也可写成

$$g\dot{\lambda}=0,\quad g=\boldsymbol{a}^{\mathrm{T}}\boldsymbol{f} \tag{8.035}$$

将式 (8.033) 代入式 (8.024) 得

$$\dot{\boldsymbol{d}}=\boldsymbol{K}^{-1}\boldsymbol{f}\dot{\lambda}+\dot{\alpha}\boldsymbol{a} \tag{8.036}$$

式 (8.036) 与式 (7.015) 相比较，在屈曲点，除特解项 $(\boldsymbol{K}^{-}\boldsymbol{f}\dot{\lambda})$ 外还有余解项 $(\dot{\alpha}\boldsymbol{a})$ 存在。

$\boldsymbol{K}$ 的固有值从小的值按顺序排列 c_1，c_2，…，c_n，对应的固有值向量 $\boldsymbol{t}_1$，$\boldsymbol{t}_2$，…，$\boldsymbol{t}_n$。因为 $\boldsymbol{K}$ 是实对称阵，利用变换阵 $\boldsymbol{T}$ 将其对角化。

$$\boldsymbol{T}^{\mathrm{T}}\boldsymbol{K}\boldsymbol{T}=\boldsymbol{C},\quad \boldsymbol{C}=\begin{bmatrix}c_1 & & & \boldsymbol{O}\\ & c_2 & & \\ & & \ddots & \\ \boldsymbol{O} & & & c_n\end{bmatrix} \tag{8.037}$$

其中

$$\boldsymbol{T}=[\boldsymbol{t}_1 \quad \boldsymbol{t}_2 \quad \cdots \quad \boldsymbol{t}_n] \tag{8.038}$$

屈曲点 $|\boldsymbol{K}|=0$，故

$$|\boldsymbol{C}|=|\boldsymbol{T}^{\mathrm{T}}\boldsymbol{K}\boldsymbol{T}|=|\boldsymbol{T}^{\mathrm{T}}||\boldsymbol{K}||\boldsymbol{T}| \tag{8.039}$$

单一屈曲点时

$$c_1=0, \quad c_i\neq 0, \quad (i=2, \ \cdots, \ n) \tag{8.040}$$

因 $\boldsymbol{T}^{-1}=\boldsymbol{T}^{\mathrm{T}}$，由式 (8.037) 得

$$\boldsymbol{K}=\boldsymbol{T}\boldsymbol{C}\boldsymbol{T}^{\mathrm{T}} \tag{8.041}$$

由式 (2.036) 得

$$\boldsymbol{K}^{-}=(\boldsymbol{T}^{\mathrm{T}})^{\mathrm{T}}\boldsymbol{C}^{-}\boldsymbol{T}^{\mathrm{T}}=\boldsymbol{T}\boldsymbol{C}^{-}\boldsymbol{T}^{\mathrm{T}} \tag{8.042}$$

也可写成

$$\boldsymbol{K}^{-}=\boldsymbol{T}\begin{bmatrix} 0 & & & \boldsymbol{O} \\ & \dfrac{1}{c_2} & & \\ & & \ddots & \\ \boldsymbol{O} & & & \dfrac{1}{c_n} \end{bmatrix}\boldsymbol{T}^{\mathrm{T}} \tag{8.043}$$

式 (8.043) 和式 (8.041) 联合使用，即

$$\boldsymbol{K}\boldsymbol{K}^{-}=\boldsymbol{T}\begin{bmatrix} 0 & & & \boldsymbol{O} \\ & c_2 & & \\ & & \ddots & \\ \boldsymbol{O} & & & c_n \end{bmatrix}\boldsymbol{T}^{\mathrm{T}}\boldsymbol{T}\begin{bmatrix} 0 & & & \boldsymbol{O} \\ & \dfrac{1}{c_2} & & \\ & & \ddots & \\ \boldsymbol{O} & & & \dfrac{1}{c_n} \end{bmatrix}\boldsymbol{T}^{\mathrm{T}}=\boldsymbol{T}\begin{bmatrix} 0 & & & \boldsymbol{O} \\ & 1 & & \\ & & \ddots & \\ \boldsymbol{O} & & & 1 \end{bmatrix}\boldsymbol{T}^{\mathrm{T}} \tag{8.044}$$

因 $\boldsymbol{I}=\boldsymbol{T}\boldsymbol{I}\boldsymbol{T}^{\mathrm{T}}$，故

$$\boldsymbol{I}-\boldsymbol{K}\boldsymbol{K}^{-}=\boldsymbol{T}\begin{bmatrix}1 & & & \boldsymbol{O}\\ & 0 & & \\ & & \ddots & \\ \boldsymbol{O} & & & 0\end{bmatrix}\boldsymbol{T}^{\mathrm{T}} \tag{8.045}$$

将式 (8.038) 代入式 (8.045) 得

$$\boldsymbol{I}-\boldsymbol{K}\boldsymbol{K}^{-}=\boldsymbol{t}_1\boldsymbol{t}_1^{\mathrm{T}} \tag{8.046}$$

$\boldsymbol{t}_1$ 的分量为

$$\boldsymbol{t}_1=\begin{bmatrix}t_{11}\\ t_{21}\\ \vdots\\ t_{n1}\end{bmatrix} \tag{8.047}$$

式 (8.046) 用分量的形式表示

$$\boldsymbol{I}-\boldsymbol{K}\boldsymbol{K}^{-}=[t_{11}\boldsymbol{t}_1 \quad t_{21}\boldsymbol{t}_1 \quad \cdots \quad t_{n1}\boldsymbol{t}_1] \tag{8.048}$$

将式 (8.048) 与式 (8.033) 相比较，可知线性无关矢量 $\boldsymbol{a}$ 与最小固有矢量 $\boldsymbol{t}_1$ 的 c_1 相等，即

$$\boldsymbol{a}=\beta\boldsymbol{t}_1 \tag{8.049}$$

在屈曲点，由解存在的条件 (8.035) 可知 $g\dot{\lambda}=0$ 必须成立。用上这个关系，屈曲点可做如下分类。

$$\text{分歧点：}\quad g=0 \tag{8.050}$$

$$\text{极限点：}\quad g\neq 0,\quad \dot{\lambda}=0 \tag{8.051}$$

分歧点分 $\dot{\lambda}=0$（对称分歧点）和 $\dot{\lambda}\neq 0$（非对称分歧点）两类。把上述内容归纳成图 8.3。

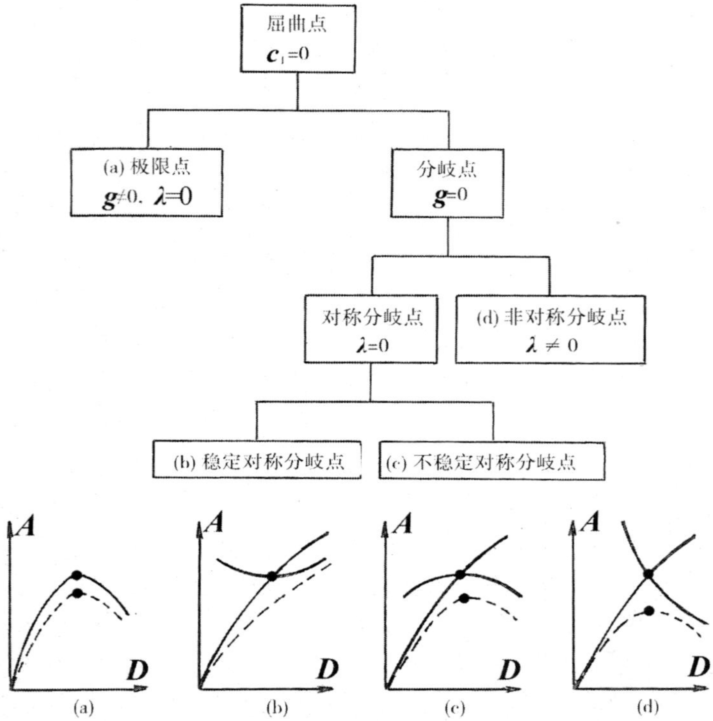

图 8.3 屈曲点的分类

因为分岐点 $g=0$ 成立，由式 (8.035) 得

$$\boldsymbol{a}^{\mathrm{T}}\boldsymbol{f}=0 \tag{8.052}$$

或者，用式 (8.049) 得

$$\boldsymbol{t}_1^{\mathrm{T}}\boldsymbol{f}=0 \tag{8.053}$$

式中，分岐点 $\boldsymbol{K}$ 的最小固有值矢量 $\boldsymbol{t}_1$，和载荷模式 $\boldsymbol{f}$ 正交，图 8.4 显示了这一情况。

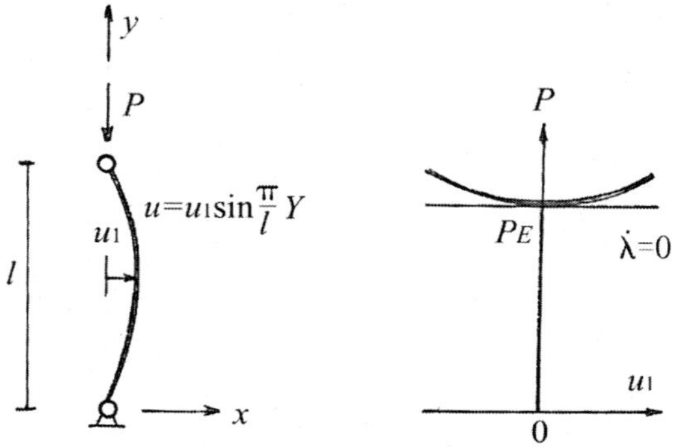

图 8.4 柱的载荷模态和屈曲模态

8.3 屈曲模态

极限点上 $\dot{\lambda}=0$ 成立，将其代入式 (8.036) 得

$$\dot{\boldsymbol{d}}=\dot{\alpha}\boldsymbol{a} \tag{8.054}$$

把 $\dot{\lambda}=0$ 和式 (8.054) 合并成一列矢量，如

$$\begin{bmatrix}\dot{\boldsymbol{d}}\\ \dot{\lambda}\end{bmatrix}=\begin{bmatrix}\boldsymbol{a}\\ 0\end{bmatrix}\dot{\alpha} \tag{8.055}$$

极限点上屈曲模态可由 $[\boldsymbol{I}-\boldsymbol{K}\boldsymbol{K}^{-}]$ 的线性无关矢量或 $\boldsymbol{K}$ 的最小固有值相对应的固有矢量得到，且为一个。

分歧点中 $g=0$ 成立。在式 (8.036) 中由于式 (3.024) 知 $\boldsymbol{K}^{-}\boldsymbol{f}$ 和 $\boldsymbol{a}$ 正交，是相互线性无关的。做变量代换 $\dot{\alpha}_1=\dot{\alpha}$， $\dot{\alpha}_2=\dot{\lambda}$，即

$$\begin{bmatrix}\dot{\boldsymbol{d}}\\ \dot{\lambda}\end{bmatrix}=\begin{bmatrix}\boldsymbol{a}\\ 0\end{bmatrix}\dot{\alpha}_1+\begin{bmatrix}\boldsymbol{K}^{\mathrm{T}}\boldsymbol{f}\\ 1\end{bmatrix}\dot{\alpha}_2 \tag{8.056}$$

从上式可知，分歧点有两个相互独立的屈曲模态，分歧路径是这两个模态的组合。对称分歧点 $\dot{\lambda}=0$，由式 (8.056)$\dot{\alpha}_2=0$，得

$$\begin{bmatrix}\dot{\boldsymbol{d}}\\ \dot{\lambda}\end{bmatrix}=\begin{bmatrix}\boldsymbol{a}\\ 0\end{bmatrix}\dot{\alpha}_1 \tag{8.057}$$

8.4 分歧路径的分析

极限点和对称分歧点，由式 (8.055) 和 (8.057) 可知，增分参数只有一个。即 $\dot{\alpha}$ 或 α_1 给定时 $\dot{\boldsymbol{d}}$ 就可得到。为此，后屈曲路径可以较容易求出。$\dot{\alpha}$ 或 α_1 作为一个位移元素就可变成位移增分型的解法来求解。

求分歧屈曲后的路径时根据式 (8.056) 必须求出 $\dot{\alpha}$ 和 α_1 的组合。下面叙述其解析法。第二摄动式 (8.014) 的解存在条件可由式 (8.029) 给出

$$[\boldsymbol{I}-\boldsymbol{K}\boldsymbol{K}^{-}]^{\mathrm{T}}\left(\boldsymbol{f}\ddot{\lambda}-\boldsymbol{r}(\dot{\boldsymbol{d}},\dot{\lambda})\right)=\boldsymbol{0} \tag{8.058}$$

式 (8.058) 的系数矩阵的线性无关矢量 $\boldsymbol{a}$ 在分歧点 $g=\boldsymbol{a}^{\mathrm{T}}\boldsymbol{f}=0$ 成立，上式可写成

$$\boldsymbol{a}^{\mathrm{T}}\boldsymbol{r}(\dot{\boldsymbol{d}},\dot{\lambda})=0 \tag{8.059}$$

式 (8.059) 中矢量 $\boldsymbol{a}$ 和 $\boldsymbol{r}$ 的第 r 元素可表示成 $\boldsymbol{a}_r$ 和 $\boldsymbol{r}_r$；$\boldsymbol{r}_r$ 由式 (8.012) 得

$$\boldsymbol{r}_r=2\left(\sum_{i=1}^{n}\sum_{j=1}^{n}k_{rij}\dot{d}_i\dot{d}_j+\sum_{i=1}^{n}k_{ri\lambda}\dot{d}_i\dot{\lambda}-f_{r\lambda\lambda}\dot{\lambda}^2\right) \tag{8.060}$$

式 (8.059) 写成

$$\sum_{r=1}^{n}a_r r_r=0 \tag{8.061}$$

将式 (8.056) 代入式 (8.060)，整理后，得

$$a(\dot{a}_1)^2+2b\dot{a}_1\dot{a}_2+c(\dot{a}_2)^2=0 \tag{8.062}$$

式 (8.062) 中可求 2 个 $\dot{\alpha}_1$ 与 $\dot{\alpha}_2$ 的比，即

$$k_i=\frac{\dot{a}_2}{\dot{a}_1}，\ i=1，2 \tag{8.063}$$

最后将式 (8.063) 代入式 (8.056) 得

$$\begin{bmatrix}\dot{\boldsymbol{d}}\\ \dot{\lambda}\end{bmatrix}=\left(\begin{bmatrix}\boldsymbol{\alpha}\\ 0\end{bmatrix}+\begin{bmatrix}\boldsymbol{K}^{\mathrm{T}}\boldsymbol{f}\\ 1\end{bmatrix}\kappa_i\right)\dot{\alpha}_1 \tag{8.064}$$

$\dot{\alpha}_1$ 作为增分参数给定后就可求出对应两个 κ_i 的分歧路径。

8.5 数值解析法

若平衡路径上的点 I 在屈曲点附近，$|\boldsymbol{K}|=0$ 产生数值不稳定性（图 8.5）。现说明在该领域内的数值解析法。

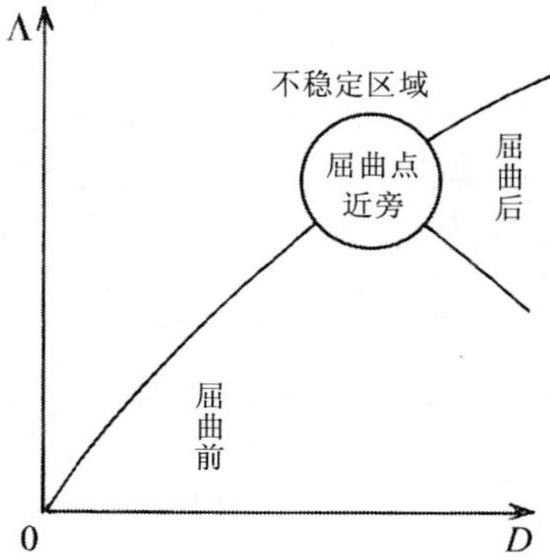

图 8.5 数值不稳定的领域

$|\boldsymbol{K}|\neq 0$ 时不管屈曲前后，都可由式 (8.015) 和 (8.016) 求平衡路径。但屈曲点附近由于很难找到高精度的 $\boldsymbol{K}^{-1}$，故用 $\boldsymbol{K}^{-}$ 得到稳定的解。其理由是 $|\boldsymbol{K}|\neq 0$ 时，$\boldsymbol{K}^{-1}=\boldsymbol{K}^{-}$。

在 $|\boldsymbol{K}|=0$ 的屈曲点计算 $\boldsymbol{K}^{-}$ 是重要的。$|\boldsymbol{K}|$ 的值不等于零，但与零差别极小时，$\boldsymbol{K}^{-}$ 顶替 $\boldsymbol{K}^{-1}$。为此，不让 $\mathrm{rank}(\boldsymbol{K})=n-1$ 成立，式 (8.024) 中 $[\boldsymbol{I}-\boldsymbol{K}^{-}\boldsymbol{K}]=[\boldsymbol{I}-\boldsymbol{K}^{-1}\boldsymbol{K}]=\boldsymbol{O}$ 就成立，$\boldsymbol{a}=\boldsymbol{0}$。发生了这样的情况在屈曲点跟踪平衡路径就不可能了。

为了避免上面的情况，解法之一是利用特征值分解法。

参照 5.2 节，将 $\boldsymbol{K}$ 进行特征值分解，得

$$\boldsymbol{K}=\boldsymbol{U\Sigma V}^{\mathrm{T}} \tag{8.065}$$

对角阵

$$\boldsymbol{\Sigma}=\mathrm{diag}(\mu_1 \quad \mu_2 \quad \cdots \quad \mu_n) \tag{8.066}$$

$\boldsymbol{\Sigma}$ 的广义逆矩阵为

$$\boldsymbol{\Sigma}^{-}=\mathrm{diag}(\mu_1^{-} \quad \mu_2^{-} \quad \cdots \quad \mu_n^{-}) \tag{8.067}$$

若 $\mu_1<\mu_2\leqslant\cdots\leqslant\mu_n$，则屈曲点 $\mu_1=0$，即

$$\mu_1^{-}=0 \tag{8.068}$$

$$\mu_i^- = \frac{1}{\mu_i}, \quad i=2, \cdots, n \tag{8.069}$$

因此，屈曲点 K 的广义逆矩阵，即

$$\boldsymbol{K}^- = \boldsymbol{V\Sigma}^- \boldsymbol{U}^{\mathrm{T}} \tag{8.070}$$

数值解析中在 $|\boldsymbol{K}| = 0$ 的点上求精确解是不可能的。在此把式 (8.068) 和 (8.069) 作如下修正。增分数 t 和 $|\boldsymbol{K}|$ 的关系如图 8.6 所示。在 $t = t_{cr}$ 的点 A，$|\boldsymbol{K}| = 0$。给微小量 2ε，在 $t_{cr} - \varepsilon < t < t_{cr} + \varepsilon$ 范围内 $|\boldsymbol{K}| = 0$ 成立，此时对式 (8.068) 和 (8.069) 有

$$\mu_1^- = 0, \quad t_{cr} - \varepsilon < t < t_{cr} + \varepsilon \tag{8.071}$$

$$\mu_i^- = \frac{1}{\mu_i}, \quad \mathrm{i}=2, \cdots, n \tag{8.072}$$

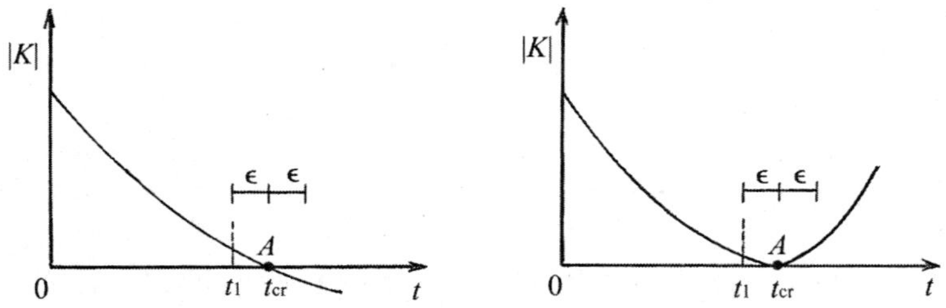

图 8.6 屈曲点附近的 $|\boldsymbol{K}|$ 的变化

作为上述数值解法的具体例子，下面叙述复合索结构的扭转变形。考虑图 8.7 所示两种复合索结构。这些复合索结构是由索张力和受载后产生轴向的压力共同组合的承载结构系统。索对压力不能产生抵抗能力（即刚性），所以第 6 章要导入自平衡应力，确保初始刚度。图 8.7 是自平衡应力分布。下面叙述轴对称等分布荷载作用下的圆周方向的整体屈曲。

Geiger 型和 Zetlin 型是轴对称结构，在轴对称载荷作用下产生轴对称变形。这种载荷–位移曲线称为基本平衡路径。为了数值分析平衡路径，采用具有几何刚度矩阵的修正的载荷增分法。此时切线刚度矩阵

$$\boldsymbol{K} = \boldsymbol{K}_E + \boldsymbol{K}_G \tag{8.073}$$

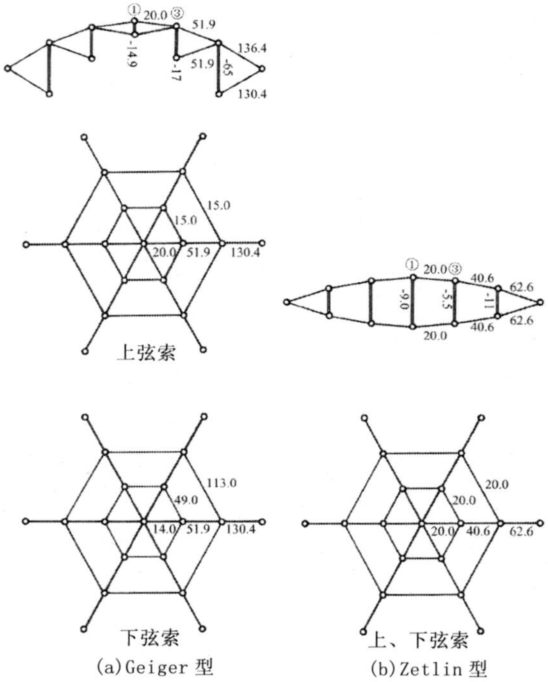

图 8.7 复合索结构模型

其中，$\boldsymbol{K}_E$ 为弹性刚度矩阵，$\boldsymbol{K}_G$ 为几何刚度矩阵。平衡路径上点 I 的杆件 a 的位置如图 6.6 所示。从式 (6.205) 和 (6.208) 可知杆件 a 对应的 $\boldsymbol{K}_E$、$\boldsymbol{K}_G$ 为

$$\boldsymbol{K}_E=\begin{bmatrix}\boldsymbol{k}_E & -\boldsymbol{k}_E\\ -\boldsymbol{k}_E & \boldsymbol{k}_E\end{bmatrix},\quad \boldsymbol{K}_G=\begin{bmatrix}\boldsymbol{k}_G & -\boldsymbol{k}_G\\ -\boldsymbol{k}_G & \boldsymbol{k}_G\end{bmatrix} \tag{8.074}$$

其中

$$\boldsymbol{k}_E=\frac{EA}{l_a}\boldsymbol{\lambda}_a{}^{\mathrm{T}}\boldsymbol{\lambda}_a,\quad \boldsymbol{k}_G=\frac{N}{l_a}(\boldsymbol{I}-\boldsymbol{\lambda}_a{}^{\mathrm{T}}\boldsymbol{\lambda}_a) \tag{8.075}$$

式 (8.075) 中，E 为杨氏模量，A 为截面积，N 为在 I 点的轴力。

当载荷增加时，切线刚度矩阵行列式值减小，在 $|\boldsymbol{K}|=0$ 时，圆周方向的变形模态发生分歧屈曲。分歧屈曲后，沿着分歧路径变形。这种情

况的概念图如图 8.8 所示。该图中位移 $\boldsymbol{D}$ 是扭转方向的位移。因为没有初始缺陷的完备系的情况下屈曲前只产生轴对称变形，故 $\boldsymbol{D}=\boldsymbol{0}$。在 $\boldsymbol{P}_{cr}$ 点上 $|\boldsymbol{K}|=0$，出现了与式 (8.057) 相对应的 $\boldsymbol{D}\neq\boldsymbol{0}$ 的模态。进而，有初始缺陷的不完备系的情况下变成了没有分歧点的非线性载荷位移曲线。屈曲后平衡路径显示为正梯度时即使存在初始缺陷，失稳后承载力也不产生急激下降。这样的分歧称为稳定分歧点。另外在屈曲后平衡路径显示为负梯度的不稳定分歧点上屈曲后会产生急剧的承载能力下降。特别是由于初始缺陷的存在，临界荷载也下降了。此时曲线对初始缺陷很敏感。以上为前提，对下述四个问题进行了数值分析，(a) 对图 8.8 相应的荷载，位移曲线的的跟踪，(b) 确定分歧屈曲载荷，(c) 分歧后路径的跟踪，(d) 确定是稳定分歧点还是不稳定分歧点。

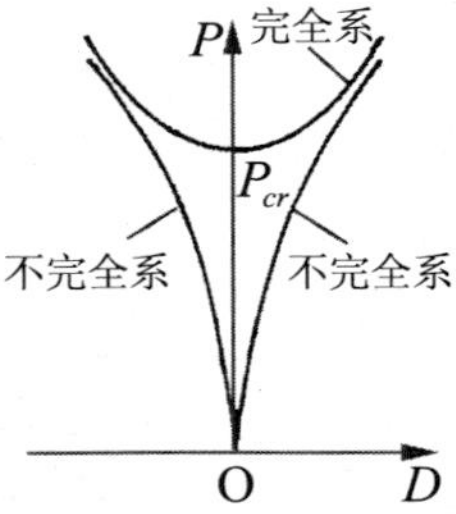

(a) 稳定分歧点

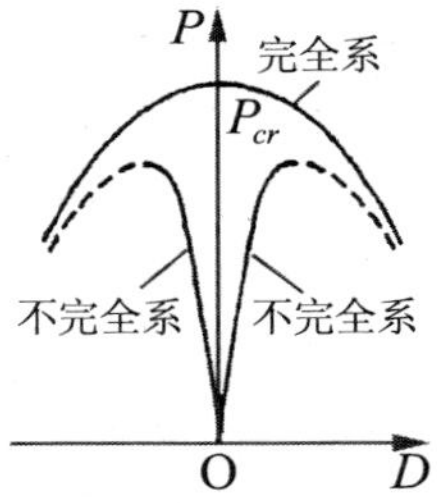

(b) 不稳定分歧点

图 8.8 分歧点的差异

作为轴对称荷载，各上弦节点都作用了铅垂方向的载荷 $\boldsymbol{P}$。不完备系在上弦节点的圆周方向作用了 $\boldsymbol{\alpha P}$ 的不同载荷。图 8.9 显示了随着载荷的增加 $|\boldsymbol{K}|$ 值变化的曲线。在完备系（轴对称）的情况下点 A 上 $|\boldsymbol{K}|=0$，在不完备系的情况下，$|\boldsymbol{K}|=0$ 的点不存在（图中，虚线与 $\boldsymbol{\alpha}=0.01$，点画线与 $\boldsymbol{\alpha}=0.02$ 相对应）。图 8.10 描述了节点 1（中央点）和节点 3 的载荷位移曲线。在这一图上可以看出此时的分歧点是稳定分歧点。图 8.11 显示了屈曲模态。可以看出上弦节点与下弦节点位移方向相反。

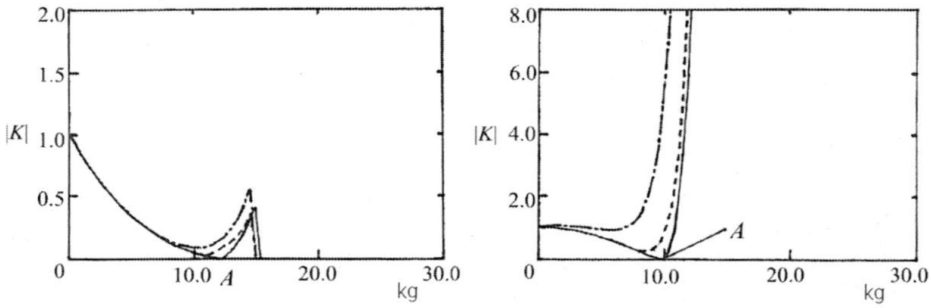

(a)Geiger 型　　(b)Zetlin 型

图 8.9 载荷与 |**K**| 的关系

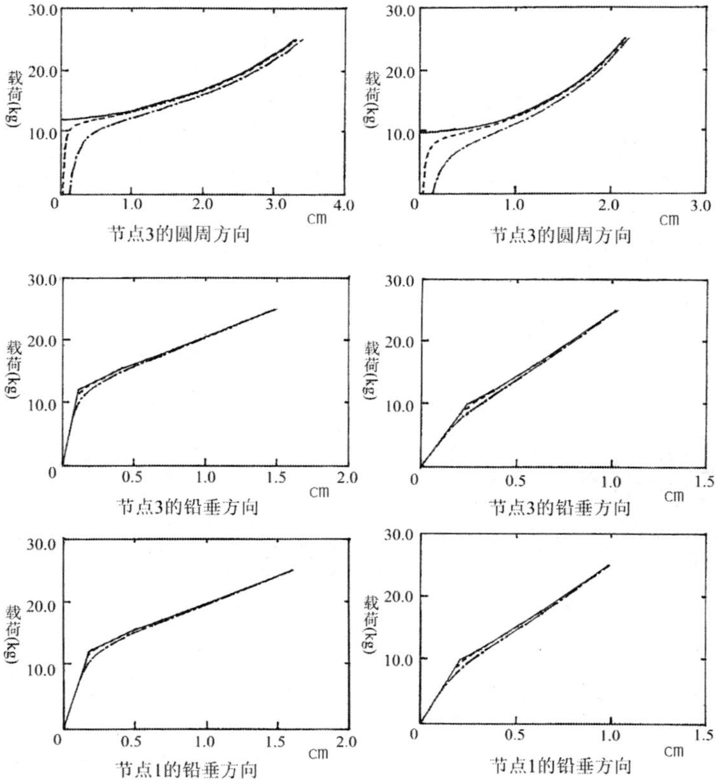

(a)Geiger 型　　(b)Zetlin 型

图 8.10 载荷 - 位移曲线

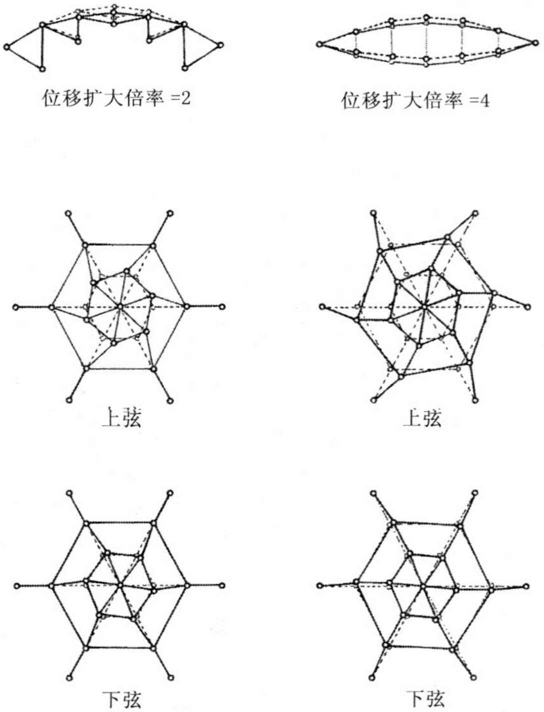

(a)Geiger 型　　(b)Zetlin 型

图 8.11 屈曲模态

8.6 扁平拱的屈曲

柱和平板在面内受压时产生的屈曲是典型的分歧屈曲。本节讲述不同形状的扁平拱结构的分歧失稳或极限型失稳。

首先推导基本方程。如图 8.12 所示，采用直角坐标系，扁平拱的初始形状为 $w_0(x)$。水平方向及铅垂方向的位移分别为 $u(x)$、$w(x)$，变形前、后中立轴的曲线长为 $\mathrm{d}s_0$、$\mathrm{d}s$。

$$(\mathrm{d}s_0)^2 = \left[1+\left(\frac{\mathrm{d}w_0}{\mathrm{d}x}\right)^2\right]\mathrm{d}x^2 \tag{8.076}$$

$$(\mathrm{d}s)^2=\left[1+2\frac{\mathrm{d}u}{\mathrm{d}x}+\left(\frac{\mathrm{d}u}{\mathrm{d}x}\right)^2+\left(\frac{\mathrm{d}w_0}{\mathrm{d}x}\right)^2+2\frac{\mathrm{d}w_0}{\mathrm{d}x}\frac{\mathrm{d}w}{\mathrm{d}x}+\left(\frac{\mathrm{d}w}{\mathrm{d}x}\right)^2\right]\mathrm{d}x^2 \quad (8.077)$$

中立轴的Green(格林)应变 e_{0x} 为 $(\mathrm{d}s^2-\mathrm{d}s_0{}^2)=2e_{0x}\mathrm{d}x^2$，如下式，即

$$e_{x0}=\frac{\mathrm{d}u}{\mathrm{d}x}+\frac{\mathrm{d}w_0}{\mathrm{d}x}\frac{\mathrm{d}w}{\mathrm{d}x}+\frac{1}{2}\left[\left(\frac{\mathrm{d}u}{\mathrm{d}x}\right)^2+\left(\frac{\mathrm{d}w}{\mathrm{d}x}\right)^2\right] \quad (8.078)$$

因为 $\mathrm{d}u/\mathrm{d}x \gg (\mathrm{d}u/\mathrm{d}x)^2$，故省略二阶项，即

$$e_{x0}=\frac{\mathrm{d}u}{\mathrm{d}x}+\frac{\mathrm{d}w_0}{\mathrm{d}x}\frac{\mathrm{d}w}{\mathrm{d}x}+\frac{1}{2}\left(\frac{\mathrm{d}w}{\mathrm{d}x}\right)^2 \quad (8.079)$$

与平板的大变形理论一样，曲率变化的项中仅取线性化结果。此时从中性轴开始到 z 的距离的某点的应变 e_x 为

$$e_x=e_{x0}-z\frac{\mathrm{d}^2w}{\mathrm{d}x^2} \quad (8.080)$$

应力应变关系式为 $\sigma_x=E\varepsilon_x$，轴力 N 和弯矩 M 与应变的关系如下式，即

$$\boldsymbol{N}=\iint\sigma_x=EAe_{x0}=EA\left[\frac{\mathrm{d}u}{\mathrm{d}x}+\frac{\mathrm{d}w_0}{\mathrm{d}x}\frac{\mathrm{d}w}{\mathrm{d}x}+\frac{1}{2}\left(\frac{\mathrm{d}w}{\mathrm{d}x}\right)^2\right] \quad (8.081)$$

$$M=\iint\sigma_{xz}\,\mathrm{d}A=-EI\frac{\mathrm{d}^2w}{\mathrm{d}x^2} \quad (8.082)$$

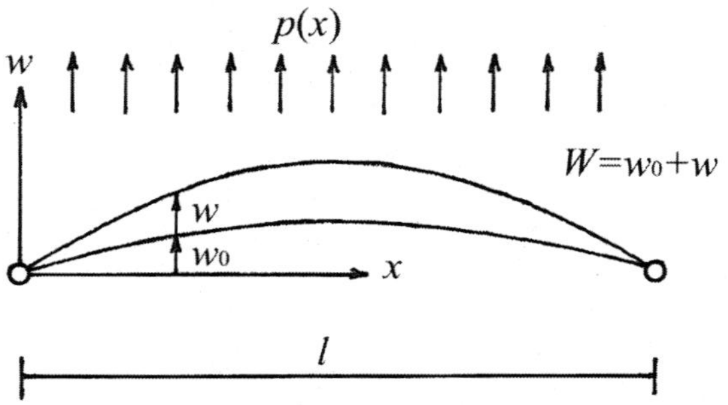

图 8.12 偏平拱

求应变能 U 和势能 V

$$U=\frac{1}{2}\iiint Ee_x^{\ 2}\,\mathrm{d}V=\frac{1}{2}\int_0^l\left(EAe_{x0}^{\ 2}+EI\left(\frac{\mathrm{d}^2 w}{\mathrm{d}x^2}\right)^2\right)\mathrm{d}x \tag{8.083}$$

$$V=-\int_0^l pw\,\mathrm{d}x \tag{8.084}$$

这里 p 是铅垂方向作用的载荷。根据虚功原理求平衡方程。虚功原理的公式为

$$\delta(U+V)=0 \tag{8.085}$$

其中

$$\delta U=\int_0^l\left(EAe_{x0}\delta e_{x0}+EI\frac{\mathrm{d}^2 w}{\mathrm{d}x^2}\frac{\mathrm{d}^2\delta w}{\mathrm{d}x^2}\right)\mathrm{d}x=\int_0^l\left(N_x\delta e_{x0}+M\frac{\mathrm{d}^2\delta w}{\mathrm{d}x^2}\right)\mathrm{d}x \tag{8.086}$$

对每一项施行分步积分，边界条件 $\delta u=\delta w=0$，有

$$\int_0^l N_x\delta e_{x0}\,\mathrm{d}x=-\int_0^l\frac{\mathrm{d}N}{\mathrm{d}x}\delta u\,\mathrm{d}x-\int_0^l\frac{\mathrm{d}}{\mathrm{d}x}\left[N\left(\frac{\mathrm{d}w_0}{\mathrm{d}x}+\frac{\mathrm{d}w}{\mathrm{d}x}\right)\right]\delta w\,\mathrm{d}x \tag{8.087}$$

$$\int_0^l M\frac{\mathrm{d}^2\delta w}{\mathrm{d}x^2}\mathrm{d}x=-\int_0^l\frac{\mathrm{d}^2 M}{\mathrm{d}x^2}\delta w\,\mathrm{d}x \tag{8.088}$$

另外

$$\delta V=-\int_0^l p\delta w\,\mathrm{d}x \tag{8.089}$$

将式 (8.087) ~ (8.089) 代入式 (8.085)，令 δu 和 δw 的系数为零，就是平衡方程。

$$\frac{\mathrm{d}N}{\mathrm{d}x}=0 \tag{8.090}$$

$$\frac{\mathrm{d}^2 M}{\mathrm{d}x^2}+\frac{\mathrm{d}}{\mathrm{d}x}\left[N\left(\frac{\mathrm{d}w_0}{\mathrm{d}x}+\frac{\mathrm{d}w}{\mathrm{d}x}\right)\right]+p=0 \tag{8.091}$$

将式 (8.082) 代入式 (8.091)，再由式 (8.090) 得

$$EI\frac{\mathrm{d}^4 w}{\mathrm{d}x^4}-N\left(\frac{\mathrm{d}^2 w_0}{\mathrm{d}x^2}+\frac{\mathrm{d}^2 w}{\mathrm{d}x^2}\right)-p=0 \tag{8.092}$$

由式 (8.081) 得

$$\frac{\mathrm{d}u}{\mathrm{d}x}=\frac{N}{EA}-\frac{\mathrm{d}w_0}{\mathrm{d}x}\frac{\mathrm{d}w}{\mathrm{d}x}-\frac{1}{2}\left(\frac{\mathrm{d}w}{\mathrm{d}x}\right)^2 \tag{8.093}$$

对式 (8.093) 积分

$$u=\int\frac{N}{EA}\mathrm{d}x-\int\left[\frac{\mathrm{d}w_0}{\mathrm{d}x}\frac{\mathrm{d}w}{\mathrm{d}x}+\frac{1}{2}\left(\frac{\mathrm{d}w}{\mathrm{d}x}\right)^2\right]\mathrm{d}x+c \tag{8.094}$$

考虑 $u(0)=u(l)=0$ 的边界条件，$N=$ 常数，由式 (8.090) 得

$$N=\frac{EA}{2l}\int_0^l\left[(\frac{\mathrm{d}w}{\mathrm{d}x})^2+2\frac{\mathrm{d}w_0}{\mathrm{d}x}\frac{\mathrm{d}w}{\mathrm{d}x}\right]\mathrm{d}x \tag{8.095}$$

将式 (8.095) 代入式 (8.092) 就可得到与 w 有关的基本方程式，即

$$EI\frac{\mathrm{d}^4w}{\mathrm{d}x^4}-\frac{EA}{2l}\int_0^l\left[(\frac{\mathrm{d}w}{\mathrm{d}x})^2+2\frac{\mathrm{d}w_0}{\mathrm{d}x}\frac{\mathrm{d}w}{\mathrm{d}x}\right]\mathrm{d}x\cdot(\frac{\mathrm{d}^2w_0}{\mathrm{d}x^2}+\frac{\mathrm{d}^2w}{\mathrm{d}x^2})-p=0 \tag{8.096}$$

$w_0=0$ 时就是由直线梁对应的基本方程。

利用式 (8.096)，进行偏平拱的静载作用下的屈曲分析。为了用无量纲表示，引入下面的参数即有

$$\eta_0=\frac{\omega_0}{k}，\quad \eta=\frac{w}{k}，\quad k=\sqrt{\frac{I}{A}}，\quad q=\frac{p}{EIk}\left(\frac{l}{\pi}\right)^4，\quad \xi=\frac{\pi}{l}x \tag{8.097}$$

此时，式 (8.096) 变成如下形式。

$$\frac{\mathrm{d}^4\eta}{\mathrm{d}\xi^4}-\frac{1}{2\pi}\int_0^l\left[\left(\frac{\mathrm{d}\eta}{\mathrm{d}\xi}\right)^2+\frac{\mathrm{d}\eta_0}{\mathrm{d}\xi}\frac{\mathrm{d}\eta}{\mathrm{d}\xi}\right]\mathrm{d}x\cdot\left(\frac{\mathrm{d}^2\eta_0}{\mathrm{d}\xi^2}+\frac{\mathrm{d}^2\eta}{\mathrm{d}\xi^2}\right)-q=0 \tag{8.098}$$

考虑初始形状是正弦曲线，作用载荷也是正弦曲线的情况，待求的位移，载荷假设为下面的形状。要想使位移和载荷的方向都是铅垂向下，η 和 q 应取负号。

$$\eta_0=H\sin\xi，\quad \eta=\sum_{n=1}^{N}(-D_n)\sin n\xi，\quad q=-\Lambda\sin\xi \tag{8.099}$$

用迦辽金法推导载荷、位移关系，即

$$F_r(D_1 \quad \cdots \quad D_n \quad \Lambda)$$
$$=\sum_{n=1}^{N} n^4 D_n \delta_{nr} + \frac{1}{4}\left(\sum_{n=1}^{N} n^2 D_n{}^2 - 2HD_1\right)\left(-H\delta_{1r} + \sum_{n=1}^{N} n^2 D_n \delta_{nr}\right) - \Lambda\delta_{1r} = 0 \quad (8.100)$$

式 (8.100) 与式 (8.001) 相对应。下面采用 $n = 1$（轴对称变形）以及 $n = 2$（反对称变形）两个位移模态，涉及 2 自由度系统问题。图 8.13 给出了 $n = 1$，$n = 2$ 的位移模态。此时两个基本方程为

$$F_1(D_1 \quad D_2 \quad \Lambda) = \left(1+\frac{1}{2}H^2\right)D_1 - \frac{3}{4}HD_1{}^2 - HD_2{}^2 + D_1D_2{}^2 + \frac{1}{4}D_1{}^3 - \Lambda = 0 \quad (8.101)$$

$$F_2(D_1 \quad D_2 \quad \Lambda) = 16D_2 - 2HD_1D_2 + D_1{}^2D_2 + 4D_2{}^3 = 0 \quad (8.102)$$

图 8.13 模态的形状

与式 (8.101) 和 (8.102) 相对应求式 (8.006)，即

$$k_{11} = \left(1+\frac{1}{2}H^2\right) - \frac{3}{2}HD_1^0 + (D_2^0)^2 + \frac{3}{4}(D_1^0)^2$$
$$k_{12} = k_{21} = 2D_1^0D_2^0 - 2HD_2^0$$
$$k_{22} = 16 - 2HD_1^0 + (D_1^0)^2 + 12(D_2^0)^2$$
$$k_{111} = -\frac{3}{2}H + \frac{3}{2}D_1^0, \quad k_{112} = k_{121} = k_{211} = 2D_2^0 \quad (8.103)$$
$$k_{122} = k_{212} = k_{221} = 2D_1^0 - 2H, \quad k_{222} = 24D_2^0$$
$$f_{1\lambda} = 1, \quad f_{2\lambda} = 0, \quad f_{1\lambda\lambda} = 0, \quad f_{2\lambda\lambda} = 0$$
$$k_{11\lambda} = k_{12\lambda} = k_{21\lambda} = k_{22\lambda} = 0$$

用式 (8.103) 值做第一摄动方程 (8.013) 得

$$\begin{bmatrix} k_{11} & k_{12} \\ k_{21} & k_{22} \end{bmatrix}\begin{bmatrix} \dot{d}_1 \\ \dot{d}_2 \end{bmatrix} = \begin{bmatrix} 1 \\ 0 \end{bmatrix}\dot{\lambda} \quad (8.104)$$

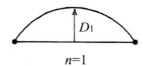

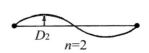

利用式 (8.104) 跟踪从零载荷开始的载荷 - 位移曲线。

第一步 $D_1^0 = D_2^0 = 0$，有

$$\begin{bmatrix} 1+\frac{1}{2}H^2 & 0 \\ 0 & 16 \end{bmatrix} \begin{bmatrix} \dot{d}_1 \\ \dot{d}_2 \end{bmatrix} = \begin{bmatrix} 1 \\ 0 \end{bmatrix} \dot{\lambda} \tag{8.105}$$

由式 (8.105) 有

$$\dot{d}_1 = \frac{1}{1+\frac{1}{2}H^2}\dot{\lambda}, \quad \dot{d}_2 = 0 \tag{8.106}$$

第一步后的位移为

$$D_1^0 = \frac{1}{1+\frac{1}{2}H^2}\dot{\lambda}, \quad D_2^0 = 0 \tag{8.107}$$

从以上的分析可得出下述的引人注目的结论。$D_2^0 = 0$ 时，由式 (8.103) 可知通常 $k_{12} = k_{21} = 0$，其结果是 $\dot{d}_2 = 0$。跟踪载荷从零开始的平衡路径，只有轴对称变形 D_1，而没有非轴对称 D_2 产生。这样，轴对称结构受轴对称载荷时到某一程度的载荷为止，仅发生轴对称变形。从第一步、第二步逐渐前进至到第 m 步。因为 $D_2^0 = 0$，增分方程为

$$\begin{bmatrix} (1+\frac{1}{2}H^2) - \frac{3}{2}HD_1^0 + \frac{3}{4}(D_1^0)^2 & 0 \\ 0 & 16 - 2HD_1^0 + (D_1^0)^2 \end{bmatrix} \begin{bmatrix} \dot{d}_1 \\ \dot{d}_2 \end{bmatrix} = \begin{bmatrix} 1 \\ 0 \end{bmatrix} \dot{\lambda} \tag{8.108}$$

解式 (8.108)，无论如何都可得 $\dot{d}_2 = 0$。但是 $k_{22} = 16 - 2HD_1^0 + (D_1^0)^2$ 若为 0 时，$\dot{d}_2$ 就可能存在，非轴对称变形就产生了。这一点就称为分歧点，此时的载荷称为分歧载荷。载荷从零开始增加，k_{22} 不是零的情况下，只有轴对称变形有进展。形状参数 H 在 $H < 2$ 的范围内 k_{11} 也不为 0，就是载荷渐增型平衡路径。$H = 2 \sim 4$ 时，平衡路径上 $k_{11} = 0$ 的点就会出现。该点或是极大点，或是极小点，称为极限点。图 8.14 说明了这个概念。随着载荷的增加，到达极限点 A，在 A 的附近随着载荷的增加，平衡路径不存在，跳到了 B 点上。为此给这个现象起名称为跳跃屈曲。图 8.15 是分歧型屈曲的概念图，在点 C 分歧，产生非对称变形，

到点 D 又回到轴对称变形。由这些图可知，极限点和分歧点都在轴对称变形上存在，因为 k_{11}、k_{22} 仅是 D_1^0 的函数，故轴对称变形被称为基本平衡路径。图 8.16 显示了当 D_1 进展时 k_{11} 的变化样子。$H=3$ 时，k_{11} 先变为 0，发生跳跃屈曲。$H=8$ 时，k_{12} 先为 0，发生分歧屈曲。图 8.17 显示了随形状参数 H 的变化屈曲载荷变化的情况。

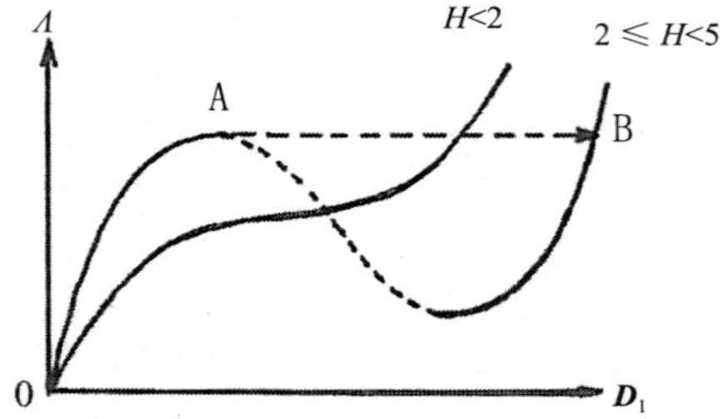

图 8.14 极限点和飞移屈曲

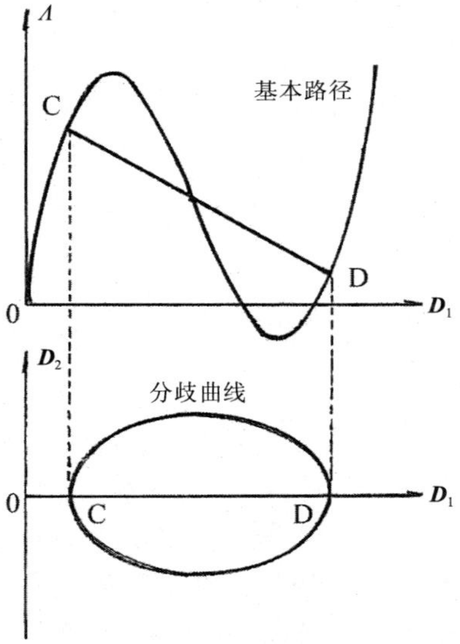

图 8.15 分歧点和分歧失稳

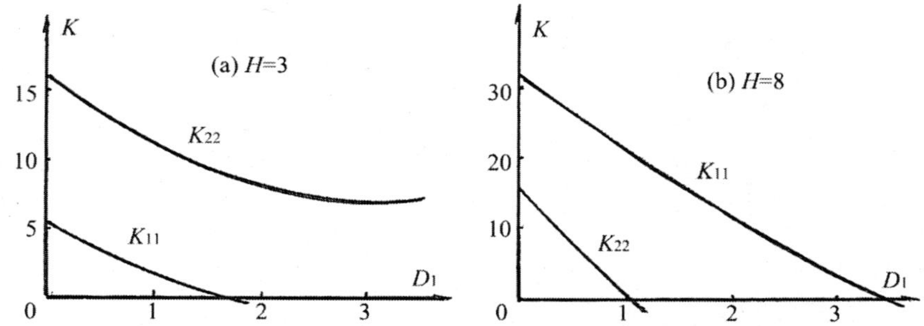

图 8.16 k_{11} 和 k_{22} 值的变化

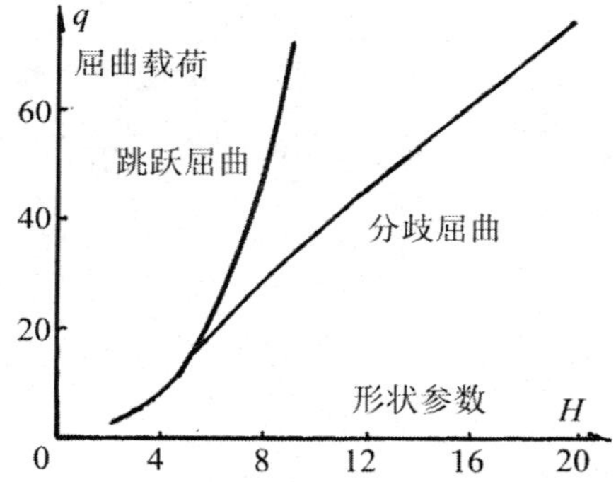

图 8.17 形状参数和屈曲载荷

试求 $H=8$ 时的分歧路径。$k_{22}=0$ 是分歧点，即

$$D_1^0=1.07\text{，}\quad D_2^0=0\text{，}\quad \varLambda^0=28.8 \tag{8.109}$$

用这些值做第一、第二摄动式，即

$$\begin{bmatrix} 21 & 0 \\ 0 & 0 \end{bmatrix}\begin{bmatrix} \dot{d}_1 \\ \dot{d}_2 \end{bmatrix}=\begin{bmatrix} 1 \\ 0 \end{bmatrix}\dot{\lambda} \tag{8.110}$$

$$\begin{bmatrix} 21 & 0 \\ 0 & 0 \end{bmatrix}\begin{bmatrix} \ddot{d}_1 \\ \ddot{d}_2 \end{bmatrix}+\begin{bmatrix} -10.4\dot{d}_1^{\,2}-13.8\dot{d}_2^{\,2} \\ -27.6\dot{d}_1\dot{d}_2 \end{bmatrix}=\begin{bmatrix} 1 \\ 0 \end{bmatrix}\ddot{\lambda} \tag{8.111}$$

将式 (8.065) 与式 (8.110) 进行比较

$$\mu_1=21\text{，}\quad \mu_2=0 \tag{8.112}$$

因此

$$\boldsymbol{K}^{-}=\begin{bmatrix}0.0476 & 0\\ 0 & 0\end{bmatrix},\quad [\boldsymbol{I}-\boldsymbol{K}\boldsymbol{K}^{-}]=[\boldsymbol{I}-\boldsymbol{K}^{-}\boldsymbol{K}]=\begin{bmatrix}0 & 0\\ 0 & 1\end{bmatrix} \tag{8.113}$$

由式 (8.113) 的第二个式子得 $\boldsymbol{a}^{\mathrm{T}}=(0\ \ 1)$。因 $\boldsymbol{f}^{\mathrm{T}}=(1\ \ 0)$ 则 $g=\boldsymbol{a}^{\mathrm{T}}\boldsymbol{f}=0$，即是分歧点。用式 (8.113) 代入式 (8.056) 得

$$\begin{bmatrix}\dot{d}_1\\ \dot{d}_2\\ \dot{\lambda}\end{bmatrix}=\begin{bmatrix}0\\ 1\\ 0\end{bmatrix}\dot{\alpha}_1+\begin{bmatrix}0.0476\\ 0\\ 0\end{bmatrix}\dot{\alpha}_2 \tag{8.114}$$

把式 (8.111)、(8.113) 和 (8.114) 代入式 (8.059)，求第二摄动方程的解存在条件，得

$\dot{d}_1\dot{d}_2=0.0476\dot{\alpha}_1\dot{\alpha}_2=0$，$\dot{\alpha}_1=0$ 时 $\dot{d}_2=0$，成为基本平衡路径。$\dot{\alpha}_2=0$ 时，变成分歧路径。因 $\dot{\alpha}_2=0$ 时 $\dot{d}_1=0$，代入到式 (8.111)，有

$$\begin{bmatrix}21 & 0\\ 0 & 0\end{bmatrix}\begin{bmatrix}\ddot{d}_1\\ \ddot{d}_2\end{bmatrix}=\begin{bmatrix}1\\ 0\end{bmatrix}\ddot{\lambda}+\begin{bmatrix}-13.8\dot{\alpha}_1^{\ 2}\\ 0\end{bmatrix} \tag{8.115}$$

为了用 $\dot{\alpha}_1^{\ 2}$ 表示 $\ddot{d}_1$、$\ddot{d}_2$、$\ddot{\lambda}$，把式 (8.115) 改写如下

$$\begin{bmatrix}21 & 0 & -1\\ 0 & 0 & 0\end{bmatrix}\begin{bmatrix}\ddot{d}_1\\ \ddot{d}_2\\ \ddot{\lambda}\end{bmatrix}=\begin{bmatrix}13.8\\ 0\end{bmatrix}\dot{\alpha}_1^{\ 2} \tag{8.116}$$

解式 (8.116) 有

$$\begin{bmatrix}\ddot{d}_1\\ \ddot{d}_2\\ \ddot{\lambda}\end{bmatrix}=\begin{bmatrix}0.658\\ 0\\ -0.0313\end{bmatrix}\dot{\alpha}_1^{\ 2} \tag{8.117}$$

令 $\dot{\alpha}_2=0$，将式 (8.114) 和 (8.117) 分别代入式 (8.009) 和 (8.010)，且令 $\dot{\alpha}_1 t=\varDelta t$，得

$$\begin{bmatrix}d_1\\ d_2\\ \lambda\end{bmatrix}=\begin{bmatrix}0\\ 1\\ 0\end{bmatrix}\varDelta t+\begin{bmatrix}0.329\\ 0\\ -0.0157\end{bmatrix}(\varDelta t)^2 \tag{8.118}$$

式 (8.118) 就是从分歧点开始的分歧路径。结果如图 8.18 的 (b) 所示。(a) 为基本平衡路径。因为在式 (8.117) 中的通解部分与式 (8.118) 的右边第一项模数相同是高阶项故省略了。

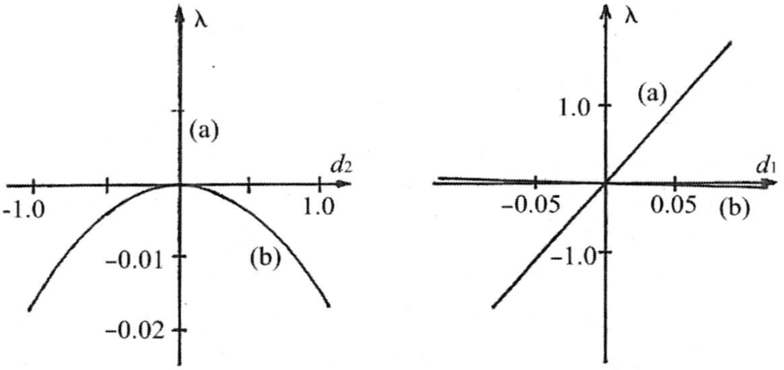

图 8.18 分歧点附近的平衡路径

8.7 复合屈曲点

在受到复合载荷作用的结构中，与式 (8.013) 相对应的离散的数值表现的摄动方程式如下

$$\boldsymbol{K}\dot{\boldsymbol{d}} = \boldsymbol{F}\dot{\lambda} \tag{8.119}$$

其中，$\boldsymbol{K}$ 为增分区间中 (n，n) 型切线刚度矩阵，$\dot{\boldsymbol{d}}_1$ 为 n 维位移速度矢量，$\boldsymbol{F}$ 为 (n，m) 型载荷模式矩阵，$\dot{\boldsymbol{\lambda}}$ 为 m 次元载荷参数的速度矢量，n 为自由度数，m 为载荷矢量的个数。$\boldsymbol{f}_1$，…，$\boldsymbol{f}_m$ 是不同的 m 个载荷矢量 ($n \geqslant m$)。

$$\boldsymbol{F} = [\boldsymbol{f}_1 \quad \cdots \quad \boldsymbol{f}_m] \tag{8.120}$$

系数矩阵 $\boldsymbol{K}$ 和 $\boldsymbol{F}$ 的秩分别为 r 与 s，即

$$\mathrm{rank}(\boldsymbol{K}) = r, \quad \mathrm{rank}(\boldsymbol{F}) = s \tag{8.121}$$

其中

$$p = n - r \tag{8.122}$$

$n = r$ ($p = 0$) 的情况下 K 的逆矩阵存在，式 (8.119) 的解为

$$\dot{d} = K^{-1}F\lambda \tag{8.123}$$

屈曲点上 $|K| = 0$，则 $n > r$。根据 p、m 和载荷参数的个数与屈曲点的种类整理成表 8.1。

表 8.1 载荷参数和屈曲点

	m=1	$m \geqslant 2$
=1	Ⅰ 单一载荷下的孤立屈曲点	Ⅲ 复合载荷下的孤立屈曲点
⩾ 2	Ⅱ 单一载荷下的复合屈曲点	Ⅳ 复合载荷下的复合屈曲点

在此给出具体的例子。图 8.19 中刚性杆 AB，弹性杆 BB，扭簧 C 构成的结构（即 Kerr and Soifer 模型）。令 $L_0 / L = 0.5$，$c / kL_0^{\ 2} = 0.04$，$k = EA / L$，载荷和位移都分解成对称成分 $(D_1,\ \Lambda_1)$ 和反对称成分 $(D_1,\ \Lambda_2)$。画出在对称荷载 (Λ_1) 作用时的基本平衡路径（对称位移 (D_1)）。θ=15° 时如图 8.20。图中点 a、d 为分歧点，点 b、c 为极限点，这些屈曲点都属于表 8.1 的 I。

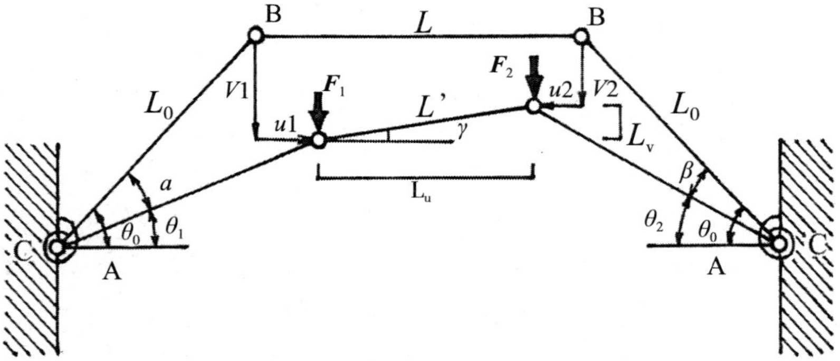

图 8.19 模型

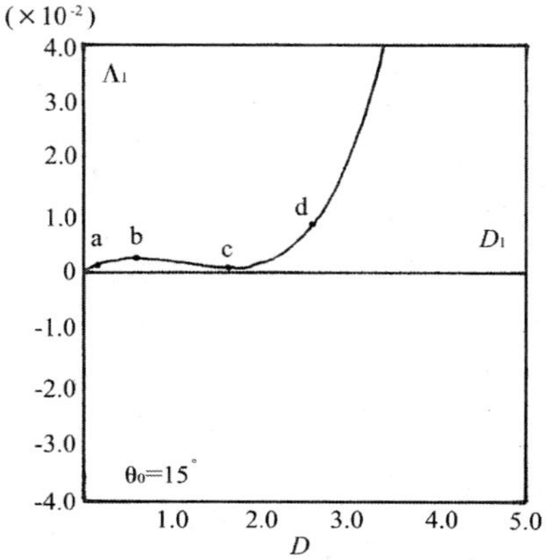

图 8.20 平衡路径和屈曲点

θ_0 变化率为 1°，在 1° ~ 4° 范围内，连续地描绘基本平衡路径，如图 8.21 所示。θ_0 = 10.8°，D_0 = 7.84 时，复合屈曲点 (Ⅱ) 产生，其后变成孤立屈曲点。以 |***K***| 值为纵坐标轴，对称位移成分为横轴画图 8.22 所示。θ_0 = 15° 是属于 Ⅰ 的孤立屈曲点，θ_0 = 7.84° 属 Ⅱ 的复合屈曲点，θ_0 = 10.8° 是 Ⅰ 和 Ⅱ 两方的屈曲点。把 θ_0 = 15° 固定住，让对称载荷 $\varLambda_1$ 与反对称载荷 $\varLambda_2$ 同时作用，画出产生屈曲点的稳定边界如图 8.23 所示。可以理解为什么只有对称载荷时的屈曲载荷比附加了反对称成分时急剧下降。该屈曲点属于 Ⅲ。也可让 θ 变化用间接的图描绘出属于Ⅳ的屈曲点。

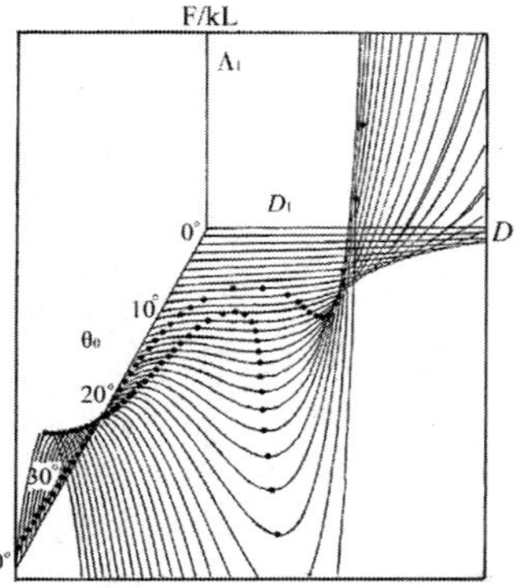

图 8.21 随 θ_0 变化的基本平衡路径

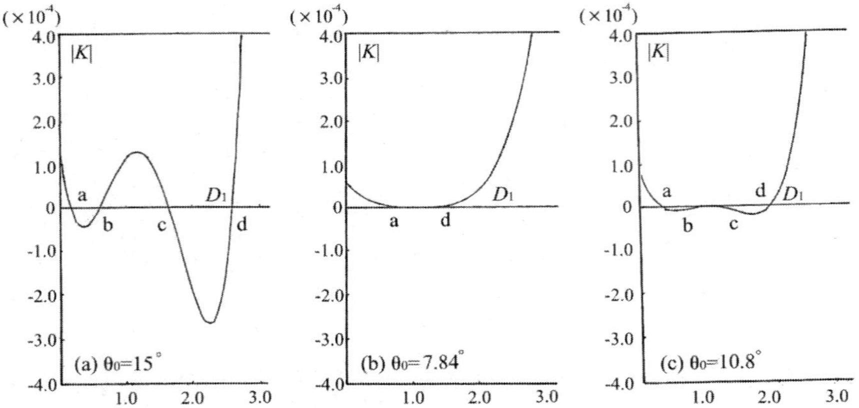

图 8.22 $|\boldsymbol{K}|$ 的变化和屈曲点

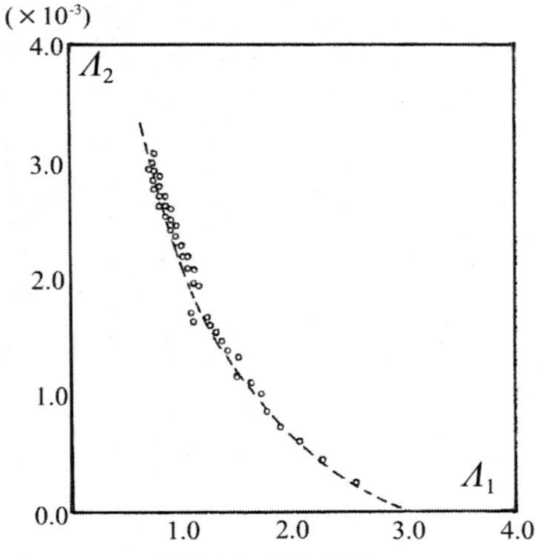

图 8.23 稳定边界

现在讨论复合载荷作用下式 (8.119) 解如何对应 Ⅰ ~ Ⅳ 分类。$|\boldsymbol{K}| = 0$ 时，式 (8.119) 的解分为两种，即右边为零时的通解 $\dot{\boldsymbol{d}}_c$ 和特解 $\dot{\boldsymbol{d}}_p$。$\boldsymbol{K}\dot{\boldsymbol{d}} = 0$ 的解的通解为包含任意矢量 $\dot{\boldsymbol{\alpha}}$ 的式子。

$$\dot{\boldsymbol{d}}_c = [\boldsymbol{I}_n - \boldsymbol{K}^{-}\boldsymbol{K}]\dot{\boldsymbol{\alpha}} \tag{8.124}$$

下面求特解。由解的存在条件，有

$$[\boldsymbol{I}_n - \boldsymbol{K}\boldsymbol{K}^-]\boldsymbol{F}\dot{\boldsymbol{\lambda}} = \boldsymbol{0} \tag{8.125}$$

由式 (8.028)，可知 $\boldsymbol{K}\boldsymbol{K}^- = \boldsymbol{K}^-\boldsymbol{K}$，即

$$[\boldsymbol{I}_n - \boldsymbol{K}^-\boldsymbol{K}]\boldsymbol{F}\dot{\boldsymbol{\lambda}} = \boldsymbol{0} \tag{8.126}$$

其中

$$\boldsymbol{A} = [\boldsymbol{I}_n - \boldsymbol{K}^-\boldsymbol{K}]\boldsymbol{F} \tag{8.127}$$

$\boldsymbol{A}$ 为 (n, m) 型矩阵。此时式 (8.126) 写成

$$\boldsymbol{A}\dot{\boldsymbol{\lambda}} = \boldsymbol{0} \tag{8.128}$$

解为

$$\dot{\boldsymbol{\lambda}}_p = [\boldsymbol{I}_m - \boldsymbol{A}^-\boldsymbol{A}]\dot{\boldsymbol{\beta}} \tag{8.129}$$

其中，$\dot{\boldsymbol{\beta}}$ 为任意矢量。最后，特解 $\dot{\boldsymbol{d}}_p$ 在式 (8.126) 或式 (8.129) 的条件下，由式 (8.119) 的解给出

$$\dot{\boldsymbol{d}}_p = \boldsymbol{K}^-\boldsymbol{F}\dot{\boldsymbol{\lambda}}_p = \boldsymbol{K}^-\boldsymbol{F}[\boldsymbol{I}_m - \boldsymbol{A}^-\boldsymbol{A}]\dot{\boldsymbol{\beta}} \tag{8.130}$$

整理式 (8.124)、(8.129) 和 (8.130) 得到解的表达式为

$$\begin{bmatrix} \dot{\boldsymbol{d}} \\ \dot{\boldsymbol{\lambda}} \end{bmatrix} = \begin{bmatrix} \dot{\boldsymbol{d}} \\ \dot{\boldsymbol{\lambda}} \end{bmatrix}_c + \begin{bmatrix} \dot{\boldsymbol{d}} \\ \dot{\boldsymbol{\lambda}} \end{bmatrix}_p = \begin{bmatrix} \boldsymbol{I}_n - \boldsymbol{K}^-\boldsymbol{K} \\ \boldsymbol{O} \end{bmatrix}\dot{\boldsymbol{\alpha}} + \begin{bmatrix} \boldsymbol{K}^-\boldsymbol{F}(\boldsymbol{I}_m - \boldsymbol{A}^-\boldsymbol{A}) \\ \boldsymbol{I}_m - \boldsymbol{A}^-\boldsymbol{A} \end{bmatrix}\dot{\boldsymbol{\beta}} \tag{8.131}$$

式 (8.131) 的第一项是载荷参数速度为零时产生的位移速度，或称为刚体位移速度。

屈曲点 $|\boldsymbol{K}| = 0$，由式 (8.121) 知 $\mathrm{rank}(\boldsymbol{K}) = r$，$n > r$。而在式 (8.124) 中 $\mathrm{rank}(\boldsymbol{I}_n - \boldsymbol{K}^-\boldsymbol{K}) = n - r$，式 (8.131) 的通解有 $p = n - r$ 个线性无关解。

将式 (8.119) 的右边移到左边，形式如下式，即

$$[\boldsymbol{K} \mid -\boldsymbol{F}] = \begin{bmatrix} \dot{\boldsymbol{d}} \\ \dot{\lambda} \end{bmatrix} = \boldsymbol{0} \tag{8.132}$$

令系数矩阵换成 $\boldsymbol{B} = [\boldsymbol{K} \mid -\boldsymbol{F}]$，$B$ 为 $(n, n+m)$ 型矩阵。B 的秩等于 ρ，式 (8.132) 的线性无关解的个数为 σ，与式 (3.33) 相对应，即

$$\sigma = n + m - \rho \tag{8.133}$$

因为 (8.131) 表示了整个解的个数 σ，特解的个数 υ 为

$$\upsilon = \sigma - p = r + m - \rho \tag{8.134}$$

下面进行屈曲点分类。$\upsilon=0$ 时特解不存在，与 $\dot{\lambda}=0$ 相应的只有通解了。此时的屈曲点称为做“极限点型”，如图 8.24(a) 所示。当 $\upsilon\geqslant 1$ 时，存在特解和通解。此时的屈曲点称为“分歧点型”如图 8.24(b) 所示。

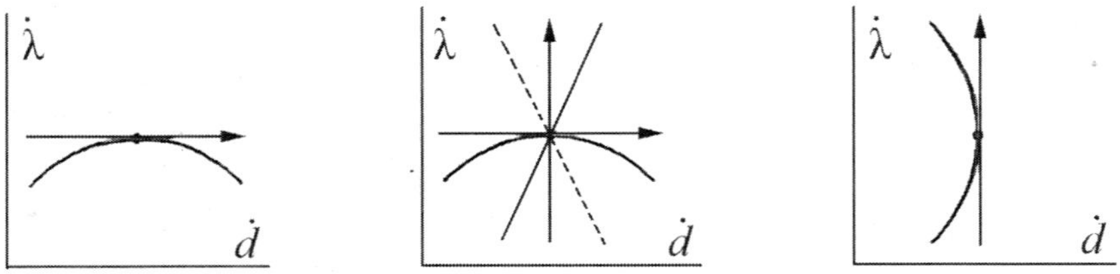

(a) 极限点型　(b) 分歧点型　(c) 自适应型

图 8.24　屈曲点附近的平衡路径

考虑式 (8.119) 的右边为零的情况，即

$$\boldsymbol{F}\dot{\boldsymbol{\lambda}}=\boldsymbol{0} \tag{8.135}$$

由式 (8.121) 和 $\boldsymbol{F}$ 的秩是 s，上式有 $q=m-s$ 个线性无关解，该解包含了式 (8.131) 的特解，$q\geqslant 1$ 时解如式

$$\begin{bmatrix}\dot{\boldsymbol{d}}\\ \dot{\boldsymbol{\lambda}}\end{bmatrix}_p=\begin{bmatrix}\dot{\boldsymbol{d}}\\ \dot{\boldsymbol{\lambda}}\end{bmatrix}_{p_1}+\begin{bmatrix}\boldsymbol{0}\\ \dot{\boldsymbol{\lambda}}\end{bmatrix}_{p_2} \tag{8.136}$$

p_1、p_2 的个数各自是 $(r+s-\rho)$ 和 $(m-s)$。

特别的情况是 $|\boldsymbol{K}|\neq 0$，q $\geqslant 0$ 的情况，图 8.24(c) 所示平衡路径就是一例。这时载荷增加，但位移不增加，称为自平衡路径。但是因为不产生载荷能力低下故不产生屈曲点。

习题

8.1　对图示三节点桁架结构回答下列问题。

(1) 在变形后的位置上作平衡方程。

(2) 求非线性应变，位移公式。

(3) 求弹性范围内的载荷，位移关系式。

(4) 画平衡路径图。

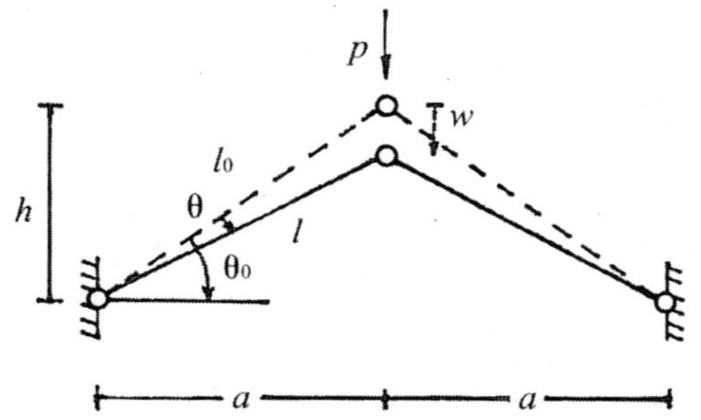

图 8.25

8.2 连续分布的弹簧上支撑着三角形刚体。如图所示荷载为 P，位移为 v。弹簧与刚体的接触长度 x_0。求当弹簧常数为 k 时的载荷－位移关系，画出平衡路径曲线（载荷增加型的例子）。

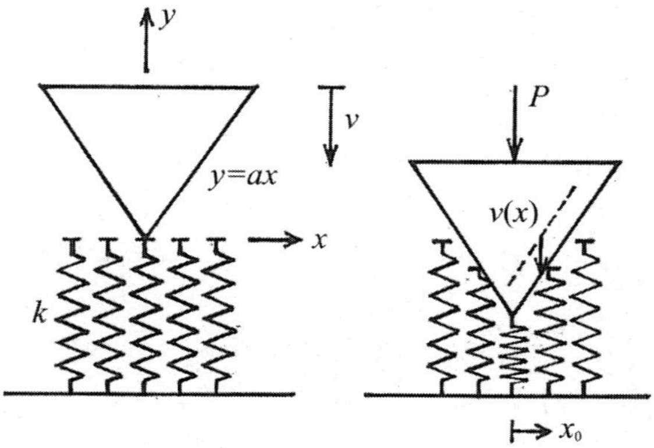

图 8.26

8.3 对于切线刚度矩阵的最小固有值（屈曲点为 0）相应的固有模态和屈曲模态一致吗？

8.4 8.6 节所述偏平拱，假定在复合载荷 $q=-\Lambda_1\sin\zeta-\Lambda_2\sin2\zeta$ 作用下，且其中 $H=4$ 及 $H=8$，请画出稳定边界。

解 答

1.1 $[a_{ij}]=\frac{1}{2}[a_{ij}+a_{ji}]+\frac{1}{2}[a_{ij}-a_{ji}]$。

1.2 $(\boldsymbol{A}\boldsymbol{A}^{\mathrm{T}})^{\mathrm{T}}=(\boldsymbol{A}^{\mathrm{T}})^{\mathrm{T}}\boldsymbol{A}^{\mathrm{T}}=\boldsymbol{A}\boldsymbol{A}^{\mathrm{T}}$，$(\boldsymbol{A}^{\mathrm{T}}\boldsymbol{A})^{\mathrm{T}}=\boldsymbol{A}^{\mathrm{T}}(\boldsymbol{A}^{\mathrm{T}})^{\mathrm{T}}=\boldsymbol{A}^{\mathrm{T}}\boldsymbol{A}$。

$\boldsymbol{A}\boldsymbol{A}^{\mathrm{T}}=\boldsymbol{A}^{\mathrm{T}}\boldsymbol{A}$ 通常不成立。举一反面的例子，$\boldsymbol{A}=\begin{bmatrix}1 & 2\end{bmatrix}$，

$\boldsymbol{A}\boldsymbol{A}^{\mathrm{T}}=\begin{bmatrix}1 & 2\end{bmatrix}\begin{bmatrix}1\\2\end{bmatrix}=[5]$，$\boldsymbol{A}^{\mathrm{T}}\boldsymbol{A}=\begin{bmatrix}1\\2\end{bmatrix}\begin{bmatrix}1 & 2\end{bmatrix}=\begin{bmatrix}1 & 2\\2 & 4\end{bmatrix}$。

1.3 (1) $\boldsymbol{y}_1=\begin{bmatrix}1\\-1\\0\end{bmatrix}$，$\boldsymbol{y}_2=\begin{bmatrix}0\\1\\1\end{bmatrix}-\left(-\frac{1}{2}\right)\begin{bmatrix}1\\-1\\0\end{bmatrix}=\begin{bmatrix}\frac{1}{2}\\\frac{1}{2}\\-1\end{bmatrix}$，

$$\boldsymbol{y}_3=\begin{bmatrix}-1\\1\\1\end{bmatrix}-\frac{(-2)}{2}\begin{bmatrix}1\\-1\\0\end{bmatrix}-\frac{2}{3}\times(-1)\begin{bmatrix}\frac{1}{2}\\\frac{1}{2}\\-1\end{bmatrix}=\begin{bmatrix}\frac{1}{3}\\\frac{1}{3}\\\frac{1}{3}\end{bmatrix}$$

因此

$$\boldsymbol{g}_1=\frac{1}{\sqrt{2}}\begin{bmatrix}1\\-1\\0\end{bmatrix},\quad \boldsymbol{g}_2=\frac{1}{\sqrt{6}}\begin{bmatrix}1\\1\\-2\end{bmatrix},\quad \boldsymbol{g}_3=\frac{1}{\sqrt{3}}\begin{bmatrix}1\\1\\1\end{bmatrix}。$$

(2) $\boldsymbol{y}_1=\begin{bmatrix}1\\-1\\0\end{bmatrix}$，$\boldsymbol{y}_2=\begin{bmatrix}\frac{1}{2}\\\frac{1}{2}\\-1\end{bmatrix}$，$\boldsymbol{y}_3=\begin{bmatrix}1\\1\\-2\end{bmatrix}-\frac{0}{2}\begin{bmatrix}1\\-1\\0\end{bmatrix}-\frac{2}{3}\times 3\begin{bmatrix}\frac{1}{2}\\\frac{1}{2}\\-1\end{bmatrix}=\begin{bmatrix}0\\0\\0\end{bmatrix}$

因为 $\boldsymbol{a}_3=\boldsymbol{a}_1+2\boldsymbol{a}_2$，线性无关矢量有两个。因此

$$\boldsymbol{g}_1=\frac{1}{\sqrt{2}}\begin{bmatrix}1\\-1\\0\end{bmatrix},\quad \boldsymbol{g}_2=\frac{1}{\sqrt{6}}\begin{bmatrix}1\\1\\-2\end{bmatrix},\quad \boldsymbol{g}_3=\begin{bmatrix}0\\0\\0\end{bmatrix}。$$

1.4 (1) $\operatorname{adj}(\boldsymbol{A})=\begin{bmatrix}2&1\\1&1\end{bmatrix}$，$\boldsymbol{A}^{-1}=\begin{bmatrix}2&1\\1&1\end{bmatrix}$。

(2) $\operatorname{adj}(\boldsymbol{A})=\begin{bmatrix}\frac{1}{4}&0&0\\-\frac{3}{4}&1&-\frac{1}{4}\\\frac{1}{2}&-1&\frac{1}{2}\end{bmatrix}$，$\boldsymbol{A}^{-1}=\begin{bmatrix}1&0&0\\-3&4&-1\\2&-4&2\end{bmatrix}$。

1.5 旋转角为 θ，$\boldsymbol{T}=\begin{bmatrix}\cos\theta&\sin\theta\\-\sin\theta&\cos\theta\end{bmatrix}$，$\boldsymbol{T}^{-1}=\begin{bmatrix}\cos\theta&-\sin\theta\\\sin\theta&\cos\theta\end{bmatrix}=\boldsymbol{T}^{\mathrm{T}}$。

1.6 (1)2；(2)3。

1.7 (1) $\boldsymbol{P}=\begin{bmatrix}1&0\\-1&1\end{bmatrix}$，$\boldsymbol{Q}=\begin{bmatrix}1&\frac{1}{2}&0\\0&-\frac{1}{2}&1\\0&0&1\end{bmatrix}$，$\boldsymbol{B}=\boldsymbol{P}\boldsymbol{A}=\begin{bmatrix}1&1&-1\\0&-2&2\end{bmatrix}$。

(2) $\boldsymbol{P}=\begin{bmatrix}1 & 0 & 0\\ 0 & 1 & 0\\ 2 & 1 & 1\end{bmatrix}$，$\boldsymbol{Q}=\begin{bmatrix}1 & 0 & -\frac{2}{5} & 1\\ 0 & 1 & \frac{1}{5} & -1\\ 0 & 0 & 0 & 1\\ 0 & 0 & \frac{1}{5} & 0\end{bmatrix}$，$\boldsymbol{B}=\boldsymbol{PA}=\begin{bmatrix}1 & 0 & -1 & 2\\ 0 & 1 & 1 & -1\\ 0 & 0 & 0 & 5\end{bmatrix}$。

1.8 (1) $\begin{bmatrix}1 & 1 & -1\\ 1 & -1 & 1\end{bmatrix}=\begin{bmatrix}1 & 0\\ 1 & 1\end{bmatrix}\begin{bmatrix}1 & 1 & -1\\ 0 & -2 & 2\end{bmatrix}$

(2) $\begin{bmatrix}1 & 0 & -1 & 2\\ 0 & 1 & 1 & -1\\ -2 & -1 & 1 & 2\end{bmatrix}=\begin{bmatrix}1 & 0 & 0\\ 0 & 1 & 0\\ -2 & -1 & 1\end{bmatrix}\begin{bmatrix}1 & 0 & -1 & 2\\ 0 & 1 & 1 & -1\\ 0 & 0 & 0 & 5\end{bmatrix}$

1.9 求$\boldsymbol{A}$的固有值(λ_1, λ_2)和固有矢量(t_1, t_2)，由$|\boldsymbol{A}-\lambda\boldsymbol{I}|=0$，$\lambda_1=3$，$\lambda_2=1$与之相对应的标准固有矢量为

$$t_1=\frac{1}{\sqrt{2}}\begin{bmatrix}1\\ 1\end{bmatrix},\quad t_2=\frac{1}{\sqrt{2}}\begin{bmatrix}1\\ -1\end{bmatrix} \tag{a}$$

令 $\boldsymbol{T}=\begin{bmatrix}t_1 & t_2\end{bmatrix}$，得

$$\boldsymbol{B}=\boldsymbol{T}^{\mathrm{T}}\boldsymbol{AT}=\begin{bmatrix}3 & 0\\ 0 & 1\end{bmatrix} \tag{b}$$

2.1 (1) $\frac{1}{4}\begin{bmatrix}2 & 2\\ 1 & -1\\ -1 & 1\end{bmatrix}$；(2) $\frac{1}{15}\begin{bmatrix}4 & 2 & -3\\ 5 & 10 & 0\\ 1 & 8 & 3\\ 6 & 3 & 3\end{bmatrix}$。

2.2 (1) $\begin{bmatrix}b_1\\ b_2\\ b_3\end{bmatrix}^{-}=\frac{1}{\sqrt{b_1^{\ 2}+b_2^{\ 2}+b_3^{\ 2}}}\begin{bmatrix}b_1 & b_2 & b_3\end{bmatrix}$，当 $b_1^2+b_2^2+b_3^2=0$

时，$\begin{bmatrix} b_1 \\ b_2 \\ b_3 \end{bmatrix}^- = \begin{bmatrix} 0 \\ 0 \\ 0 \end{bmatrix}$。

(2) (i) $|\boldsymbol{A}| \neq 0$： $\boldsymbol{A}^- = \dfrac{1}{a_{11}a_{22} - a_{21}a_{12}} \begin{bmatrix} a_{22} & -a_{12} \\ -a_{21} & a_{11} \end{bmatrix}$

(ii) $|\boldsymbol{A}| = 0$：

$a_{11}{}^2 + a_{12}{}^2 \neq 0$： $\boldsymbol{A}^- = \dfrac{1}{(a_{11}{}^2 + a_{12}{}^2)(1+\alpha^2)} \begin{bmatrix} a_{11} & \alpha a_{11} \\ a_{12} & \alpha a_{12} \end{bmatrix}$

$\alpha = \dfrac{a_{12}}{a_{11}}$ 或者 $\dfrac{a_{22}}{a_{12}}$

$a_{21}{}^2 + a_{22}{}^2 \neq 0$： $\boldsymbol{A}^- = \dfrac{1}{(a_{21}{}^2 + a_{22}{}^2)(1+\beta^2)} \begin{bmatrix} \beta a_{21} & a_{21} \\ \beta a_{22} & a_{22} \end{bmatrix}$

$\beta = \dfrac{a_{11}}{a_{21}}$ 或者 $\dfrac{a_{12}}{a_{22}}$

$\boldsymbol{A} = \boldsymbol{O}$： $\boldsymbol{A}^- = \boldsymbol{O}$

2.3 若能证明 $\boldsymbol{A}^- = \boldsymbol{A}_1^- + \boldsymbol{A}_2^- + \cdots + \boldsymbol{A}_n^-$ 满足式 (2.001) ~ (2.004) 就可以了。作为准备，先说明 $\boldsymbol{A}_i\boldsymbol{A}_j^- = \boldsymbol{O}$ $(i \neq j)$。因为 $\boldsymbol{A}_i\boldsymbol{A}_j^- = \boldsymbol{A}_i\boldsymbol{A}_j^-\boldsymbol{A}_j\boldsymbol{A}_j^- = \boldsymbol{A}_i(\boldsymbol{A}_j^-\boldsymbol{A}_j)^{\mathrm{T}}\boldsymbol{A}_j^- = (\boldsymbol{A}_i\boldsymbol{A}_j)^{\mathrm{T}}(\boldsymbol{A}_j^-)^{\mathrm{T}}\boldsymbol{A}_j^-$，$\boldsymbol{A}_i\boldsymbol{A}_j^{\mathrm{T}} = \boldsymbol{O}$，得 $\boldsymbol{A}_i\boldsymbol{A}_j^- = \boldsymbol{O}$。同样地 $\boldsymbol{A}_j^-\boldsymbol{A}_j = \boldsymbol{O}\,(i \neq j)$。

式 (2.001)：

$$(\boldsymbol{A}\boldsymbol{A}^-)^{\mathrm{T}} = (\boldsymbol{A}_1\boldsymbol{A}_1^- + \cdots + \boldsymbol{A}_n\boldsymbol{A}_n^-)^{\mathrm{T}} = \boldsymbol{A}_1\boldsymbol{A}_1^- + \cdots + \boldsymbol{A}_n\boldsymbol{A}_n^- = \boldsymbol{A}\boldsymbol{A}^-$$

式 (2.002)：

$$(\boldsymbol{A}^-\boldsymbol{A})^{\mathrm{T}} = (\boldsymbol{A}_1^-\boldsymbol{A}_1 + \cdots + \boldsymbol{A}_n^-\boldsymbol{A}_n)^{\mathrm{T}} = \boldsymbol{A}_1^-\boldsymbol{A}_1 + \cdots + \boldsymbol{A}_n^-\boldsymbol{A}_n = \boldsymbol{A}^-\boldsymbol{A}$$

式 (2.003)： $\boldsymbol{A}\boldsymbol{A}^-\boldsymbol{A} = \boldsymbol{A}_1\boldsymbol{A}_1^-\boldsymbol{A}_1 + \cdots + \boldsymbol{A}_n\boldsymbol{A}_n^-\boldsymbol{A}_n = \boldsymbol{A}_1 + \cdots + \boldsymbol{A}_n = \boldsymbol{A}$

式 (2.004)： $\boldsymbol{A}^-\boldsymbol{A}\boldsymbol{A}^- = \boldsymbol{A}_1^-\boldsymbol{A}_1\boldsymbol{A}_1^- + \cdots + \boldsymbol{A}_n^-\boldsymbol{A}_n\boldsymbol{A}_n^- = \boldsymbol{A}_1^- + \cdots + \boldsymbol{A}_n^- = \boldsymbol{A}^-$

2.4 $A^-A = A^-AA^-A = A^-(AA^-)^T A = A^-(A^-)^T A^T A = (A^T A)^-(A^T A)$

$= (AA^T)^-(AA^T) = (A^-)^T A^- AA^T = (A^-)^T A^T (A^-)^T A^T = (AA^-)^T (AA^-)^T$

$= AA^-AA^- = AA^-$

$(A^n)^-$ 是 A^n 的广义逆矩阵，满足式 (2.001)~(2.004)。在 $(A^n)^-$ 的地方用 $(A^-)^n$ 替换，所有的式子都能满足就证明完了。

式 (2.001)：$((A^-)^n A^n)^T = (A^n)^T((A^-)^n)^T = (A^T)^n((A^-)^T)^n$

$= (A^T)^{n-1} A^T (A^-)^T ((A^-)^T)^{n-1} = (A^T)^{n-1} A^- A((A^-)^T)^{n-1}$

$= (A^T)^{n-1} AA^-((A^-)^T)^{n-1} = (A^T)^{n-1}(AA^-)^T((A^-)^T)^{n-1}$

$= A(A^T)^{n-1}((A^-)^T)^{n-1} A^- = A^n (A^-)^n = A^{n-1} AA^-(A^-)^{n-1}$

$= A^{n-1} A^- A(A^-)^{n-1} = A^- A^{n-1}(A^-)^{n-1} A = (A^-)^n A^n$

式 (2.002)：$(A^n(A^-)^n)^T = ((A^-)^T)^n (A^T)^n = ((A^-)^T)^{n-1}(A^-)^T A^T (A^T)^{n-1}$

$= ((A^-)^T)^{n-1}(AA^-)(A^T)^{n-1} = ((A^-)^T)^{n-1} A^- A(A^T)^{n-1}$

$= A^-((A^-)^T)^{n-1}(A^T)^{n-1} A = (A^-)^n A^n = (A^-)^{n-1}(AA^-)A^{n-1}$

$= A(A^-)^{n-1} A^{n-1} A^- = A^n (A^-)^n$

式 (2.003)：$A^n (A^-)^n A^n = A^n (A^-)^{n-1} A^n A^- = A^n AA^n (A^-)^{n-1}$

$= A^n A^{n-1}(A^-)^{n-1} = \cdots = A^n$

式 (2.004)：$(A^-)^n A^n (A^-)^n = (A^-)^n AA^-(A^-)^{n-1} A^{n-1}$

$= (A^-)^n AA^-(A^-)^{n-2} A^{n-2} = \cdots = (A^-)^n$

2.5 参考 3.3 节

2.6 作为准备，先证 $BC^- = O$，$CB^- = O$。

$$BC^- = B(C^-C)C^- = B(C^-C)^T C^- = BC^T(C^-)^T C = O \tag{a}$$

$$CB^- = C(B^-B)B^- = C(B^-B)^T B^- = CB^T(B^-)^T B = O \tag{b}$$

若能证明其满足式 (2.001) ~ (2.004) 就可利用上式。

式 (2.002)：$A^-A = B^-B + C^-C$ (c)

式 (2.001)：$AA^- = \begin{bmatrix} BB^- & BC^- \\ CB^- & CC^- \end{bmatrix} = \begin{bmatrix} BB^- & O \\ O & CC^- \end{bmatrix}$ (d)

由 $(B^-B)^T = B^-B$，$(C^-C)^T = C^-C$，$(BB^-)^T = BB^-$，$(CC^-)^T = CC^-$ 可得，$(A^-A)^T = A^-A$，$(AA^-)^T = AA^-$。

式 (2.003)：$AA^-A = \begin{bmatrix} B \\ C \end{bmatrix}\begin{bmatrix} B^- & C^- \end{bmatrix} = \begin{bmatrix} BB^-B + BC^-C \\ BC^-B + CC^-C \end{bmatrix} = \begin{bmatrix} B \\ C \end{bmatrix}$ (e)

式 (2.004)：$AA^-A^- = \begin{bmatrix} B^- & C^- \end{bmatrix}\begin{bmatrix} B \\ C \end{bmatrix}\begin{bmatrix} B^- & C^- \end{bmatrix}$

$$= \begin{bmatrix} B^-BB^- + C^-CB^- & B^-BC^- + C^-CC^- \end{bmatrix} = \begin{bmatrix} B^- & C^- \end{bmatrix} = A^- \tag{f}$$

2.7 (1) $\dfrac{1}{(1+x^2+x^4)^2}\begin{bmatrix} -2x-4x^3 & 1-x^2-3x^4 & 2x-5x^5 \end{bmatrix}$

(2) $-\dfrac{1}{4x^2}\begin{bmatrix} 2 & 2 \\ 1 & -1 \\ -1 & 1 \end{bmatrix}$

(3) $\dfrac{1}{(1+x^2)^3}\begin{bmatrix} -4x & 1-3x^2 \\ 1-3x^2 & 2x(1-x^2) \end{bmatrix}$

3.1 (1) 系数矩阵 A，其逆为 A^-，又习题 2.1 利用上式得

$$A^- = \frac{1}{4}\begin{bmatrix} 2 & 2 \\ 1 & -1 \\ -1 & 1 \end{bmatrix} \tag{a}$$

由 $[I - AA^-] = O$ 满足式 (3.09)，有解。用式 (3.18) 求解，得

$$\begin{bmatrix} x_1 \\ x_2 \\ x_3 \end{bmatrix} = A^-\begin{bmatrix} -1 \\ 3 \end{bmatrix} + [I - A^-A]\alpha = \begin{bmatrix} 1 \\ -1 \\ 1 \end{bmatrix} + \frac{1}{2}\begin{bmatrix} 0 & 0 & 0 \\ 0 & 1 & 1 \\ 0 & 1 & 1 \end{bmatrix}\alpha = \begin{bmatrix} 1 \\ -1 \\ 1 \end{bmatrix} + \alpha\begin{bmatrix} 0 \\ 1 \\ 1 \end{bmatrix} \tag{b}$$

(2) 利用习题 2.1 的结果，得

$$[I - AA^-]\begin{bmatrix} -1 \\ -2 \\ -1 \\ 5 \end{bmatrix} = \frac{1}{3}\begin{bmatrix} 1 & -1 & 1 & 0 \\ -1 & 1 & -1 & 0 \\ 1 & -1 & 1 & 0 \\ 0 & 0 & 0 & 0 \end{bmatrix}\begin{bmatrix} -1 \\ -2 \\ -1 \\ 5 \end{bmatrix} = \begin{bmatrix} 0 \\ 0 \\ 0 \\ 0 \end{bmatrix} \tag{a}$$

由上式可知有解。求解计算 $[\boldsymbol{I}-\boldsymbol{A}^{-}\boldsymbol{A}]$，为 $\boldsymbol{O}$，故只有特解，结果为

$$\begin{bmatrix} x_1 \\ x_2 \\ x_3 \end{bmatrix}=\begin{bmatrix} 1 \\ -1 \\ 1 \end{bmatrix} \tag{b}$$

3.2 系数矩阵 $\boldsymbol{A}$，利用习题 2.2 的结果求 $\boldsymbol{A}^{-}$ 为

$$\boldsymbol{A}^{-}=\frac{1}{(1+t^2)^2}\begin{bmatrix} 1 & t \\ t & t^2 \end{bmatrix} \tag{a}$$

由上式

$$\begin{bmatrix} x_1 \\ x_2 \end{bmatrix}=\frac{1}{1+t^2}\begin{bmatrix} t^2 \\ t^3 \end{bmatrix}+\frac{\alpha}{\sqrt{1+t^2}}\begin{bmatrix} -t \\ 1 \end{bmatrix} \tag{b}$$

将 $t=1$，$x_1=-1$，$x_2=2$ 代入后求 α，$\alpha=\frac{3}{\sqrt{2}}$。

4.1 (1) $$\begin{bmatrix} 1 & 1 & -1 \\ 1 & -1 & 1 \end{bmatrix}\begin{bmatrix} x_1 \\ x_2 \\ x_3 \end{bmatrix}=\begin{bmatrix} -1 \\ 3 \end{bmatrix} \tag{a}$$

用习题 2.1 的结果

$$\begin{bmatrix} x_1 \\ x_2 \\ x_3 \end{bmatrix}=\frac{1}{4}\begin{bmatrix} 2 & 2 \\ 1 & -1 \\ -1 & 1 \end{bmatrix}\begin{bmatrix} -1 \\ 3 \end{bmatrix}+\frac{1}{2}\begin{bmatrix} 0 & 0 & 0 \\ 0 & 1 & 1 \\ 0 & 1 & 1 \end{bmatrix}\boldsymbol{\alpha}=\begin{bmatrix} 1 \\ -1 \\ 1 \end{bmatrix}+\alpha\begin{bmatrix} 0 \\ 1 \\ 1 \end{bmatrix} \tag{b}$$

将上式代入 E 后，$E=0$。

(2) $$\begin{bmatrix} 1 & 1 & -1 \\ 1 & -1 & 1 \end{bmatrix}\begin{bmatrix} x_1 \\ x_2 \\ x_3 \end{bmatrix}=\begin{bmatrix} -2 \\ 1 \end{bmatrix} \tag{a}$$

用习题 2.1 的结果

$$\begin{bmatrix} x_1 \\ x_2 \\ x_3 \end{bmatrix}=\frac{1}{4}\begin{bmatrix} -2 \\ -3 \\ 3 \end{bmatrix}+\alpha\begin{bmatrix} 0 \\ 1 \\ 1 \end{bmatrix} \tag{b}$$

将上式代入 $\boldsymbol{E}$ 后，$\boldsymbol{E}=0$。

(3)
$$\begin{bmatrix} 1 & 0 & -2 \\ 0 & 1 & -1 \\ -1 & 1 & 1 \\ 2 & -1 & 2 \end{bmatrix}\begin{bmatrix} x_1 \\ x_2 \\ x_3 \end{bmatrix}=\begin{bmatrix} -1 \\ 1 \\ -1 \\ 2 \end{bmatrix} \tag{a}$$

试讨论有解的条件，利用习题 2.1 的结果

$$[\boldsymbol{I}-\boldsymbol{A}\boldsymbol{A}^{-}]\begin{bmatrix} -1 \\ 1 \\ -1 \\ 2 \end{bmatrix}=\frac{1}{3}\begin{bmatrix} 1 & -1 & 1 & 0 \\ -1 & 1 & -1 & 0 \\ 1 & -1 & 1 & 0 \\ 0 & 0 & 0 & 0 \end{bmatrix}\begin{bmatrix} -1 \\ 1 \\ -1 \\ 2 \end{bmatrix}=\begin{bmatrix} -1 \\ 1 \\ -1 \\ 0 \end{bmatrix}\neq 0 \tag{b}$$

最优近似解为

$$\begin{bmatrix} x_1 \\ x_2 \\ x_3 \end{bmatrix}=\frac{1}{15}\begin{bmatrix} 4 & 5 & 1 & 6 \\ 2 & 10 & 8 & 3 \\ -3 & 0 & 3 & 3 \end{bmatrix}\begin{bmatrix} -1 \\ 1 \\ -1 \\ 2 \end{bmatrix}=\frac{2}{5}\begin{bmatrix} 2 \\ 1 \\ 1 \end{bmatrix} \tag{c}$$

将上式代入 $\boldsymbol{E}$ 后，$\boldsymbol{E}=3$，满足 $\boldsymbol{E}=0$ 的解不存在。

4.2 (1)
$$\begin{bmatrix} \frac{1}{2} & \frac{1}{2} & 0 \\ \frac{1}{2} & -\frac{1}{2} & 0 \\ 0 & 0 & 1 \end{bmatrix}\begin{bmatrix} 1 & 1 & -1 \\ 1 & -1 & 1 \\ 0 & 0 & 0 \end{bmatrix}=\begin{bmatrix} 1 & 0 & 0 \\ 0 & -1 & 1 \\ 0 & 0 & 0 \end{bmatrix} \tag{a}$$

由上式

$$\boldsymbol{A}_c^{-}=\frac{1}{2}\begin{bmatrix} 1 & 1 \\ 1 & -1 \\ 0 & 0 \end{bmatrix} \tag{b}$$

由式 (4.78) 得

$$\boldsymbol{A}_l^{-}=\frac{1}{2}\begin{bmatrix} 1 & 1 \\ 1 & -1 \\ 0 & 0 \end{bmatrix} \tag{c}$$

由习题 2.1 得

$$A^- = \frac{1}{4}\begin{bmatrix} 2 & 2 \\ 1 & -1 \\ -1 & 1 \end{bmatrix} \tag{d}$$

(2) $$\begin{bmatrix} \frac{1}{5} & -\frac{2}{5} & -\frac{2}{5} & 0 \\ \frac{2}{5} & \frac{6}{5} & \frac{1}{5} & 0 \\ 0 & 0 & 0 & 1 \\ \frac{2}{5} & \frac{1}{5} & \frac{1}{5} & 0 \end{bmatrix}\begin{bmatrix} 1 & 0 & -1 & 2 \\ 0 & 1 & 1 & -2 \\ -2 & -1 & 1 & 2 \\ 0 & 0 & 0 & 0 \end{bmatrix} = \begin{bmatrix} 1 & 0 & 1 & 0 \\ 0 & 1 & -1 & 0 \\ 0 & 0 & 0 & 0 \\ 0 & 0 & 0 & 1 \end{bmatrix} \tag{a}$$

A_c^-、A_l^-、A^- 为

$$A_c^- = \frac{1}{5}\begin{bmatrix} 1 & -2 & -2 \\ 2 & 6 & 1 \\ 0 & 0 & 0 \\ 2 & 1 & 1 \end{bmatrix}, \quad A_l^- = A^- = \frac{1}{15}\begin{bmatrix} 4 & 2 & -3 \\ 5 & 10 & 0 \\ 1 & 8 & 3 \\ 6 & 3 & 3 \end{bmatrix} \tag{b}$$

$A_l^- = A^-$ 意味着习题 4.1 的 (3) 的最小二乘解是最优近似解。

4.3 A 为对称矩阵，且 A_l^- 是最小二乘型广义逆矩阵，下式成立

$$A^{\mathrm{T}} = A，\quad AA_l^- A = A，\quad (AA_l^-)^{\mathrm{T}} = AA_l^- \tag{a}$$

将 $A^- = A(A_l^-)^2$ 代入式 (2.001)~(2.004) 若能证明满足这些即可。

式 (2.001)：$AA^- = AA(A_l^-)^2 = A(AA_l^-)A_l^- = A(AA_l^-)^{\mathrm{T}} A_l^- = A(A_l^-)^{\mathrm{T}} A^{\mathrm{T}} A_l^-$

$$= A^{\mathrm{T}}(A_l^-)^{\mathrm{T}} A^{\mathrm{T}} A_l^- = A^{\mathrm{T}} A_l^- = AA_l^- \tag{b}$$

由 (a) 可知 AA_l^- 为对称矩阵，所以 AA^- 也为对称矩阵。

式 (2.002)：$A^- A = A(A_l^-)^2 A = (AA_l^-)A_l^- A = (AA_l^-)^{\mathrm{T}} A_l^- A$

$$= (A_l^-)^{\mathrm{T}} A^{\mathrm{T}} A_l^- A = (A_l^-)^{\mathrm{T}} AA_l^- A = (A_l^-)^{\mathrm{T}} A = (A_l^-)^{\mathrm{T}} A^{\mathrm{T}}$$

$$= (AA_l^-)^{\mathrm{T}} = AA_l^- \tag{c}$$

由式 (b) 和式 (c) 可得 $AA^- = A^- A$。

式 (2.003)：$\boldsymbol{A}\boldsymbol{A}^{-}\boldsymbol{A}=\boldsymbol{A}\boldsymbol{A}(\boldsymbol{A}_l^{-})^2\boldsymbol{A}=\boldsymbol{A}(\boldsymbol{A}\boldsymbol{A}_l^{-})\boldsymbol{A}_l^{-}\boldsymbol{A}=\boldsymbol{A}(\boldsymbol{A}\boldsymbol{A}_l^{-})^{\mathrm{T}}\boldsymbol{A}_l^{-}\boldsymbol{A}$

$$=\boldsymbol{A}^{\mathrm{T}}(\boldsymbol{A}_l^{-})^{\mathrm{T}}\boldsymbol{A}^{\mathrm{T}}\boldsymbol{A}_l^{-}\boldsymbol{A}=\boldsymbol{A}\boldsymbol{A}_l^{-}\boldsymbol{A}=\boldsymbol{A} \tag{d}$$

式 (2.004)：$\boldsymbol{A}^{-}\boldsymbol{A}\boldsymbol{A}^{-}=\boldsymbol{A}(\boldsymbol{A}_l^{-})^2\boldsymbol{A}\boldsymbol{A}(\boldsymbol{A}_l^{-})^2=(\boldsymbol{A}\boldsymbol{A}_l^{-})^{\mathrm{T}}\boldsymbol{A}_l^{-}\boldsymbol{A}(\boldsymbol{A}\boldsymbol{A}_l^{-})^{\mathrm{T}}\boldsymbol{A}_l^{-}$

$$=(\boldsymbol{A}_l^{-})^{\mathrm{T}}\boldsymbol{A}\boldsymbol{A}_l^{-}\boldsymbol{A}(\boldsymbol{A}_l^{-})^{\mathrm{T}}\boldsymbol{A}^{\mathrm{T}}\boldsymbol{A}_l^{-}=(\boldsymbol{A}_l^{-})^{\mathrm{T}}\boldsymbol{A}(\boldsymbol{A}_l^{-})^{\mathrm{T}}\boldsymbol{A}\boldsymbol{A}_l^{-}$$

$$=(\boldsymbol{A}_l^{-})^{\mathrm{T}}\boldsymbol{A}\boldsymbol{A}_l^{-}=(\boldsymbol{A}\boldsymbol{A}_l^{-})^{\mathrm{T}}\boldsymbol{A}_l^{-}=\boldsymbol{A}(\boldsymbol{A}_l^{-})^2=\boldsymbol{A}^{-} \tag{e}$$

5.1 (1) 令 $\boldsymbol{A}=\begin{bmatrix}1 & 1 & -1\\ 1 & -1 & 1\end{bmatrix}$。求 $\boldsymbol{A}\boldsymbol{A}^{\mathrm{T}}=\begin{bmatrix}3 & 1\\ 1 & 3\end{bmatrix}$ 的固有值和固有矢量，作式 (5.028)（$\boldsymbol{A}\boldsymbol{A}^{\mathrm{T}}$ 的情况下用 $\boldsymbol{U}$）

$$\boldsymbol{\Lambda}=\begin{bmatrix}2 & 0\\ 0 & 4\end{bmatrix},\quad \boldsymbol{U}=\frac{\sqrt{2}}{2}\begin{bmatrix}1 & 1\\ 1 & -1\end{bmatrix} \tag{a}$$

将上式代入式 (5.027)，得

$$\boldsymbol{A}^{-}=\boldsymbol{A}^{\mathrm{T}}\boldsymbol{U}\boldsymbol{\Lambda}^{-1}\boldsymbol{U}^{\mathrm{T}}=\frac{1}{4}\begin{bmatrix}2 & 2\\ 1 & -1\\ -1 & 1\end{bmatrix} \tag{b}$$

(2) 计算机上的数值分析结果为

$$\begin{bmatrix}0.2667 & 0.1333 & -0.2\\ 0.3333 & 0.6667 & 0\\ 0.06667 & 0.5333 & 0.2\\ 0.4 & 0.2 & 0.2\end{bmatrix}$$

5.2 (1) 令 $\boldsymbol{A}=\begin{bmatrix}1 & -1 & 2\\ 2 & 2 & 1\end{bmatrix}$，求 $(\boldsymbol{A}^{\mathrm{T}})^{-}$。$\boldsymbol{B}=\boldsymbol{A}\boldsymbol{A}^{\mathrm{T}}=\begin{bmatrix}6 & 2\\ 2 & 9\end{bmatrix}$。

$$\boldsymbol{C}^{(2)}=15\begin{bmatrix}1 & 0\\ 0 & 1\end{bmatrix}-\begin{bmatrix}6 & 2\\ 2 & 9\end{bmatrix}=\begin{bmatrix}9 & -2\\ -2 & 6\end{bmatrix} \tag{a}$$

$$\boldsymbol{C}^{(3)}=\frac{100}{2}\begin{bmatrix}1 & 0\\ 0 & 1\end{bmatrix}-\begin{bmatrix}50 & 0\\ 0 & 50\end{bmatrix}=\begin{bmatrix}0 & 0\\ 0 & 0\end{bmatrix} \tag{b}$$

因此，$\mathrm{rank}(\boldsymbol{A}^{\mathrm{T}})=2$

$$(\boldsymbol{A}^{\mathrm{T}})^{-}=\frac{2}{100}\begin{bmatrix}9&-2\\-2&6\end{bmatrix}\begin{bmatrix}1&-1&2\\2&2&1\end{bmatrix}=\frac{1}{50}\begin{bmatrix}5&-13&16\\10&14&2\end{bmatrix} \tag{c}$$

$(\boldsymbol{A}^{-})^{\mathrm{T}}=(\boldsymbol{A}^{\mathrm{T}})^{-}$

$$\boldsymbol{A}^{-}=\frac{1}{50}\begin{bmatrix}5&10\\-13&14\\16&2\end{bmatrix} \tag{d}$$

(2) 令 $\boldsymbol{A}=\begin{bmatrix}1&1\\1&1\end{bmatrix}$，$\boldsymbol{B}=\begin{bmatrix}2&2\\2&2\end{bmatrix}$

$$\boldsymbol{C}^{(2)}=4\begin{bmatrix}1&0\\0&1\end{bmatrix}\begin{bmatrix}1&1\\1&1\end{bmatrix}-\begin{bmatrix}2&2\\2&2\end{bmatrix}=\begin{bmatrix}2&-2\\-2&2\end{bmatrix} \tag{a}$$

有 $\boldsymbol{C}^{(2)}\boldsymbol{B}=\boldsymbol{O}$，有 $\mathrm{rank}(\boldsymbol{A})=1$，则

$$\boldsymbol{A}^{-}=\frac{1}{4}\begin{bmatrix}1&0\\0&1\end{bmatrix}\begin{bmatrix}1&1\\1&1\end{bmatrix}=\frac{1}{4}\begin{bmatrix}1&1\\1&1\end{bmatrix} \tag{b}$$

5.3 $\delta=0.01$：$\begin{bmatrix}-0.1332&0.0666&0.0666&-0.1332\\0.0666&-0.1998&0.1332&0.0666\\0.0666&0.1332&-0.1998&0.0666\end{bmatrix}$

$\delta=0.05$：$\begin{bmatrix}-0.13288&0.06644&0.06644&-0.13288\\0.06644&-0.19897&0.13253&0.06644\\0.06644&0.13253&-0.19897&0.06644\end{bmatrix}$

$\delta=0.1$：$\begin{bmatrix}-0.132&0.066&0.066&-0.132\\0.066&-0.198&0.132&0.066\\0.066&0.132&-0.198&0.066\end{bmatrix}$

$\delta=0.5$：$\begin{bmatrix}-0.132&0.066&0.066&-0.132\\0.067&-0.197&0.13&0.067\\0.067&0.13&-0.197&0.067\end{bmatrix}$

6.1 $b = 2j - 3$（整体自由度，$2j$；杆件约束，b；刚体的移动和转动，3）。

6.2 (1) 参考图示各杆件的方向余弦

$$\lambda_a = \frac{\sqrt{2}}{2}\begin{bmatrix}1\\1\end{bmatrix},\quad \lambda_b = \frac{\sqrt{2}}{2}\begin{bmatrix}1\\0\end{bmatrix},\quad \lambda_c = \frac{\sqrt{2}}{2}\begin{bmatrix}1\\-1\end{bmatrix} \tag{a}$$

式 (6.015) 变形后

$$\begin{bmatrix}\dot{l}_a\\ \dot{l}_b\\ \dot{l}_c\end{bmatrix} = \begin{bmatrix}\frac{\sqrt{2}}{2} & \frac{\sqrt{2}}{2} & 0 & 0\\ -1 & 0 & 1 & 1\\ 0 & 0 & \frac{\sqrt{2}}{2} & \frac{\sqrt{2}}{2}\end{bmatrix}\begin{bmatrix}\dot{x}_1\\ \dot{y}_1\\ \dot{x}_2\\ \dot{y}_2\end{bmatrix} \tag{b}$$

将上式代入式 (6.014) 得

$$\dot{\boldsymbol{\lambda}}_a = \frac{1}{l_a}(\dot{\boldsymbol{x}}_j - \dot{\boldsymbol{x}}_i) - \frac{\dot{l}_a}{l_a}\boldsymbol{\lambda}_a \tag{c}$$

将式 (a) 代入上式，式 (6.018) 变成下式

$$\ddot{l}_a = \boldsymbol{\lambda}_a^{\mathrm{T}}(\ddot{\boldsymbol{x}}_j - \ddot{\boldsymbol{x}}_i) + \frac{1}{l_a}(\dot{\boldsymbol{x}}_j - \dot{\boldsymbol{x}}_i)^{\mathrm{T}}(\dot{\boldsymbol{x}}_j - \dot{\boldsymbol{x}}_i) - \frac{\dot{l}_a}{l_a}\boldsymbol{\lambda}_a^{\mathrm{T}}(\dot{\boldsymbol{x}}_j - \dot{\boldsymbol{x}}_i) \tag{d}$$

$$\begin{bmatrix}\ddot{l}_a\\ \ddot{l}_b\\ \ddot{l}_c\end{bmatrix} = \begin{bmatrix}\frac{\sqrt{2}}{2} & \frac{\sqrt{2}}{2} & 0 & 0\\ -1 & 0 & 1 & 1\\ 0 & 0 & \frac{\sqrt{2}}{2} & \frac{\sqrt{2}}{2}\end{bmatrix}\begin{bmatrix}\ddot{x}_1\\ \ddot{y}_1\\ \ddot{x}_2\\ \ddot{y}_2\end{bmatrix} + \begin{bmatrix}\dfrac{\dot{x}_1^{\,2} + \dot{y}_1^{\,2}}{l_a}\\ \dfrac{(\dot{x}_2 - \dot{x}_1)^2 + (\dot{y}_2 - \dot{y}_1)^2}{l_b}\\ \dfrac{\dot{x}_2^{\,2} + \dot{y}_2^{\,2}}{l_c}\end{bmatrix}$$

$$-\begin{bmatrix}\dfrac{\sqrt{2}\dot{l}_a}{2l_a} & \dfrac{\sqrt{2}\dot{l}_a}{2l_a} & 0 & 0\\ -\dfrac{\dot{l}_b}{l_b} & 0 & \dfrac{\dot{l}_b}{l_b} & 0\\ 0 & 0 & \dfrac{\sqrt{2}\dot{l}_c}{2l_c} & \dfrac{\sqrt{2}\dot{l}_c}{2l_c}\end{bmatrix}\begin{bmatrix}\dot{x}_1\\ \dot{y}_1\\ \dot{x}_2\\ \dot{y}_2\end{bmatrix} \tag{e}$$

求式 (6.024)

$$\begin{bmatrix} f_{1x} \\ f_{1y} \\ f_{2x} \\ f_{2y} \end{bmatrix} = \begin{bmatrix} \frac{\sqrt{2}}{2} & -1 & 0 \\ \frac{\sqrt{2}}{2} & 0 & 0 \\ 0 & 1 & \frac{\sqrt{2}}{2} \\ 0 & 0 & \frac{\sqrt{2}}{2} \end{bmatrix} \begin{bmatrix} n_a \\ n_b \\ n_c \end{bmatrix} \tag{f}$$

式 (d) 作式 (6.028)

$$\begin{bmatrix} \dot{f}_{1x} \\ \dot{f}_{1y} \\ \dot{f}_{2x} \\ \dot{f}_{2y} \end{bmatrix} = \begin{bmatrix} \frac{\sqrt{2}}{2} & -1 & 0 \\ \frac{\sqrt{2}}{2} & 0 & 0 \\ 0 & 1 & -\frac{\sqrt{2}}{2} \\ 0 & 0 & \frac{\sqrt{2}}{2} \end{bmatrix} \begin{bmatrix} \dot{n}_a \\ \dot{n}_b \\ \dot{n}_c \end{bmatrix}$$

$$+\begin{bmatrix} \frac{\dot{x}_1}{l_a} - \frac{\sqrt{2}\dot{l}_a}{2l_a} & -\frac{\dot{x}_2 - \dot{x}_1}{l_b} + \frac{\dot{l}_b}{l_b} & 0 \\ \frac{\dot{y}_1}{l_a} - \frac{\sqrt{2}\dot{l}_a}{2l_a} & -\frac{\dot{y}_2 - \dot{y}_1}{l_b} & 0 \\ 0 & \frac{\dot{x}_2 - \dot{x}_1}{l_b} - \frac{\dot{l}_b}{l_b} & \frac{\dot{x}_2}{l_c} + \frac{\sqrt{2}\dot{l}_c}{2l_c} \\ 0 & \frac{\dot{y}_2 - \dot{y}_1}{l_b} & \frac{\dot{y}_2}{l_c} - \frac{\sqrt{2}\dot{l}_c}{2l_c} \end{bmatrix} \begin{bmatrix} n_a \\ n_b \\ n_c \end{bmatrix} \tag{g}$$

(2) 因为刚性杆件 $\dot{l}_a = \dot{l}_b = \dot{l}_c = 0$，$\ddot{l}_a = \ddot{l}_b = \ddot{l}_c = 0$，式 (b)、式 (e) 和式 (g) 变为下式。式 (f) 没变。

$$\begin{bmatrix} \frac{\sqrt{2}}{2} & \frac{\sqrt{2}}{2} & 0 & 0 \\ -1 & 0 & 1 & 0 \\ 0 & 0 & \frac{\sqrt{2}}{2} & \frac{\sqrt{2}}{2} \end{bmatrix} \begin{bmatrix} \dot{x}_1 \\ \dot{y}_1 \\ \dot{x}_2 \\ \dot{y}_2 \end{bmatrix} = \begin{bmatrix} 0 \\ 0 \\ 0 \end{bmatrix} \tag{h}$$

$$\begin{bmatrix} \frac{\sqrt{2}}{2} & \frac{\sqrt{2}}{2} & 0 & 0 \\ -1 & 0 & 1 & 0 \\ 0 & 0 & \frac{\sqrt{2}}{2} & \frac{\sqrt{2}}{2} \end{bmatrix} \begin{bmatrix} \ddot{x}_1 \\ \ddot{y}_1 \\ \ddot{x}_2 \\ \ddot{y}_2 \end{bmatrix} + \begin{bmatrix} \dfrac{\dot{x}_1{}^2 + \dot{y}_1{}^2}{l_a} \\ \dfrac{(\dot{x}_2 - \dot{x}_1)^2 + (\dot{y}_2 - \dot{y}_1)^2}{l_b} \\ \dfrac{\dot{x}_2{}^2 + \dot{y}_2{}^2}{l_c} \end{bmatrix} = \begin{bmatrix} 0 \\ 0 \\ 0 \end{bmatrix} \tag{i}$$

$$\begin{bmatrix} \frac{\sqrt{2}}{2} & -1 & 0 \\ \frac{\sqrt{2}}{2} & 0 & 0 \\ 0 & 1 & -\frac{\sqrt{2}}{2} \\ 0 & 0 & \frac{\sqrt{2}}{2} \end{bmatrix} \begin{bmatrix} \dot{n}_a \\ \dot{n}_b \\ \dot{n}_c \end{bmatrix} + \begin{bmatrix} \dfrac{\dot{x}_1}{l_a} & -\dfrac{\dot{x}_2 - \dot{x}_1}{l_b} & 0 \\ \dfrac{\dot{y}_1}{l_a} & -\dfrac{\dot{y}_2 - \dot{y}_1}{l_b} & 0 \\ 0 & \dfrac{\dot{x}_2 - \dot{x}_1}{l_b} & \dfrac{\dot{x}_2}{l_c} \\ 0 & \dfrac{\dot{y}_2 - \dot{y}_1}{l_b} & \dfrac{\dot{y}_2}{l_c} \end{bmatrix} \begin{bmatrix} n_a \\ n_b \\ n_c \end{bmatrix} = \begin{bmatrix} \dot{f}_{1x} \\ \dot{f}_{1y} \\ \dot{f}_{2x} \\ \dot{f}_{2y} \end{bmatrix} \tag{j}$$

由式 (i)、式 (j) 得 $\ddot{\boldsymbol{\psi}}$ 和 $\dot{\boldsymbol{\phi}}$，

$$\ddot{\boldsymbol{\psi}} = \begin{bmatrix} \dfrac{\dot{x}_1^{\ 2} + \dot{y}_1^{\ 2}}{l_a} \\ \dfrac{(\dot{x}_2 - \dot{x}_1)^2 + (\dot{y}_2 - \dot{y}_1)^2}{l_b} \\ \dfrac{\dot{x}_2^{\ 2} + \dot{y}_2^{\ 2}}{l_c} \end{bmatrix}, \quad \dot{\boldsymbol{\phi}} = \begin{bmatrix} \dfrac{\dot{x}_1}{l_a} n_a - \dfrac{\dot{x}_2 - \dot{x}_1}{l_b} n_b \\ \dfrac{\dot{y}_1}{l_a} n_a - \dfrac{\dot{y}_2 - \dot{y}_1}{l_b} n_b \\ \dfrac{\dot{x}_2 - \dot{x}_1}{l_b} n_b + \dfrac{\dot{x}_2}{l_c} n_c \\ \dfrac{\dot{y}_2 - \dot{y}_1}{l_b} n_b + \dfrac{\dot{y}_2}{l_c} n_c \end{bmatrix} \tag{k}$$

(3) 式 (b) 的系数矩阵 $\boldsymbol{A}$ 的秩 $\text{rank}(\boldsymbol{A}) = 3$，因 $m = 3$，$n = 3$，故 $p = 1$，$q = 0$，是不稳定结构。

(4) 用式 (5.052) 求 $\boldsymbol{A}$ 的广义逆矩阵

$$\boldsymbol{A}^{-} = \frac{1}{4}\begin{bmatrix} \sqrt{2} & -2 & -\sqrt{2} \\ 3\sqrt{2} & 2 & \sqrt{2} \\ \sqrt{2} & 2 & -\sqrt{2} \\ \sqrt{2} & 2 & 3\sqrt{2} \end{bmatrix} \tag{l}$$

计算式 (6.066) 的 $[\boldsymbol{I}_n - \boldsymbol{A}^{-}\boldsymbol{A}]$ 为

$$[\boldsymbol{I}_n - \boldsymbol{A}^{-}\boldsymbol{A}] = \frac{1}{4}\begin{bmatrix} 1 & -1 & 1 & 1 \\ -1 & 1 & -1 & -1 \\ 1 & -1 & 1 & 1 \\ 1 & -1 & 1 & 1 \end{bmatrix} \tag{m}$$

有一个线性无关矢量，$\boldsymbol{h}_1^{\mathrm{T}} = \begin{bmatrix} 1 & -1 & 1 & 1 \end{bmatrix}$，该 $\boldsymbol{h}_1$ 是刚体位移模态。

(5) 作式 (6.070)，则 $\dot{x}_1 = \dot{\alpha}$，$\dot{y}_1 = -\dot{\alpha}$，$\dot{x}_2 = \dot{\alpha}$，$\dot{y}_2 = \dot{\alpha}\,(\dot{\alpha} = \dot{\alpha}_1)$。将这些值代入式 (k)，即

$$\ddot{\boldsymbol{\psi}}=\begin{bmatrix}\dfrac{2\dot{\alpha}^2}{l_a}\\ \dfrac{2\dot{\alpha}^2}{l_b}\\ \dfrac{2\dot{\alpha}^2}{l_c}\end{bmatrix} \tag{n}$$

作式 (6.096)，知 $[\boldsymbol{I}_m-\boldsymbol{A}\boldsymbol{A}^-]=\boldsymbol{0}$，自动地满足。故刚体位移模态 $\boldsymbol{h}_1$ 是有限刚体位移。

6.3 用例 6.2 的结果再用相融条件（$l_a=l_b=l$，$x_1=x$，$y_1=y$），

$$\begin{bmatrix}1 & 0\\ -1 & 0\end{bmatrix}\begin{bmatrix}\dot{x}\\ \dot{y}\end{bmatrix}=\begin{bmatrix}\dot{l}_a\\ \dot{l}_b\end{bmatrix},\quad \boldsymbol{A}=\begin{bmatrix}1 & 0\\ -1 & 0\end{bmatrix} \tag{a}$$

$$\begin{bmatrix}1 & 0\\ -1 & 0\end{bmatrix}\begin{bmatrix}\ddot{x}\\ \ddot{y}\end{bmatrix}+\frac{1}{l}\begin{bmatrix}\dot{x}-\dot{l}_a & \dot{y}\\ \dot{x}+\dot{l}_b & \dot{y}\end{bmatrix}\begin{bmatrix}\dot{x}\\ \dot{y}\end{bmatrix}=\begin{bmatrix}\ddot{l}_a\\ \ddot{l}_b\end{bmatrix} \tag{b}$$

由式 (a)，$\dot{x}=\dot{l}_a$，$\dot{x}=\dot{l}_b$（$\dot{l}_a+\dot{l}_b=0$ 是式 (a) 有解的条件）代入到式 (b)

$$\begin{bmatrix}1 & 0\\ -1 & 0\end{bmatrix}\begin{bmatrix}\ddot{x}\\ \ddot{y}\end{bmatrix}+\frac{1}{l}\begin{bmatrix}1\\ 1\end{bmatrix}\begin{bmatrix}\dot{x}\\ \dot{y}\end{bmatrix}\dot{y}^2=\begin{bmatrix}\ddot{l}_a\\ \ddot{l}_b\end{bmatrix} \tag{c}$$

求 $\boldsymbol{A}$ 的广义逆和 $\boldsymbol{I}_2-\boldsymbol{A}\boldsymbol{A}^-$，$\boldsymbol{I}_2-\boldsymbol{A}^-\boldsymbol{A}$

$$\boldsymbol{A}^-=\frac{1}{2}\begin{bmatrix}1 & -1\\ 0 & 0\end{bmatrix}$$

$$\boldsymbol{I}_2-\boldsymbol{A}\boldsymbol{A}^-=\frac{1}{2}\begin{bmatrix}1 & 1\\ 1 & 1\end{bmatrix},\quad \boldsymbol{I}_2-\boldsymbol{A}^-\boldsymbol{A}=\begin{bmatrix}0 & 0\\ 0 & 1\end{bmatrix} \tag{d}$$

式 (a) 有解条件是 $[\boldsymbol{I}_2-\boldsymbol{A}\boldsymbol{A}^-]\dot{l}=\boldsymbol{0}$

$$\dot{l}_a+\dot{l}_b=0 \tag{e}$$

该条件下，式 (a) 的解为

$$\begin{bmatrix} \dot{x} \\ \dot{y} \end{bmatrix} = \frac{1}{2}\begin{bmatrix} 1 & -1 \\ 0 & 0 \end{bmatrix}\begin{bmatrix} \dot{l}_a \\ \dot{l}_b \end{bmatrix} + \dot{\alpha}\begin{bmatrix} 0 \\ 1 \end{bmatrix} = \begin{bmatrix} \dot{l}_a \\ 0 \end{bmatrix} + \dot{\alpha}\begin{bmatrix} 0 \\ 1 \end{bmatrix} \tag{f}$$

下面，求式 (c) 的解存在条件

$$\ddot{l}_a + \ddot{l}_b = \frac{l}{2}\dot{y}^2 \tag{g}$$

该条件下，求式 (c) 的解

$$\begin{bmatrix} \ddot{x} \\ \ddot{y} \end{bmatrix} = \frac{1}{2}\begin{bmatrix} 1 & -1 \\ 0 & 0 \end{bmatrix}\begin{bmatrix} \ddot{l}_a - \frac{1}{l}\dot{y}^2 \\ \ddot{l}_b - \frac{1}{l}\dot{y}^2 \end{bmatrix} + \ddot{\alpha}\begin{bmatrix} 0 \\ 1 \end{bmatrix} = \begin{bmatrix} \ddot{l}_a - \frac{1}{l}\dot{\alpha}^2 \\ \ddot{\alpha} \end{bmatrix} \tag{h}$$

将位移 $x(t)$、$y(t)$ 进行麦克劳林展开，取到 2 次项，即

$$\begin{bmatrix} x(t) \\ y(t) \end{bmatrix} = \begin{bmatrix} \dot{x} \\ \dot{y} \end{bmatrix} t + \frac{1}{2}\begin{bmatrix} \ddot{x} \\ \ddot{y} \end{bmatrix} t^2 \tag{i}$$

将式 (f) 和式 (h) 代入式 (i)，令 $\dot{y} = \dot{\alpha}$

$$\begin{bmatrix} x(t) \\ y(t) \end{bmatrix} = \begin{bmatrix} \dot{l}_a \\ \dot{\alpha} \end{bmatrix} t + \frac{1}{2}\begin{bmatrix} \ddot{l}_a - \frac{1}{l}\dot{\alpha}^2 \\ \ddot{\alpha} \end{bmatrix} t^2 \tag{j}$$

令杆件 a 的伸长为 $l_a(t)$，进麦迈克劳林展开，取到 2 阶项

$$l_a(t) = \dot{l}_a t + \frac{1}{2}\ddot{l}_a t^2 \tag{k}$$

将式 (k) 代入 (j) 中

$$\begin{bmatrix} x(t) \\ y(t) \end{bmatrix} = \begin{bmatrix} l_a(t) \\ 0 \end{bmatrix} t + \begin{bmatrix} 0 \\ \dot{\alpha} \end{bmatrix} t + \frac{1}{2}\begin{bmatrix} -\frac{1}{l}\dot{\alpha}^2 \\ \ddot{\alpha} \end{bmatrix} t^2 \tag{l}$$

上式的第 2 项、第 3 项是刚体位移。当 $l=1$ 时求 $\dot{\alpha}$ 和 $\ddot{\alpha}$，得 $\dot{\alpha}=0.1$，$\ddot{\alpha}=0.01$，进而

$$l_a(t) = x(t) - \frac{1}{2}\dot{\alpha}^2 t^2 = 0.05t + 0.015t^2 \tag{m}$$

6.4 作 $\dot{\boldsymbol{x}}$ 和$\boldsymbol{f}$的功率

$$\dot{\boldsymbol{x}}^{\mathrm{T}}\boldsymbol{f}=\dot{\boldsymbol{\alpha}}^{\mathrm{T}}[\boldsymbol{I}_n-\boldsymbol{A}^{-}\boldsymbol{A}]^{\mathrm{T}}\boldsymbol{f}=\dot{\alpha}_1\boldsymbol{h}_1^{\mathrm{T}}\boldsymbol{f}+\cdots+\dot{\alpha}_n\boldsymbol{h}_n^{\mathrm{T}}\boldsymbol{f} \tag{a}$$

其中

$$\boldsymbol{f}_a=[\boldsymbol{I}_n-\boldsymbol{A}^{-}\boldsymbol{A}]^{\mathrm{T}}\boldsymbol{f}=\begin{bmatrix}\boldsymbol{h}_1^{\mathrm{T}}\boldsymbol{f}\\ \vdots\\ \boldsymbol{h}_n^{\mathrm{T}}\boldsymbol{f}\end{bmatrix} \tag{b}$$

$\boldsymbol{f}_a$ 是$\boldsymbol{f}$乘上变换矩阵 $[\boldsymbol{I}_n-\boldsymbol{A}^{-}\boldsymbol{A}]^{\mathrm{T}}=[\boldsymbol{I}_n-\boldsymbol{A}^{-}\boldsymbol{A}]$ 得到的广义载荷。换言之，$\dot{\boldsymbol{\alpha}}^{\mathrm{T}}\boldsymbol{f}_a$ 是广义载荷 $\boldsymbol{f}_a$ 与 $\dot{\boldsymbol{\alpha}}$ 的功率，$\dot{\alpha}_i$ 可以被认为是 $\boldsymbol{f}_{\alpha_i}=\boldsymbol{h}_i^{\mathrm{T}}\boldsymbol{f}$ 相对应的广义位移速度。平衡方程式 (6.027) 的有解条件 (6.073) 意味着 $\boldsymbol{f}_a=\boldsymbol{0}$ 。作为其他的表现，为使式 (6.027) 有解，对于全部的刚体位移速度的功率都为零的载荷的选择是必需的。

6.5 该桁架杆件数：$m=8$，全部自由度数：$n=12$，$\mathrm{rank}(\boldsymbol{A})=7$ 。因此，$p=n-r=5$，$q=m-r=1$，因此刚体位移模态有 5 个，自平衡应力模态 1 个。结果如图。

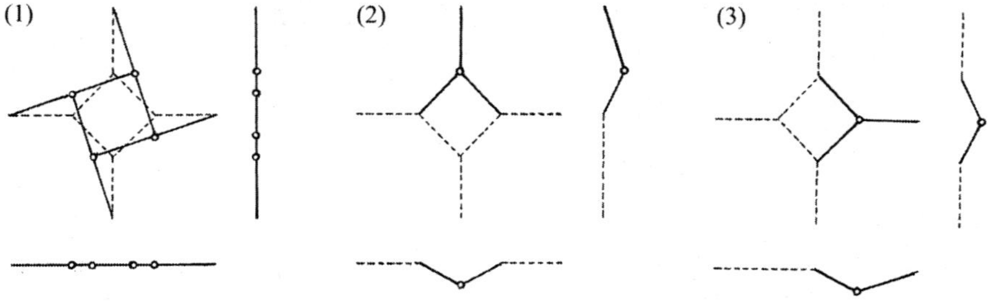

刚体位移模式

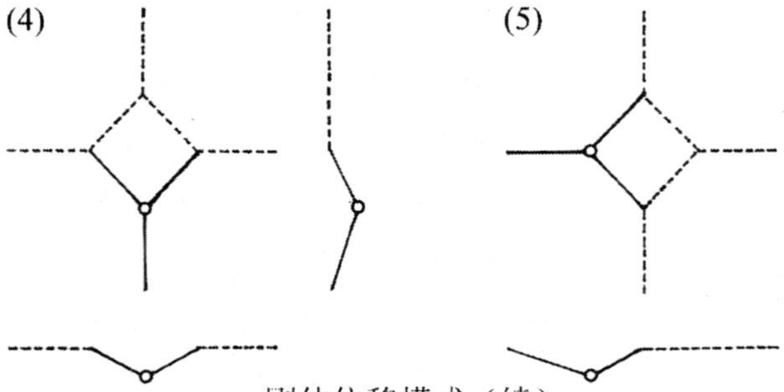

刚体位移模式（续）

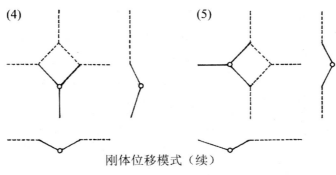

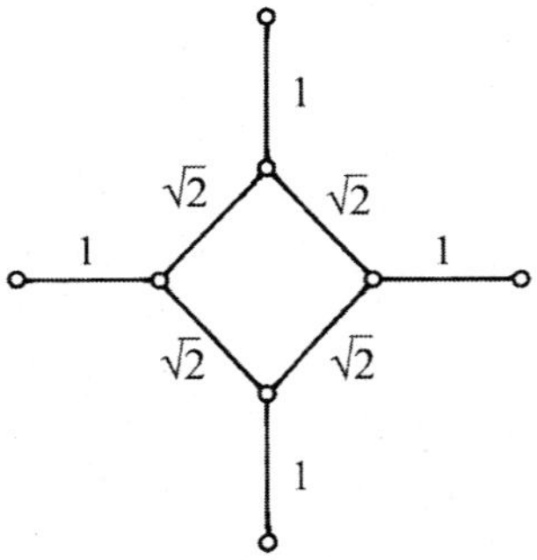

自应力模式

6.6 求杆件 a、b、c 的弹性刚度矩阵和几何刚度矩阵。

$$(\boldsymbol{K}_E)_a=(\boldsymbol{K}_E)_b=\frac{EA}{l}\begin{bmatrix}1&0\\0&0\end{bmatrix},\quad(\boldsymbol{K}_G)_a=(\boldsymbol{K}_G)_b=\frac{n}{l}\begin{bmatrix}0&0\\0&1\end{bmatrix}\tag{a}$$

$$(\boldsymbol{K}_E)_c=\frac{EA}{l}\begin{bmatrix}0&0&0&0\\0&1&0&-1\\0&0&0&0\\0&-1&0&1\end{bmatrix},\quad(\boldsymbol{K}_G)_c=\boldsymbol{O}\text{（不存在自平衡应力）}\tag{b}$$

将式 (a) 和式 (b) 组合起来

$$\boldsymbol{K}_E=\frac{EA}{l}\begin{bmatrix}2&0&0&0\\0&1&0&-1\\0&0&0&0\\0&-1&0&1\end{bmatrix},\quad\boldsymbol{K}_G=\frac{n}{l}\begin{bmatrix}0&0&0&0\\0&2&0&0\\0&0&0&0\\0&0&0&0\end{bmatrix}\tag{c}$$

7.1 Y坐标值 $Y(7)=Y(9)=45.3$，$Y(8)=131.2$。计算结果如下图所示。

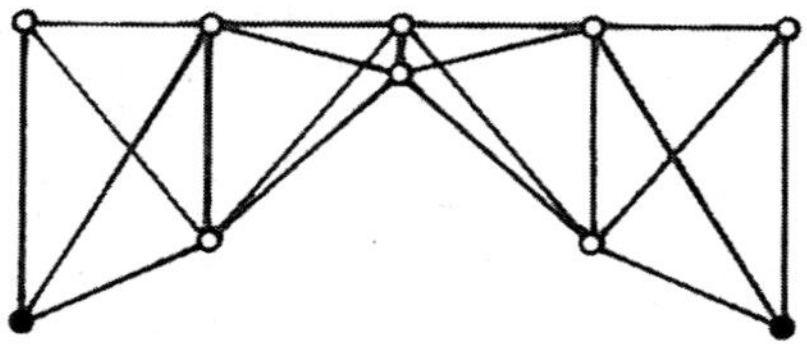

7.2 因稳定的静定结构 $n=m$，$\boldsymbol{A}$、$\boldsymbol{B}$、$\boldsymbol{K}$ 都是正方矩阵。故 $p=q=0$。则 $\text{rank}(\boldsymbol{A})=\text{rank}(\boldsymbol{B})=\text{rank}(\boldsymbol{K})=n$，$|\boldsymbol{A}|\neq 0$，$|\boldsymbol{B}|\neq 0$，$|\boldsymbol{K}|\neq 0$。则由式 (7.007) 和式 (7.008) 可知 $\boldsymbol{K}=\boldsymbol{BS}$，左乘 $\boldsymbol{B}^{-1}$，右乘 $\boldsymbol{K}^{-1}$ 后 $\boldsymbol{B}^{-1}=\boldsymbol{SK}^{-1}$。

因不稳定的静定结构中 $p>0$，$q=0$，$n>r$，$m=r$。$\boldsymbol{B}$ 是长方矩阵，而 $|\boldsymbol{K}|=0$，求式 (7.003) 的逆关系，仅采用特解项，$\boldsymbol{\sigma}=\boldsymbol{B}^{-}\boldsymbol{f}$。另外，由式 (7.008)，$\boldsymbol{d}=\boldsymbol{K}^{-}\boldsymbol{f}$（此时也仅采用特解项），代入到式 (7.007) 就得 $\boldsymbol{\sigma}=\boldsymbol{SK}^{-1}\boldsymbol{f}$。两式进行比较，得 $\boldsymbol{B}^{-1}=\boldsymbol{SK}^{-1}$。

7.3 求式 (7.026)，计算轴力后

$$\begin{bmatrix}\boldsymbol{N}_a\\ \boldsymbol{N}_b\\ \boldsymbol{N}_c\end{bmatrix}=\frac{\overline{\boldsymbol{f}}}{h(\varDelta_1\varDelta_3-\varDelta_2{}^2)}\begin{bmatrix}\dfrac{\varDelta_2-\varDelta_1}{l_a{}^2}\\ \dfrac{\varDelta_1+\varDelta_2}{l_b{}^2}\\ \dfrac{\varDelta_2}{l_c{}^2}\end{bmatrix} \tag{a}$$

其中

$$\varDelta_1=\frac{1}{l_a{}^3}+\frac{1}{l_b{}^3}+\frac{1}{l_c{}^3},\quad \varDelta_2=\frac{1}{l_a{}^3}-\frac{1}{l_b{}^3},\quad \varDelta_3=\frac{1}{l_a{}^3}+\frac{1}{l_b{}^3} \tag{b}$$

由 $\boldsymbol{N}_c=0$，得 $\varDelta_2=0$，$l_a=l_b$。即 $y_1=0$。令 $\gamma l_c=l_a=l_b=l$ 得 $\varDelta_1=(2+\gamma^3)/l^3$，$\varDelta_3=2/l^3$，则

$$\boldsymbol{N}_a=-\boldsymbol{N}_b=-\frac{l}{2h}\overline{\boldsymbol{f}} \tag{c}$$

x_1 的值是任意的。

7.4 利用式 (6.205)，求杆件 a、b 的刚度矩阵（因为节点 2 和节点 3 是固定的，只有节点 1 可用）

$$(\boldsymbol{K}_E)_a = \frac{EA}{4l_a}\begin{bmatrix} 3 & \sqrt{3} \\ \sqrt{3} & 1 \end{bmatrix}，\quad (\boldsymbol{K}_E)_b = \frac{EA}{l_b}\begin{bmatrix} 1 & 0 \\ 0 & 0 \end{bmatrix} \tag{a}$$

因为 $l_b = l$，故 $l_a = (2\sqrt{3}/3)l$，整体刚度矩阵为

$$\boldsymbol{K} = \frac{EA}{8l}\begin{bmatrix} 3\sqrt{3}+8 & 3 \\ 3 & \sqrt{3} \end{bmatrix} \tag{b}$$

在绕 x 轴转 45° 的坐标系中，作式 (7.125)

$$\begin{bmatrix} d_t \\ d_n \end{bmatrix} = \frac{\sqrt{2}}{2}\begin{bmatrix} 1 & -1 \\ 1 & 1 \end{bmatrix}\begin{bmatrix} d_x \\ d_y \end{bmatrix} \tag{c}$$

由 $\boldsymbol{d}_n = 0$，约束条件如下

$$\begin{bmatrix} 1 & 1 \end{bmatrix}\begin{bmatrix} \boldsymbol{d}_x \\ \boldsymbol{d}_y \end{bmatrix} = 0，\quad \boldsymbol{A} = \begin{bmatrix} 1 & 1 \end{bmatrix} \tag{d}$$

根据初等变换作式 (7.129)

$$\boldsymbol{PAQ} = \begin{bmatrix} 1 & 0 \end{bmatrix}，\quad \boldsymbol{P} = [1]，\quad \boldsymbol{Q} = \begin{bmatrix} 1 & -1 \\ 0 & 1 \end{bmatrix} \tag{e}$$

利用式 (7.133) 和式 (7.036) 求 $\boldsymbol{L}$、$\boldsymbol{q}$

$$\boldsymbol{L} = \frac{EA}{8l}\begin{bmatrix} 3\sqrt{3}+8 & -3\sqrt{3}-5 \\ -3\sqrt{3}-5 & 4\sqrt{3}+2 \end{bmatrix}，\quad \boldsymbol{q} = \begin{bmatrix} f_x \\ -f_x + f_y \end{bmatrix} \tag{f}$$

因式 (7.138) 的 $\boldsymbol{B}$ 为 $\begin{bmatrix} 1 & 0 \end{bmatrix}$，由式 (7.102) 和式 (7.103)

$$\boldsymbol{P}_L = \begin{bmatrix} 0 & 0 \\ 0 & 1 \end{bmatrix}，\quad \boldsymbol{P}_{L^\perp} = \begin{bmatrix} 1 & 0 \\ 0 & 0 \end{bmatrix} \tag{g}$$

利用式 (7.108) 计算 L 的 Bott Duffin 逆矩阵

$$\boldsymbol{L}_{(L)}^{(-1)} = \frac{8l}{(4\sqrt{3}+2)EA}\begin{bmatrix} 0 & 0 \\ 0 & 1 \end{bmatrix} \tag{h}$$

由式 (7.140) 和式 (7.141) 得

$$\boldsymbol{u}=\frac{8l}{(4\sqrt{3}+2)EA}(-f_x+f_y)\begin{bmatrix}1\\1\end{bmatrix},\ \boldsymbol{t}=\frac{(\sqrt{3}-3f_x)+(3\sqrt{3}+f_y)}{(4\sqrt{3}+2)}\begin{bmatrix}1\\1\end{bmatrix}\quad \text{(i)}$$

用式 (7.143) 求位移 d 和反力 r

$$\boldsymbol{d}=\frac{8l}{(4\sqrt{3}+2)EA}(-f_x+f_y)\begin{bmatrix}-1\\1\end{bmatrix},\ \boldsymbol{r}=\frac{(\sqrt{3}-3)f_x+(3\sqrt{3}+5)f_y}{(4\sqrt{3}+2)}\begin{bmatrix}1\\1\end{bmatrix}\quad \text{(j)}$$

8.1 (1) 参看图示结构，在变形后的位置上给出平衡方程

$$2N\sin(\theta_0-\theta)=p \quad \text{(a)}$$

其中，N 是杆件的压力，在变形前位置的平衡方程为

$$2N\sin\theta_0=p \quad \text{(b)}$$

(2) 应变有各种定义，有必要根据分析的目的来选择。没变形前的杆长 l_0，变形后的杆长 l，轴力作用时沿轴线方向位移为 $\boldsymbol{u}$，通常使用 3 种类型的应变，定义如下。

工程应变：$\varepsilon_e=\dfrac{l-l_0}{l_0}=\dfrac{u}{l_0}$ (c)

格林应变：$\varepsilon_p=\dfrac{1}{2}\dfrac{l^2-{l_0}^2}{{l_0}^2}=\dfrac{1}{2{l_0}^2}(2l_0u+u^2)$ (d)

对数应变：$\varepsilon_l=\displaystyle\int\frac{\mathrm{d}l}{l}=\ln\frac{l}{l_0}=\ln\frac{l_0+u}{l_0}$ (e)

此处仅使用工程应变。

$$l_0=\sqrt{h^2+a^2},\ l=\sqrt{(h-w)^2+a^2} \quad \text{(f)}$$

将式 (f) 代入式 (c)

$$\varepsilon_e=\frac{\sqrt{(h-w)^2+a^2}}{\sqrt{h^2+a^2}}-1 \quad \text{(g)}$$

上式中 ε 与 w 之间的关系是非线性的，称为非线性应变 - 位移关系。w 很微小的情况下，利用麦克劳林 (Maclaurin) 展开，即

$$\frac{\sqrt{(h-w)^2+a^2}}{\sqrt{h^2+a^2}}=\sqrt{1+\frac{1}{2}\frac{-hw+w^2}{h^2+a^2}}=1-\frac{h}{h^2+a^2}w \tag{h}$$

因为可以变形，式 (g) 写成

$$\varepsilon_e=-\frac{h}{h^2+a^2}w \tag{i}$$

(3) 应力也有各种类型。式 (c)~(e) 中共轭应力（应力，应变做的同一功），变形前，后的截面积和体积分别用 A、V、a、v 表示，应力如下定义。

公称应力（第一种基尔霍夫 (Piola-Kirchhoff) 应力）

$$\sigma_e=\frac{N}{A}=\frac{a}{N}\sigma_l \tag{j}$$

第二种基尔霍夫 (Piola-Kirchhoff) 应力

$$\sigma_g=(\frac{l_0}{l})^2\frac{\upsilon}{V}\frac{N}{a}=(\frac{l_0}{l})^2\frac{\upsilon}{V}\sigma_l \tag{k}$$

真应力（柯西应力）：$\sigma_l=\dfrac{N}{a}$ (l)

此处用的是工程应变对应的应力，即公称应力。材料的杨氏模量为 E。

$$\sigma_e=E\varepsilon_e \tag{m}$$

用 $\sin(\theta_0-\theta)=(h-w)/l$，$\sin\theta_0=h/l_0$。及无量纲量 $P=p/EA$，$W=w/h$，$\mu=a/h$ 由这些量求载荷位移方程。由式 (a)、式 (j)、式 (m) 得

$$P=-2\frac{1-W}{\sqrt{(1+W)^2+\mu^2}}\varepsilon_e \tag{n}$$

由式 (b)、式 (j)、式 (m) 得

$$P=-2\frac{1}{\sqrt{1+\mu^2}}\varepsilon_e \tag{o}$$

下式，使应变 - 位移方程无量纲化，由式 (g) 和式 (i)

$$\varepsilon_e = \frac{\sqrt{(1+W)^2+\mu^2}}{\sqrt{1+\mu^2}} - 1 \tag{p}$$

$$\varepsilon_e = \frac{W}{1+\mu^2} \tag{q}$$

把式 (p) 和式 (q) 代入式 (n) 和式 (o) 就可求得载荷 P 和位移 w 的关系。通常，线性解析时由式 (o) 与式 (q) 组合起来，形状非线性解析时用式 (n) 与式 (p) 的组合。这里作为参考，考虑下表所示 4 种组合。

应变－位移方程组合表

		应变－位移方程	
		线性 (q)	非线性 (p)
平衡方程	线性 (b)	(r)	(t)
	非线性 (a)	(s)	(u)

整理结果后得

$$P = \frac{2}{(1+\mu^2)\sqrt{1+\mu^2}} W \tag{r}$$

$$P = \frac{2w(1-w)}{(1+\mu^2)\sqrt{(1-w)^2 1+\mu^2}} \tag{s}$$

$$P = \frac{2}{(1+\mu^2)}\left(\sqrt{1+\mu^2} - \sqrt{(1-W)^2+\mu^2}\right) \tag{t}$$

$$P = \frac{2(1-W)}{\sqrt{1+\mu^2}\sqrt{(1-w)^2 1+\mu^2}}\left(\sqrt{1+\mu^2} - \sqrt{(1-W)^2+\mu^2}\right) \tag{u}$$

(4) 上述的 P-W 关系如下图所示。这样的偏平结构中产生飞移屈曲，下图中 (u) 所表示的图就是这个例子。过了极大点后发生跳跃，沿着点线运动，到 B 点平衡。由于跳跃屈曲，桁架结构发生反转。平衡方程或者应变一位移方程里的任一方发生非线性时若求跳跃后的平衡位置，极大点也可以在比 A 高的载荷位置。由此例可知，涉及到形状非线性问题时必须注意非线性的形状公式化。

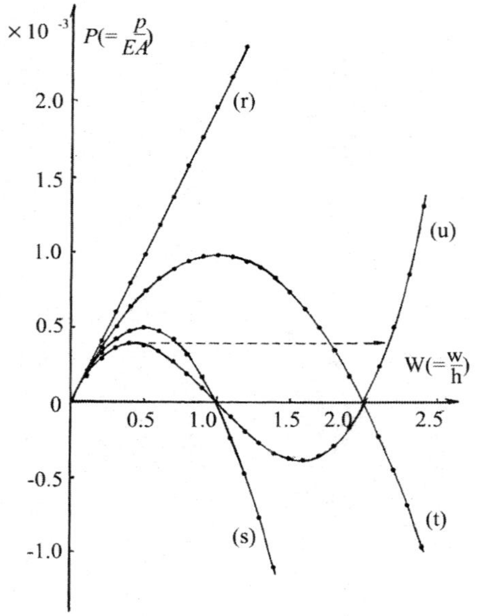

结构屈曲 $P-W$ 关系图

8.2 设刚体位移为 v，在坐标为 x 的弹簧伸缩量为 $v(x)$，此时下式成立

$$v(x) = v - y = v - ax \tag{a}$$

平衡方程如下

$$P(v) = 2\int_0^{x_0} kv(x)\,\mathrm{d}x = 2k[v(x_0) - \frac{a}{2}x_0^2] \tag{b}$$

确定 x_0 的条件，由 $v(x_0) = 0$ 得出下式

$$v - \mathrm{a}x_0 = 0 \tag{c}$$

将式 (c) 代入式 (b)，得载荷 - 位移方程如下式

$$P(v)=\frac{k}{a}v^2 \tag{d}$$

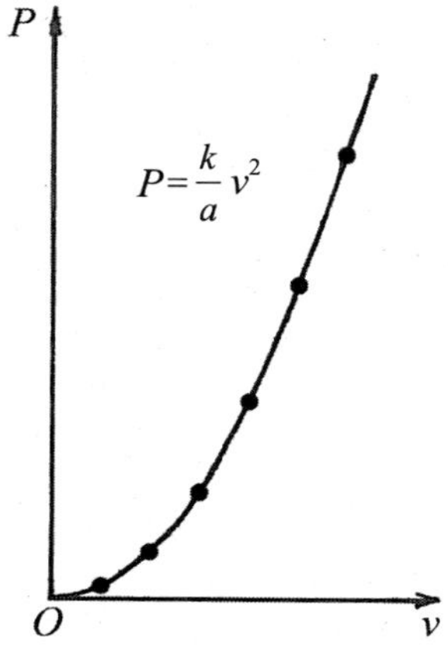

载荷－位移关系图

8.3 整理，归纳 8.2 节和 8.3 节的结果后，由式 (8.049)、式 (8.055)、式 (8.056) 和式 (8.057) 给出。

极限点：$$\begin{bmatrix}\dot{\boldsymbol{d}}\\ \dot{\lambda}\end{bmatrix}=\begin{bmatrix}t_1\\ 0\end{bmatrix}\beta\dot{\alpha} \tag{a}$$

对称分歧点：$$\begin{bmatrix}\dot{\boldsymbol{d}}\\ \dot{\lambda}\end{bmatrix}=\begin{bmatrix}t_1\\ 0\end{bmatrix}\beta\dot{\alpha} \tag{b}$$

非对称分歧点：$$\begin{bmatrix}\dot{\boldsymbol{d}}\\ \dot{\lambda}\end{bmatrix}=\begin{bmatrix}t_1\\ 0\end{bmatrix}\beta\dot{\alpha}_1+\begin{bmatrix}\boldsymbol{K}^{-}\boldsymbol{f}\\ 1\end{bmatrix}\dot{\alpha}_2 \tag{c}$$

上式中 t_1 是切线刚度矩阵 $\boldsymbol{K}$ 的最小固有值对应的固有模态，式 (a)、式 (b) 的情况下固有模态与屈曲模态一致。但式 (c) 的情况下，附加了 $\boldsymbol{K}^{-}\boldsymbol{f}\dot{\alpha}_2$ 项，所以不一致。

参考文献

[1] Penrose R. A Generallized Inverse. for Matrices, Proc. Cambridge Philos, Soc. 1955,51：17-19.

[2] Penrose R. On the Best Approximate Solutions of Linear Matrix Equations. Proc. Cambridge Philos, Soc. 1956,52(1)：17-19.

[3] 古屋茂 . 行列と行列式 . 东京：培風館，1957.

[4] Greville, T N E. Some Applications of the Pseudo Inverse of a Matrix. SIAM Review, 1960, 15-22.

[5] Ben-Israel A. An Iterative Method for Computing the Generalized Inverse of an Arbitrary Matrix. Mathematics of Computation, 1965, 19：452-455.

[6] 斉藤正彦 . 線形代数入門 . 东京：東京大学出版会，1966.

[7] 古屋茂 . 一般逆行列 I II，数理科学，1967，47：68-72，1967，48：57-61.

[8] 小西栄一，深見哲造 . 線形代数ベクトル解析 . 东京：培風館，1967.

[9] Westlake J R. A Handbook of Numerical Matrix Inversion and Solution of Linear Equations. John Wiley & Sons，1968.

[10] Graybill F A. Introduction to Matrices with Applications in Statistics. Wadsworth Publishing Company, Inc., Belmont, California.1969.

[11] 渋谷政昭 . 一般逆行列 I. 統計数理研究所彙報，1969，17(2)：109-131.

[12] 吉村功 . 数理統計学 (1)(2). 东京：培風館，1969.

[13] Golud G H, Reinsch C.Handbook Series Linear Algebra, Singular Value Decomposition and Least Squares Solutions Numerische Mathematik，1970,14：403-420.

[14] Peters G, Wilkinson J H. The Least Squares Problem and Pseudo-Inverse. The Computer Journal, 1970,13(3)：309-316.

[15] 三井斌友 . Generalized Inverse for Matrices. Computation & Analysis Seminar, Japan, 1970,2(3)：25-29.

[16] 高橋知子 . $\boldsymbol{A}^{+}$ に関する数值実験 .30-31.

[17] 戸川隼人 . マトリクスの数值計算 . オーム社，1971.

[18] 笠原皓司 . 線形代数と固有值問題 —— スペクトル解析を中心として . 現代数学社，1972.

[19] ラオ・ミトラ著，渋谷政昭，田辺国土訳 . 一般逆行列とその応用，東京図書，1973.

[20] Golub G H, Pereysa V. The Differentiation of Pseudo-Inverse and Nonlinear Least Squares Problems Whose Variables Separate. SIAM Journal of Numerical Analysis, 1973, 10：413-432.

[21] 佐藤聡夫 . 一般逆行列 その一形態と簡単な応用 . 数学セミナー，日本評論社，1974，3：27-32.

[22] Ben-Israel A, Greville T N E. Generalized Inverses: Theory and Applications.John Wiley & Sons，1974.

[23] Zuhair Nashed H.Generalized Inverses and Applications. Academic Press,1976.

[24] 森正武 . 計算機のための数值計算法 . 科学技術出版社，1978.

[25] 現代測量学出版委員会 . 測量の数学的基礎 . 日本測量委員会，1981.

[26] 伊理正夫，児玉慎三，須田信英 . 特異值分解とそのシステム制御への応用 . 計測と制御，1982，21(8)：763-772.

[27] 中川徹，小柳義夫 . 最小二乗法による実験データ解析 . 東京大学出版会，1982.

[28] 柳井晴夫，竹内哲 . 射影行列　一般逆行列特異値分解 . 東京大学出版会，1983.

[29] 半谷裕彦 . 一般逆行列と構造解析への応用：固体力学における非線形現象の数理解析 . 第 22 回生研講習会テキスト，1983，179-212.

[30] 渡部力，名取亮，小国力 . Fortran77 による数値計算ソフトウェア . 丸善，1989.

[31] Facom Fortran 科学用サブルーチン用ライブラリ SSL II 使用手引書 . 富士通.

[32] ライブラリー・プログラム利用の手引 (数値計算編：NUMPAC Vol.1). 名古屋大学大型計算機センター.

[33] Maxwell J C. On the Calculation of the Equilibrium and Stiffness of Frames. Philosophical Magazine, 1864，27.

[34] Timoshenko S P. History of Strength of Materials. McGraw-Hill，1953.

[35] 佐藤幸平 . 面積最小の問題の石鹸膜実験 (1~4). 数学セミナー第 12，日本評論社，1973.

[36] 真柄栄毅，国田二郎，川股重也 . 混合法によるケーブルネットの解析 . 日本建築学会論文報告集，1974，218：37-48.

[37] Calladine C R. Buckmister Fullers' Tensegrity Structures and Clerk Maxwell's Rule for the Construction of Stiff Frame. International Journal of Solids and Structures, 1978,14：161-173.

[38] 小川泰 . 形の物理学，海鳴社，1983.

[39] 高木隆司 . かたちの不思議 . 講談社現代新書，1984.

[40] 田中尚，半谷裕彦 . 不安定トラスの剛体変位と安定化条件 .

日本建築学会構造系論文報告集，1985，356：35-43.

[41] フライ・オットー他著 . 岩村和夫訳 . 自然な構造体 . 鹿島出版会，1986.

[42] 半谷裕彦，川口健一 . 不安定リンク構造の形状決定解析 . 日本建築学会構造系論文報告集，1987，381：56-60.

[43] Edmondson A C. A Fuller Explanation. Brikhäuser，1987.

[44] 小川泰，宮崎興二編著 . かたちの科学 . 朝倉書店，1987.

[45] Hangai Y，Kawaguchi K. Introduction of Higher Terms into the Analysis for Shape-Finding of Unstable Link Structures. Proc. IASS-MSU Symposium, Istanbul, 1988, 471-478.

[46] 半谷裕彦 . 空間構造における形態形成の数理 . カラム，1988，109：65-71.

[47] Hangai Y. Magara H, Okamura K，and Kawaguchi K. Shape-Finding Analysis of Air-Supported Membrane Structures in the process of Inflation, International Symposium on Innovative Application of Shells & Spatial Forms, Bangalore, India，1988.

[48] Hangai Y，Kawaguchi K. Shape Finding of Unstable Structures, Forma, 1990, 5：29-41.

[49] 田波徹行，半谷裕彦，川口健一 . 不安定形状の安定化移行解析 (連続体形状をフーリエ級数で置換する場合). 日本建築学会関東支部研究報告集，1990，177-180.

[50] 宮崎賢一，川口健一，半谷裕彦 . 矩形板要素による膜構造の安定化移行解析 . 膜構造研究論文集 90，1990，4：13-17.

[51] Hoerner S. Homologus Deformations of Tiltable Telescapes. Journal of the Structural Division. ASCE, 1967,ST5：461-485.

[52] Pedersen P. Optimal Joint Positions for Space Trusses, Journal of the Structural Division. ASCE, 1973,99(ST12)：2459-2476.

[53] Gallagher R H，Zienkiewicz.O C Optimum Structures Design. John Wiley & Sons，1973.

[54] 梅谷陽二 . 骨の形態と成長変形法 . 日本機械学会誌，1976，79(693)：749-754.

[55] 尾田十八 . 有限要素法による強度的最適形状の決定法 . 日本機械学会誌，1976，79(691)：4-12.

[56] 瀬口靖幸，多田幸生 . 逆変分原理による構造物の形状の決定問題 . 日本機械学会論文集，1978，44(381)：1469-1477.

[57] 中村恒善 . 建築骨組の最適設計 . 丸善，1980.

[58]Topping B H V. Shape Optimization of Skeletal Structures-A Review. Journal of Structural Engineering, 1983,109(8)：1933-1951.

[59]Domaszewski M，Borkowski A. Generalized Inverse in Elastic-Plastic Analysis of Structures. Journal of Structural Mechanics,1984, 219-244.

[60] 瀬口靖幸，多田幸生，毛馬一幸 . 逆変分原理による非保存構造系の形状決定 . 日本機械学会論文集 (A 編)，1984，50(452)：679-686.

[61]Arek E, Gallagher R H, Ragsdell K M. Zienkiewicz O C. New Directions in Optimum Structural Design. John Wiley & Sons，1984.

[62] 森本雅樹，海部宣男，滝沢幸孝，青木克比古，榊原修 . 大型アンテナのホモロジー設計 . 三菱電気技報，1985，56(7)：17-20.

[63] 多田幸生，瀬口靖幸，小西英雄 . 荷重の変動を考慮する構造物の形状決定問題 (変動の確率度が既知の場合). 日本機械学会論文集 (A 編)，1986，52(478)：1608-1614.

[64]Ding Y. Shape Optimization of Structures-A Literature Survey. Computers and Structures, 1986,24(6)：985-1004.

[65] 畔上秀幸 . 成長の構造則を用いた形状最適化手法の提案 (静

的弾性体の場合). 日本機械学会論文集，1988，54(508)：2167-2175.

[66] 中桐滋，野口裕久，谷国一. 応力に基づく構造形状の有限要素シンセミス. 構造工学における数値解析法シンポジウム論文集，1988，12：97-102.

[67] Hashinger J，Neittaanmäki P. Finite Element Approximation for Optimal Shape Design: Theory and Applications. John Wiley & Sons，1988.

[68] 尾田十八. 機械設計の最適化手法とその応用 (1)~(11). 機械の研究，40(5) ～ 41(3)：1988-1989.

[69] 半谷裕彦，関富玲. ホモロガス変形を制約条件とする立体トラス構造の形態解析. 日本建築学会構造系論文報告集，1989，405：97-102.

[70] 半谷裕彦，関富玲. Bott Duffin 逆行列による変位制限を持つ構造物の解析. 日本建築学会構造系論文報告集，1989，396：82-86.

[71] 半谷裕彦，鈴木俊男，関富玲. 変位制限を持つ膜構造の解析. 構造工学における数値解析シンポジウム論文集，日本鋼構造協会，1989，13：83-88.

[72] 半谷裕彦，関富玲. 立体トラス構造のホモロガス変形を制約条件とする形態設計法. 日本機械学会シンポジウム，逆問題のコンピュータ手法とその応用講演論文集，1989，65-70.

[73] 畔上秀幸. 形態最適化のための成長ひずみ法. 東京大学生産技術研究所，1990，46-65.

[74] Banichuk N V. Introduction to Optimization of Structures. Springer-Verlag，1990.

[75] 田波徹行，半谷裕彦. 制約条件をもつ構造物の形態解析 (一般逆行列を利用する場合の直接および間接解法). 構造工学における数値解析シンポジウム論文集，1990，14：597-602.

[76] Koiter K T. On the Stability of Elastic Equilibrium, Thesis, Polytechnic Institute. Delft, H. J. Paris Publisher, Amsterdam,1945.

[77] 長柱研究委員会 . 弾性安定要覧 . コロナ社，1960.

[78] Sewell M J. The Static Perturbation Technique in Buckling Problems. Journal of the Mechanics and Physics of Solids, 1965，13.

[79] 林毅編 . 軽構造の理論とその応用 . 日本科学技術連盟，1966.

[80] Supple W. Coupled Branching Configurations in the Elastic Buckling of Symmetrical Structural Systems. International Journal of Mechanical Science, 1967, 9：91-112.

[81] Kerr A D，Soifer, M. T., The Linearization of the Prebuckling State and its Effect on the Determined Instability Loads. Journal of Applied Mechanics, 1969.

[82] Wemper G A. Discrete Approximations related to Nonlinear Theories and Solid. International Journal of Solids and Structures, 1971,7： 1581-1599.

[83] Huseyin K. The Post-Buckling Behaviour of Structures under Combined Loading. ZAMM, 1971,51：177-182.

[84] Thompson J M T，Hunt G W. A General Theory of Elastic Stability. John Wiley，1973.

[85] 川井忠彦 . 座屈問題解析 . コンピュータによる構造工学講座 II-6B，培風館，1974.

[86] 細野透 . 弧長法による弾性座屈問題の解析 . 日本建築学会論文報告集，1976.

[87] 成岡昌夫，中村恒善編 . 骨組構造解析法要覧 . 培風館，1976.

[88] Huseyin K. Vibrations and Stability of Multiple Parameter Systems. Noordhoff International Publishing, Alphen aan den Rijin，

1978.

[89] Holzer S M. Plaut R H，Somers A E，White W S. Stability of Lattice Structures under Combined Loads. ASCE,1980,106(EM2)： 289-305.

[90] Yamamoto Y. The Ritz Procedure and its Extension in Finite Element Analysis. Computational Method in Nonlinear Mechanics,North-Holland，1980, 519-539.

[91] 山田嘉昭 . 塑性・粘弾性，有限要素法の基礎と応用シリーズ，培風館，1980，6.

[92] Hangai Y. Application of the Generalized Inverse to the Geometrically Nonlinear Problem. Solids Mechanics Archieves, 1981, 6(1)：129-165.

[93] 川井忠彦，山本善之，武田洋，半谷裕彦 . 構造物の安定および大変形解析，有限要素法ハンドブック，II 応用編 . 培風館，1983，115-169.

[94] Thompson J M T. Instabilities and Catastrophes in Science and Engineering. John Wiley & Sons, 1982(吉澤修治，柳田英二訳． 不安定とカタストロフ． 1985，産業図書).

[95] Hangai Y. Numerical Analysis in the Vicinity of Critical Points by the Generalized Inverse. Bulletin of the International Association for Shell and Spatial Structures, 1988,18(3)：23-26.

[96] 半谷裕彦，林暁光，真柄栄毅，岡村潔 . 複合ケーブル構造の構造安定に関する研究 . 膜構造研究論文集 . 日本膜構造協会，1989，21-29.

[97] Gasparini D A. Pérdikaris P C，Kaji N. Dynamic and Static Behaviours of Cable Dome Model. Journal of Structural Engineering, 1989, 115(2)：363-381.